Fach-
buch
Klett-Cotta

Paul J. Kohtes/Nadja Rosmann

Mit Achtsamkeit in Führung

Was Meditation für Unternehmen bringt

Grundlagen, wissenschaftliche Erkenntnisse, Best Practices

Klett-Cotta

Klett-Cotta
www.klett-cotta.de
© 2014 by J. G. Cotta'sche Buchhandlung
Nachfolger GmbH, gegr. 1659, Stuttgart
Alle Rechte vorbehalten
Printed in Germany
Umschlag: Roland Sazinger, Stuttgart
Unter Verwendung eines Fotos von © pressmaster / fotolia
Gesetzt von Kösel Media GmbH, Krugzell
Gedruckt und gebunden von Kösel, Krugzell
ISBN 978-3-608-94865-3

Bibliografische Information der Deutschen Nationalbibliothek
Die Deutsche Nationalbibliothek verzeichnet diese Publikation in der
Deutschen Nationalbibliografie; detaillierte bibliografische Daten
sind im Internet über <http://dnb.d-nb.de> abrufbar.

Inhalt

TEIL I Perspektiven und Zugangswege 11

Einleitung 13

Meditation und Achtsamkeit: Methoden, Wirkungen,
wissenschaftliche Befunde 20
Überblick über Hintergründe, Grundlagen
und Methoden von Meditation 21
   Formen und Wirkungen von Meditation 23
      Mindfulness-Based Stress Reduction (MBSR) 25
      Zen-Meditation 26
      Kontemplation 28
      Vipassana 29
      Mantra-Meditation 30
      Tai Chi, Qigong, Yoga 31
Wirkungen von Meditation aus Sicht der Wissenschaft 34
   Medizinische Effekte, Gesundheitsmanagement 35
   Konzentration, Achtsamkeit, Stressmanagement 37
   Persönlichkeitsentfaltung 39
Positive Wirkungen von Meditation im berufsspezifischen
Kontext 42
   Leistungsfähigkeit, Krisenresistenz, Unabhängigkeit –
   berufsrelevante Fähigkeiten, die durch Meditation
   gefördert werden 43
   Gesellschaftliche Bedeutung und Wirkung von
   Meditation, Stille und Einkehr 47

**Perspektiven von Meditation in Unternehmen und
in der Arbeitswelt** 50

Einordnung in die betrieblichen Strukturen 51

Leadership, Resilienz, Potenzialentfaltung: Meditation als
Entwicklungsressource für Führungskräfte
und Mitarbeiter 53

    Zugangswege zum Thema »Meditation« 53

      Bedeutung(en) des Themas »Spiritualität
      und Meditation« 54

      Vermittlungsansätze für Meditation für unterschiedliche
      Zielgruppen 61

        Traditionelle Werte 62

        Moderne Werte 63

        Postmoderne Werte 65

        Heterogene Werte-Kontexte 67

    Entwicklungsziele innerhalb der Mitarbeiterschaft 68

      Leadership, Führung, Selbstführung 70

      Resilienz, Gesundheit, Stressmanagement 72

      Kreativität, Potenzialentfaltung, Sinnhaftigkeit 73

Unternehmenskultur und Wertehorizonte:
Meditation im Spannungsfeld unternehmerischer
Interessen und gesellschaftlicher Rahmenbedingungen 76

    Wertecluster im Business im Überblick 77

      Traditionelle Unternehmenskultur 79

      Moderne Unternehmenskultur 82

      Postmoderne Unternehmenskultur 85

Werteherausforderungen – das Spannungsfeld
zwischen Gesellschaft, Unternehmen und Mitarbeitern 88

      Was Führungskräfte denken und wollen 89

      Ethische Herausforderungen 92

      Work-Life-Balance 95

      Gesellschaftliche Herausforderungen 97

Meditation in der Praxis: Settings im Business
und Berufsleben.. 102

Szenarien für die Einführung von Meditation
in Unternehmen 104

Einführungskurse 105

Fachkurse mit meditativen Elementen 108

Einzelcoachings... 109

Äußere Rahmenbedingungen für unterschiedliche
Zielgruppen 110

Geeignete Orte für Meditationskurse 114

Methodenauswahl 115

Follow-up und Praxistransfer.. 118

Systematische Integration von Meditation in den
Unternehmensalltag.. 120

Stress- und Gesundheitsmanagement 120

Entwicklung von Führungsqualitäten und
beruflichen Potenzialen 123

Aufmerksamkeit.. 124

Konzentration 126

Kreativität und Innovationsfähigkeit 127

Ambiguitätstoleranz 129

Resilienz 130

Leadership und innere Haltung 132

Kommunikation und Verbundenheit 133

Intuition 135

Mögliche Umsetzungsszenarien.. 137

Strukturen und Integration: Der Wirkungsradius
von Meditation in Unternehmen 139

Change-Management und Weiterentwicklung
der Unternehmenskultur 140

Von der Top-Down-Führung zu selbst-organisierenden
Teams 140

Entwicklung einer nachhaltigen Leistungskultur................. 142

Vom Eigeninteresse zum Gemeinwohl 143

Selbstentfaltung versus Interessenintegration 145

Strukturelle Spannungsfelder und Organisations-
transformation 147

Gewissen, Ethik und spirituelle Leitideen 148

Zwischen Anstand und Gewinnstreben 150

Verantwortung und die Herausforderungen durch
permanente Unsicherheit 151

Zwischenbilanz 152

Personelle Rahmenbedingungen für die Einführung
von Meditation in Unternehmen 153

Gängige Qualifikationskriterien und Ausbildungswege 153

MBSR-Ausbildung 154

Ausbildung zum Yoga-Lehrer 155

Ausbildung zum Lehrer für Qigong oder Tai Chi 156

Ausbildung zum Entspannungs- oder Meditationslehrer 157

Ausbildung bei einem spirituellen Lehrer 159

Businessspezifische Kompetenzen 161

Einzel- und Gruppencoachings 161

Fachkurse 163

Strategie- und Organisationsentwicklung 164

TEIL II Best Practices 167

Wege zur konkreten Umsetzung – Praxiserfahrungen 169

A. Führungskräfteentwicklung, Leadership,
Potenzialentfaltung 170

Zen for Leadership – Ein Einstiegsprogramm
für Führungskräfte 171

Performance, Impulsdistanz, Leadership – Internationales
Programm mit Achtsamkeitsmethoden für
Vertriebsmanager 176

»Achtsamkeit im Arbeitsalltag« – Modulares Allround-
Training für Führungskräfte und Mitarbeiter 181
Gehmeditation als Schlüssel zu Leadership und Strategie-
entwicklung – Natur-Programme für Führungskräfte 186
Achtsamkeit im Einzelcoaching mit dem Schwerpunkt
»Leadership und Potenzialentfaltung« 191
Förderung einer besseren Meeting-Kultur mit
Achtsamkeits-Settings 196
Veränderungsmanagement, Kommunikation und Ethik
wirksamer machen – Kurse an der Akademie für
Führungskompetenz 201
Zen, Ethik, Leadership aus einer Haltung der Achtsamkeit
heraus entwickeln – Weiterbildungen des Lassalle-
Instituts 207
B. Gesundheitsmanagement, individuelle Prävention,
Burn-out-Behandlung 213
Achtsamkeit durch Progressive Muskelentspannung
als Pfeiler des Gesundheitsmanagements in der
Öffentlichen Verwaltung 214
Zen-Meditation als Basis des betrieblichen Gesundheits-
managements 219
Resilienz-Trainings zur Etablierung einer nachhaltigen
Führungskultur bei der Sportmarke PUMA 225
Online-Glückstraining als Baustein der Gesundheits-
vorsorge bei einer Versicherung 231
Gesundheitliche Prävention und Resilienz im Einzel-
Coaching und für Gruppen am Beispiel des H. B. T.
Human Balance Trainings 237
Achtsamkeit als Pfeiler bei der Behandlung von Stress-
erkrankungen im Rahmen des Oberberg-Therapiemodells 242

Ausblick 249
Literatur 252
Anmerkungen 257

Anhang 264
Meditationszentren 264
Ausbildungsangebote zum Thema Meditation und
Achtsamkeit; Kontaktadressen 270

Über die Autoren 273

TEIL I

Perspektiven und Zugangswege

Einleitung

Das hat es in der Geschichte des traditionsreichen Konzerns noch nicht gegeben: ein Explorations-Tag für die so genannte Generation Y. Das Ganze natürlich auf Englisch mit rund 100 Repräsentanten aus allen Konzernbereichen in ganz Europa. Fast die Hälfte der Teilnehmer ist unter 30 Jahre alt. Der sich verschärfende Wettbewerb um die besten Nachwuchskräfte für Führungspositionen hat den Vorstand auf die Idee eines solchen Selbstversuches gebracht. Der Konferenzbereich in der Konzernzentrale ist vollkommen auf Generation Y gestylt worden: Es gibt flippige Sessel, ein cooles Buffet, modernste Projektionstechnik und Diskussionen, ganz im Stil lockerer Talkrunden. Zwischendurch wird innegehalten und gemeinsam meditiert. Natürlich ist der Vorstandsvorsitzende mit dabei. »So etwas Lockeres und Offenes hat es bei uns noch nie gegeben«, staunt ein Bereichsleiter.

■ ■ ■

Szenenwechsel: Börsenplatz Frankfurt. Flankiert von Bulle und Bär, rollen mehr als 200 Menschen ihre Yogamatten vor dem Eingang der Industrie- und Handelskammer aus. Inmitten der werktäglichen Geschäftigkeit erklingt sanfte Musik. Während Anzug tragende Geschäftsleute bei einem Coffee-to-go über die neuesten Marktentwicklungen debattieren, haben die Teilnehmer der Nachhaltigkeitskonferenz »KarmaKonsum« sich ihrer Jackets entledigt, die Ärmel hochgekrempelt und üben den Sonnengruß. Passanten fühlen sich angezogen von der Ruhe, die der YogaMob entfaltet, sie bleiben stehen, halten inne. In der Luft liegt ein besonderer Frieden – und ein Hauch von Selbstverständlichkeit.[1]

■ ■ ■

Szenenwechsel: Ein Supermarkt in Göttingen. Kunden schieben ihre Einkaufswagen durch die Gänge, lassen ihre Blicke über das Angebot schweifen, einige wirken abwesend, andere gehetzt. Zwischen Kühltheken und Regalen mit Konservendosen bietet sich ein ungewöhnlicher Anblick: eine kleine Gruppe von Menschen, auf Papphockern sitzend, die Augen geschlossen, in Versunkenheit. »Stille ist Lebensmittel.Punkt« heißt die Aktion. Manche der Einkäufer bleiben neugierig stehen, andere setzen sich, ermutigt durch die Einladung des Meditationslehrers, auf einen der freien Hocker und probieren – vielleicht zum ersten Mal in ihrem Leben – aus, wie es ist, einfach mal nichts zu tun, innezuhalten, nur zu sein.

■ ■ ■

Meditation ist offensichtlich in der Mitte der Gesellschaft angekommen. Waren es früher eher Hippies oder exaltierte Sinnsucher, die in der Stille ihr Heil suchten, so äußern sich inzwischen selbst hochrangige Manager öffentlich darüber, dass sie an ein paar Tagen der Auszeit in klösterlicher Stille Kraft tanken, und für den Durchschnittsdeutschen gehören Yoga oder Entspannungsmethoden längst zum konventionellen Freizeitprogramm. Die wissenschaftliche Forschung der letzten Jahrzehnte illustriert eindrucksvoll, dass Meditation über ihren Entstehungskontext innerhalb der spirituellen Traditionen der Weltkulturen hinaus auch in ganz pragmatischen Kontexten bedeutsam ist und Wirkung entfaltet: als Methode des Stressmanagements oder der Entspannung, als Weg der persönlichen Entfaltung, als Möglichkeit, das gesundheitliche Wohlbefinden zu fördern.

■ ■ ■

Von einem, der auszog, meditieren zu lernen ...

Vor gerade einmal einer Generation, also vor etwa 25 Jahren, sah die Unternehmenswelt noch deutlich anders aus. Die Hierarchien waren klar und der Arbeitsstress weitgehend überschaubar. »Management by Objectives« war das durchgängige Paradigma. Da gab es keinen Platz für »Soft Skills«, und wer nach einer Vision für das Unternehmen verlangte, der wurde an den Werksarzt verwiesen, mit Verdacht auf psychische Instabilität. Selbst grundlegende Entspannungsmethoden wie das Autogene Training wurden kritisch und distanziert betrachtet, weil man sie als Privatvergnügen erachtete. Überspitzt gesagt: Die Mitarbeiter sollten gefälligst funktionieren, und wenn sie sich erholen wollten, dann gehörte das ins Wochenende oder in den Urlaub. Allmählich jedoch zeigten sich immer mehr Pioniere, die diese starre Grenze zwischen Privatem und Beruf zu durchbrechen suchten. Als erstmals in einer deutschen Großbank ein Meditationskurs für die Mitarbeiter angeboten werden sollte, musste das Anliegen dem Vorstandsvorsitzenden vorgelegt werden. Der konnte sich nicht zu einem klaren »Ja« durchringen – aber er hat den Kurs auch nicht verboten. Immerhin: So konnten die Mitarbeiter erstmals im Unternehmen mit Achtsamkeit experimentieren. Heute fahren Vorstandsmitglieder der selben Bank mit ihren engsten Mitarbeitern, begleitet von einem Meditations-Coach, in die Toskana zur Klausur.

■ ■ ■

Inzwischen ist der Begriff »Achtsamkeit« – und als Synonym auch der Begriff »Meditation« – in der Geschäftswelt in vieler Munde. Automobilkonzerne, Versicherungen oder IT-Dienstleister holen sich Zen-Meister ins Haus, um ihre Führungskräfte dabei zu unterstützen, sich im hektischen Tagesgeschäft zu fokussieren und nicht den Überblick zu verlieren. Mitarbeiter, die bei der Volkshochschule oder in einem spirituellen Zentrum einen Meditationskurs besucht haben, nutzen ihre Mittagspause, um am Schreibtisch ein paar Minuten in die Stille zu gehen. Und Trainer oder Coaches integrieren in ihr Curriculum Achtsamkeitsmethoden, um die Wahrnehmungs- und Aufnahmefähigkeit ihrer Klienten zu stärken.

Im Prinzip ist kaum etwas einfacher als zu meditieren. Man nimmt eine sitzende, aufrechte Körperhaltung ein, schließt die Augen und tut – nichts. Doch dieses Nichts hat es in sich, besonders dann, wenn man sich fragt, wie kompatibel es mit dem Business ist, das ja erfahrungsgemäß eher mit allem anderen als dem Nichts beschäftigt ist. Dieses Buch verfolgt das Anliegen, einen Überblick darüber zu vermitteln, wie Achtsamkeit sich sinnvoll ins Unternehmen bringen lässt. Es stellt gängige Meditationsformen vor und zeigt, welche Methoden für welche Zielgruppen besonders geeignet sind. Eine Zusammenstellung aktueller wissenschaftlicher Forschungsergebnisse illustriert, welche Wirkungen sich durch die Praxis einstellen können und welche besonderen Anforderungen innerhalb der Arbeitswelt durch Achtsamkeitsmethoden angesprochen werden können.

Meditation ist eine sehr persönliche Angelegenheit, denn sie geschieht im Inneren eines Menschen, unter Ausschluss der Öffentlichkeit. Mit dieser Innenwelt beschäftigen sich die meisten Unternehmen so gut wie gar nicht, außer wenn es darum geht, die Soft Skills von Mitarbeitern zu prüfen und sie bei der Entwicklung der benötigten Fähigkeiten zu unterstützen. Da die Übung in Achtsamkeit Menschen im Kern dessen, was sie sind, berührt und verändert, setzt der Umgang mit dem Thema im Unternehmen eine besondere Sensibilität voraus. Die Werte und persönlichen Voraussetzungen der Mitarbeiter sind hier genau so zu berücksichtigen wie die Kultur und Strategie des Unternehmens selbst. Deshalb liegt ein besonderes Augenmerk dieses Buches darauf, den Blick zu schärfen für die verschiedenen Wertesysteme, auf die sich Menschen und Firmen berufen, und welche möglichen Ziele sich daraus ergeben können. Darauf aufbauend werden geeignete Strategien entwickelt, in welchen Bereichen und unter welchen Vorzeichen Methoden der Achtsamkeit in Unternehmen hilfreich sein können.

Wenngleich Achtsamkeit in diesem Buch immer wieder als Methode bezeichnet wird, unterscheidet sie sich in einem wesentlichen Punkt vom konventionellen methodischen Verständnis. Wo der Begriff »Methode« sich im gängigen Sprachgebrauch auf Werkzeuge bezieht, die es ermöglichen, effizient bestimmte Fähigkeiten zu erwerben, trifft dies auf Meditation eher im übertragenen als im direkten Sinne zu. Wie die im Kapitel über die wissenschaftlichen Erkenntnisse zur Achtsamkeit dargestellten Forschungsergebnisse vor allem der Neurowissenschaften zeigen, stellen sich durch regelmäßiges Meditieren nachweisbar Wirkungen ein, wie eine bessere Konzentration, eine erhöhte Aufmerksamkeit oder auch eine verringerte Stressresonanz. Diese »Ergebnisse« kann man allerdings nicht erzwingen, beispielsweise indem man sich mit dem Willen, sie zu erreichen, in die Stille begibt, denn das Meditieren selbst ist ein Akt der Absichtslosigkeit, des Loslassens. Meditation weitet den Geist und schafft eine Lücke zwischen dem alltäglichen Denken sowie den damit verbundenen Erwartungen an das Leben und dem Potenzial, das sich zeigen und entfalten kann, wenn die mit diesem Denkbaren verbundenen Grenzen sich aufzulösen beginnen.

Dieses Paradox anzuerkennen und sich darauf einzulassen, ist nicht immer einfach – vor allem im Businesskontext, wo Zeit Geld ist und greifbare Ergebnisse erwartet werden. Meditation im Unternehmen sollte man dennoch eher als ein Experiment mit tendenziell offenem Ausgang begreifen, und zwar im positiven Sinne, denn wenn Menschen achtsamer werden, wenn sie beginnen, die äußeren Zwänge, die sie sich zu eigen gemacht haben, zu durchschauen und wenn sich durch dieses Loslassen ein neues Gefühl der Freiheit einstellt, dann eröffnen sich Möglichkeiten, die vorher nicht absehbar waren. In diesem Sinne ist Meditation fast schon ein Generalschlüssel zum noch nicht verwirklichten Potenzial von Unternehmen und ihren Mitarbeitern. Wissenschaftlich nachweisbare Wirkungen wie mehr Kreativität, höhere Empathie oder bessere Gesundheit sind dann eher positive Begleiterscheinungen, die viel umfassendere Effekte nach sich ziehen können.

Damit diese Entdeckungsreise die typischerweise vorhandenen Entwicklungsbedürfnisse von Unternehmen und ihren Mitarbeitern gezielt aufgreifen kann, um pragmatische Lösungsszenarien zu entwickeln, die sich in der unternehmerischen Praxis als fruchtbar erweisen und bewähren, stellt dieses Buch ganz konkrete Anwendungskontexte von Achtsamkeit und Meditation im Business vor. Es zeigt:

- wie Meditation bei der Entwicklung der businesstypischen Soft Skills, die im Rahmen der Personalentwicklung von Belang sind, einen Mehrwert schaffen kann,
- wie sich der Wirkungsgrad von fachbezogenen Fortbildungen durch Achtsamkeitspraktiken erhöhen lässt,
- wie Einzel-Coachings durch meditative Komponenten Veränderungspotenzial in Mitarbeitern wecken können,
- wie Methoden der Achtsamkeit den Blick für Unternehmenskulturen und -strategien schärfen und damit deren Weiterentwicklung begünstigen können und
- wie sich vermeintliche Unvereinbarkeiten zwischen gesellschaftlichen Erwartungen und unternehmerischen Anforderungen bei Themen wie Compliance, Governance und Corporate Social Responsibility überwinden lassen.

Zahlreiche Vorschläge für praktische Umsetzungsszenarien, die den Bedürfnissen unterschiedlicher Zielgruppen und verschiedenen fachlichen Belangen gerecht werden, illustrieren, wie Unternehmen Achtsamkeitsprogramme realisieren können. Eine Auswahl von Best Practices zur Meditation im Kontext von Führungskräfteentwicklung, Leadership, Potenzialentfaltung, Gesundheitsmanagement, individueller Prävention und der Burn-out-Behandlung liefert Blaupausen erfolgreicher Vorgehensweisen.

Die positiven Wirkungen von Meditation sind offensichtlich, doch erschließen sie sich nicht alleine auf der Ebene der objektiven Fakten und wissenschaftlichen Beweise, sondern vor allem in der persönlichen Erfahrung. Im Zen sagt man: Der Finger, der auf den Mond zeigt, ist nicht der Mond. In diesem Sinne mag es hilfreich sein, vor der weiteren Lektüre dieses Buches vielleicht einen Moment innezuhalten, um Raum für diesen Erfahrungsaspekt der Meditation zu schaffen.

Die »Eine-Minute-Meditation«

Nehmen Sie eine aufrechte Körperhaltung ein. Die Schultern sind entspannt, das Kinn ein wenig nach unten geneigt. Schließen Sie die Augen. Atmen Sie tief ein und wieder aus. Richten Sie Ihre Aufmerksamkeit ganz auf den Fluss Ihres Atems. Falls Ihre Gedanken abschweifen, kehren Sie einfach zum Atem zurück. Sie können im Geiste die Atemzüge zählen (von eins bis zehn, dann wieder von vorne beginnen) oder das Ein- und Ausatmen innerlich mit einem stillen »ein« und »aus« begleiten. Eine Minute, in der Sie nichts tun – außer sich selbst zuzuschauen und wahrzunehmen, was ist. Die Wirkung könnte Sie verblüffen, wenn Sie die anfänglichen Widerstände gegen dieses »Nichts« überwunden haben.

Meditation und Achtsamkeit: Methoden, Wirkungen, wissenschaftliche Befunde

Um die mögliche Wirksamkeit von Meditation im berufspraktischen Kontext einschätzen zu können, ist es hilfreich, einen Blick auf die historische Entwicklung von Achtsamkeitspraktiken zu werfen. Die systematisch betriebene Innenschau bildet seit Jahrhunderten in den spirituellen Traditionen östlicher Kulturen und in Form der Kontemplation auch in den christlich-westlichen Kulturen eine zentrale Basis, um das, was Menschsein bedeutet, und die Verfasstheit der Welt ganzheitlich zu durchdringen. Die westliche Wissenschaft hat Meditation als Forschungsgegenstand in den 1970er Jahren verstärkt für sich entdeckt. Seitdem wurden Hunderte von neurowissenschaftlichen Untersuchungen veröffentlicht, die darauf hinweisen, dass Achtsamkeitsübungen neben spiritueller Erkenntnis auch vielfach Wirkungen nach sich ziehen, die sich für Menschen in modernen Gesellschaften als sehr hilfreich erweisen können.

Dieses Kapitel gibt einen Überblick über zentrale Formen von Meditation und deren Wirkungsweisen. Es zeigt, was während der Achtsamkeitspraxis »passiert« und wie dieses innere Geschehen die Selbstwahrnehmung von Menschen und damit ihre Befindlichkeit konstruktiv verändern kann. Neben medizinischen und psychologischen Erkenntnissen werden insbesondere typische Herausforderungen im Geschäftsleben angesprochen, für die sich aus einer Haltung der Achtsamkeit heraus neue Antworten entwickeln lassen.

Überblick über Hintergründe, Grundlagen und Methoden von Meditation

Der Begriff »Meditation« (lat. meditatio – zur Mitte hin ausrichten bzw. meditari – nachdenken, nachsinnen) beschreibt eine Praxis der Fokussierung, die bestenfalls anstrengungs- und absichtslos erfolgt. Man könnte auch sagen, die Grundhaltung von Meditation ist das Loslassen – von Gedanken, Erwartungen, möglichen Zielen, Ablenkungen, Wünschen. Ein meditativer Zustand lässt sich nicht »herbeiführen«, das mag für das westliche, lineare Denken zunächst paradox anmuten. Es lassen sich jedoch Rahmenbedingungen schaffen, die es begünstigen, dass er sich einstellt.

In den spirituellen Traditionen der großen Weltreligionen steht die meditative Ausrichtung des Geistes vor allem im Dienste des spirituellen Wachstums, der Erweiterung des Bewusstseins und der Versenkung. In der Tradition der westlichen Mystik beispielsweise ist die Kontemplation, das sich Vergegenwärtigen des Göttlichen, ein Weg, um Gott durch und in sich selbst zu erfahren. Diese Öffnung setzt voraus, dass das eigene Ego zumindest temporär in den Hintergrund tritt, oder, wie es der große Mystiker Meister Eckhart beschreibt: »Soll die Seele Gottes gewahr werden, so muss sie auch ihr Selbst vergessen und sich selber verlieren. Denn solange sie sich selbst sieht und weiß, solange gewahrt sie Gott nicht.« Über das begrenzte menschliche Ich-Bewusstsein hinauszuwachsen, ist auch ein zentrales Anliegen verschiedener buddhistischer Schulen, denn aus der Perspektive des Buddhismus ist eine übertriebene Ich-Bezogenheit die Ursache allen menschlichen Leids – und Meditation kann demnach einen Weg zu seiner Überwindung darstellen.

Dieser Aspekt des Leidens macht Meditation auch aus einer ganz pragmatischen Perspektive im Kontext westlicher Gesellschaften interessant, denn das Leben und Arbeiten in der heutigen Zeit bringt Anforderungen mit sich, die Menschen nicht immer aus sich selbst heraus zu lösen vermögen. Je komplexer die alltäglichen Lebenszusammenhänge sind, in denen Menschen sich bewegen (müssen), desto schwieriger erscheint es, als Individuum diese äußeren Umstände selbst gestalten zu können, denn viele Ursachen und Wirkungen entziehen sich schlicht dem direkten Zugriff. Meditation kann hier zu einer neuen Beziehung zwischen individuellem Ich und der Wirklichkeit, wie sie ist, führen, denn sie kultiviert innere Ressourcen, die es dem Einzelnen ermöglichen, im Außen eine neue Form der Wirksamkeit zu entfalten, die sich nicht von den äußeren Gegebenheiten abhängig macht.

Gerade diese Ermächtigung und die daraus erwachsende Freiheit entspricht dem modernen Selbstbild, das eigene Leben selbst gestalten zu wollen und zu können, im besten Sinne. Sie erwächst allerdings, und dies erscheint zunächst vielleicht ungewohnt, nicht aus den Ich-Qualitäten des Individuums (die beispielsweise durch verschiedene Methoden im Coaching und Training zielorientiert geschult werden), das eine klare Unterscheidung zwischen sich selbst und seinen Mitmenschen zieht. Im Gegenteil: Meditation lässt die Grenzen, die der Mensch gewöhnlich zwischen sich selbst und seiner Umgebung wahrnimmt, durchlässiger werden und verbindet das Individuum so auf viel substanziellere Weise mit dem, was im Außen geschieht, und dem, was den Menschen in seinem Menschsein letztlich ausmacht. Vor allem die moderne, westlich geprägte Wirtschaftswelt ist ganz darauf aus, das Ich zu stärken. Das Konzept dahinter scheint einleuchtend, denn ein starkes Ich ist durchsetzungsfähiger, konsequenter und bereit, viele Unannehmlichkeiten zu ertragen um eines persönlichen Vorteils willen. Schließlich ist eine ich-orientierte Gesellschaft auch tendenziell eher konsumfreudig, weil das Ich immer haben will: das Neueste, das Beste, das Teuerste. Diese Ich-Dominanz führt allerdings auf Dauer zu einer erheblichen Unausgeglichenheit, sowohl im persönlichen Leben als auch im sozialen Miteinander. Meditation führt dagegen zu einer stärkeren Selbst-Distanz, die Voraussetzung ist, um ein Leben in Balance zu führen.

Formen und Wirkungen von Meditation

Die wissenschaftliche Betrachtung differenziert zwischen Meditationsverfahren in und solchen ohne Bewegung. Zu den Methoden, deren Schwerpunkt auf Bewegung liegt, zählen unter anderem Tai Chi, Yoga, Qigong, Drehtanz (z.B. »Tanz der Derwische«) oder Gehmeditation, zu den Ansätzen ohne Bewegung beispielsweise die der buddhistischen Tradition entstammende Achtsamkeitsmeditation (Vipassana) und das Zazen, in der Yoga-Tradition stehende Konzentrationsübungen und die Transzendentale Meditation sowie die Exerzitien und das Herzensgebet der christlichen Tradition. Im Zuge der wissenschaftlichen Forschung und des Einsatzes von Meditationspraktiken im klinischen Kontext wurden weitere Methoden entwickelt, darunter die Relaxation Response nach Benson, die Oberstufe des Autogenen Trainings nach Schulz (»Autogene Meditation«) sowie das Training »Stressbewältigung durch Achtsamkeit« (Mindfulness-Based Stress Reduction, MBSR) nach Kabat-Zinn. Sie unterscheiden sich von den überlieferten Meditationsstilen durch ihre grundsätzliche weltanschauliche Neutralität und das Abstrahieren von religiösen und rituellen Komponenten.

Im Hinblick auf die Art der im Zuge von Meditation entwickelten Achtsamkeit lassen sich aus wissenschaftlicher Sicht zwei Kategorien unterscheiden:

Aufmerksamkeits-fokussierende Meditation: Die meditierende Person richtet ihre Aufmerksamkeit kontinuierlich auf ein Objekt (etwa auf den eigenen Atem, durch Zählen der Atemzüge, oder auf eine Imagination oder ein Wort). Im Falle von Ablenkungen, beispielsweise durch Gedanken, wird die Konzentration wieder zurück auf das Objekt gelenkt, sobald sich der Meditierende seines Abschweifens bewusst wird.

Distanziert beobachtende Meditation: Die meditierende Person übt sich in reinem Gewahrsein. Sensorische, kognitive oder emotionale Prozesse, die bei jedem Menschen automatisch ablaufen, werden anstrengungslos und bewusst wahrgenommen, ohne auf sie zu reagieren. Gefühle oder Gedanken, die aufsteigen, lässt der Meditierende so, wie sie sich ihm zeigen, einfach kommen und gehen, ohne sich auf sie zu beziehen.

Geführte Meditation: Die meditierende Person wird von einem Meditationslehrer dazu angeleitet, sich bestimmte Bilder vorzustellen, um auf diese Weise in eine entspannte oder auch die Verarbeitung von Emotionen unterstützende innere Haltung zu kommen. Der so genannte »Body Scan«, auch »Reise durch den Körper« genannt, der zu den Grundübungen der Mindfulness-Based Stress Reduction (MBSR) gehört, zählt ebenfalls dazu. Dabei wird das Bewusstsein systematisch zur Wahrnehmung aller Bereiche des Körpers geführt.

Die regelmäßige Praxis verändert mit der Zeit das innere Erleben beziehungsweise die Wahrnehmung der Meditierenden. In zahlreichen wissenschaftlichen Studien haben sich fünf Stadien gezeigt, die auf eine wachsende Tiefe der Meditationserfahrung und eine Entwicklung des Bewusstseins der Meditierenden hindeuten. In der ersten Phase nehmen Praktizierende vor allem Unruhe und Langeweile wahr und haben häufig mit Motivations- und Konzentrationsproblemen zu kämpfen. In der zweiten Phase setzt in vielen Fällen eine Entspannung ein: Die Atmung wird ruhiger, Geduld und Ruhe nehmen zu und es stellt sich Wohlbefinden ein.

In der dritten Phase entwickeln die Meditierenden eine grundlegende Konzentration, die mit Gleichmut, Achtsamkeit und der Fähigkeit verbunden ist, den eigenen Gedanken nicht mehr anzuhaften. In der vierten Phase entfalten die Praktizierenden essenzielle Qualitäten wie Klarheit, Wachheit, Verbundenheit, Selbstakzeptanz oder Hingabe. Die fünfte Phase schließlich ist gekennzeichnet durch eine Erfahrung der Nicht-Dualität: Meditierende erschließen sich die Dimension der Gedankenstille, des Einsseins, der Leere und Grenzenlosigkeit.

Oft wird auf die Notwendigkeit jahrelanger Praxis hingewiesen, um solche Bewusstseinszustände zu erreichen – eine Einschätzung, die allerdings dem Erfahrungsraum konventionellen Leistungsdenkens entstammt. Unmittelbarer und deshalb viel wichtiger sind die körperlichen und mentalen Beruhigungszustände, die sich schon nach einigen Wochen einstellen können. Nicht immer werden diese Erfahrungen als angenehm erlebt, mitunter können sie den Übenden irritieren und auch Ängste (z. B. vor »Überfällen« aus dem Unterbewussten oder vor Kontrollverlust) hervorrufen.[2] Für psychisch gesunde Menschen stellen diese bisweilen auftretenden »Irritationen« erfahrungsgemäß kein Problem dar, insbesondere dann, wenn die Möglichkeit besteht, das eigene innere Erleben mit einem kompetenten Meditationslehrer oder Coach zu reflektieren.

Die folgende Zusammenstellung gibt einen Überblick über ausgewählte Formen von Meditation, die sich im Unternehmenseinsatz als besonders praktikabel erweisen. Es steht dabei die reine Methodik des Meditierens im Mittelpunkt. Konkrete Anwendungs- und Umsetzungsmöglichkeiten im Unternehmensalltag werden im nächsten Kapitel ausführlich beschrieben.

Mindfulness-Based Stress Reduction (MBSR)   Die Mindfulness-Based Stress Reduction (Stressbewältigung durch Achtsamkeit) gehört zu den gegenwärtig wohl bekanntesten Meditationsformen, was unter anderem daran liegt, dass in den letzten Jahren besonders viele Studien zu dieser Methode erschienen sind, sie vielfach im klinisch-medizinischen Einsatz erprobt wurde und ein standardisiertes Ausbildungs-Curriculum existiert, das die Qualität von MBSR-Kursen sicherstellt.

MBSR wurde 1979 an der Universitätsklinik von Massachusetts durch Prof. Dr. Jon Kabat-Zinn entwickelt und an der dort gegründeten »Stress Reduction Clinic« angewendet und evaluiert. Das Übungsprogramm beinhaltet einfache Körperübungen aus dem Yoga, einen so genannten Body Scan, bei dem der Übende mit wacher Aufmerksamkeit systematisch alle Körperregionen und die dort auftretenden

Empfindungen wahrnimmt, sowie Meditation in Stille und im Gehen. Diese Kombination aus Bewegung und Ruhe kann im Unternehmens- kontext besonders geeignet sein, da die Yoga-Übungen einen Aus- gleich zu überwiegend sitzenden Tätigkeiten schaffen beziehungs- weise es Menschen, die stark körperlich beanspruchenden Tätigkeiten nachgehen, erleichtern, körperlichem Verschleiß vorzubeugen. Der Body Scan bietet einen guten Einstieg in das aufmerksame Wahrneh- men, da der Geist auf einen konkreten Fokus, den eigenen Körper, gerichtet wird. Zwar steht nicht die Entspannung im Vordergrund, sondern die Schulung der Achtsamkeit, doch stellt sich bei vielen Menschen im Zuge des Übens auch eine körperliche Entspannungs- reaktion ein. Verschiedene Achtsamkeitsübungen schließlich führen in das Meditieren ein, das als Sitzen in Stille (beispielsweise verbun- den mit einer Wahrnehmung des eigenen Atems) oder im Gehen praktiziert wird.

Ein typischer MBSR-Kurs beinhaltet acht Wochen Schulung mit zwei bis drei Unterrichtsstunden pro Woche, wobei von den Kurs- teilnehmern erwartet wird, dass sie während der Kursdauer kontinu- ierlich jeden Tag 45 Minuten in Eigenregie üben, um sich mit den Methoden vertraut zu machen. Neben der reinen Vermittlung der beschriebenen Achtsamkeits- und Meditationsübungen werden im Kurs auch Themen wie Stressmanagement und Achtsamkeit in kon- kreten Alltagssituationen angesprochen.

Zen-Meditation Zen ist ursprünglich eine Strömung des Buddhismus, die sich in China als Chan etwa seit dem fünften Jahrhundert entwi- ckelt und von dort über verschiedene asiatische Länder insbesondere nach Japan verbreitet hat. Zentrale Praktiken des Zen sind Zazen, das Sitzen in Stille zur Kultivierung der Achtsamkeit, und Kinhin, das achtsame Gehen. Diese Kernmethoden lassen sich unabhängig von den religiösen Traditionen des Buddhismus praktizieren und werden heute vielfach auch in diesem weltanschaulich übergreifenden Kon- text gelehrt. Die Nüchternheit und Schnörkellosigkeit des »einfach

Sitzens« überzeugt vor allem Menschen, die nicht per se an spiritueller Entwicklung interessiert sind und nach einem klaren und pragmatischen Übungsweg suchen.

Zen zielt allein darauf ab, den gegenwärtigen Augenblick so zu erfahren, wie er ist. Mit zunehmender Meditationspraxis klärt sich bei den meisten Praktizierenden der Geist, so dass sie beispielsweise zwischen eigenen Gedanken oder Gefühlen und der Welt und dem Leben, wie sie eigentlich sind, unterscheiden können und die Wirklichkeit oft zum ersten Mal in ihrem tatsächlichen So-Sein wahrnehmen (vgl. die fünf Stadien der Meditation, S.15). Gerade diese Klarheit ist eine im Geschäftsleben nicht nur erwünschte, sondern eigentlich sogar notwendige Fähigkeit, denn letztlich sind unternehmerische Entscheidungen nur so gut, wie derjenige, der sie trifft, in der Lage ist, sich auf die Realität zu beziehen.

Zen-Meditation zu »lernen«, ist methodisch betrachtet vergleichsweise einfach, so dass ein Wochenend-Kurs in einem Zen-Zentrum oder einige Stunden der Unterweisung bei einem ausgebildeten Zen-Lehrer völlig ausreichen, um sich eine angemessene Sitzhaltung und das meditative Gehen anzueignen. Je nach »Schule« sitzt man einen Zyklus von 25 oder 40 Minuten ohne Unterbrechung, schließt einige Minuten – manchmal extrem langsamer, manchmal aber auch sehr schneller – Gehmeditation an, um anschließend zum nächsten Sitzzyklus überzugehen. Dieser Wechsel aus Sitzen und Bewegung ist vor allem für längere Meditationsphasen sehr hilfreich. Im Alltag werden die meisten Übenden sich aus Zeitgründen täglich auf ein bis zwei Sitzzyklen, bestenfalls morgens nach dem Aufstehen, alternativ abends, beschränken.

Wenngleich die Zen-Praxis methodisch als sehr einfach erscheint, ist es für Einsteiger dennoch hilfreich, sich zumindest über einen gewissen Zeitraum von einem erfahrenen Lehrer begleiten zu lassen, denn die sich einstellenden Erfahrungen können für Meditations-Anfänger zunächst verwirrend sein, da sie sich häufig einer Beurteilung und Einordnung durch den »alltäglichen« Verstand entziehen.

Kontemplation Kontemplation ist der Weg der christlichen Mystik, der in die Erfahrung des göttlichen Urgrundes führt. Der mystische Weg innerhalb der christlichen Religion ist annähernd so alt wie das Christentum selbst und wurde über die Jahrhunderte durch bis zum heutigen Tag geschätzte Mystiker wie Meister Eckhart, Hildegard von Bingen, Teresa von Avila, Johannes vom Kreuz oder Nikolaus von der Flüe geprägt. Da ihre mystischen Perspektiven nicht immer mit dem Dogma der römisch-katholischen Kirche übereinstimmten, waren einige von dieser zu Lebzeiten allenfalls geduldet. Bekannte zeitgenössische Kontemplationslehrer sind die Benediktinerpater Anselm Grün und Willigis Jäger, Letzterer ließ sich auch in der japanischen Zen-Tradition schulen und lehrt diese ebenfalls.

Die Praxis der Kontemplation beinhaltet üblicherweise das Sitzen in Stille, das Körpergebet (beispielsweise Schreiten, Tanzen in Lauten oder das Einnehmen spezieller Körperhaltungen), achtsames Gehen, Tönen sowie die Rezitation mystischer Texte. Diese Methoden dienen der Sammlung des Bewusstseins mit Hilfe eines Fokus, der Schulung einer reinen Aufmerksamkeit und der Kultivierung von Achtsamkeit bei allen Tätigkeiten des Alltags. Diese Erkenntnisrichtung der Praxis ist selbstverständlich auch in Kontexten relevant und wirksam, die sich nicht vordergründig auf eine lebendige Gotteserfahrung richten, so dass Elemente der kontemplativen Praxis grundsätzlich auch in den Dienst einer weltanschaulich neutralen Achtsamkeitsschulung gestellt werden können.

Kontemplation wird vielfach in kirchlichen Kontexten, in Klöstern mit öffentlichem Lehrbetrieb und in Meditationszentren gelehrt, wobei das Angebot von zweitägigen Einführungskursen bis hin zu Wochenkursen oder längeren Klosteraufenthalten reicht. Für Menschen mit christlichem Lebensbezug sowie für religiös angebundene Einrichtungen und Organisationen kann Kontemplation einen Zugang zur Praxis der Meditation eröffnen, der ihrer weltanschaulichen Verortung Rechnung trägt und dabei auch kulturelle Anknüpfungspunkte bietet.

Vipassana Vipassana, was so viel bedeutet wie Einsicht oder Klarblick, gehört historisch betrachtet zu den Klassikern der Meditation, denn ihre Herkunft lässt sich bis in die Zeiten des frühen Buddhismus zurückverfolgen. Seitdem wurde die Methode durch eine ununterbrochene Kette von Lehrern vermittelt. Gegenwärtig ist Satya Narayan Goenka, ein in Burma geborener Hindu, der heute in Indien lebt und wirkt, einer der bekanntesten Repräsentanten der Bewegung. Heute wird Vipassana als weltanschaulich neutrale Meditationsform gelehrt, seit 1983 auch systematisch in Deutschland, wo inzwischen bis zu 2500 Menschen jedes Jahr die Methode erlernen.

Vipassana ist ein Weg der Selbstveränderung durch Selbstbeobachtung. Die Methode wird in Form von zehntägigen Kursen gelehrt und beinhaltet intensive Achtsamkeitsübungen, bei denen der Geist auf Körperempfindungen gerichtet wird, beispielsweise auf den Fluss des Atems. Ferner gehört es zur Praxis, die sich während der Übung zeigenden Empfindungen oder auch Gedanken blitzlichtartig im Geist zu benennen, also zu etikettieren, um die Aufmerksamkeit möglichst unvoreingenommen auf sie zu richten und sie dann wieder loszulassen. Ziel ist es, die Wahrnehmungsfähigkeit des Übenden zu trainieren und Konzentration und Gleichmut zu entwickeln, also letztlich die Dinge so zu sehen und zu nehmen, wie sie sind. Verschiedene ethisch-moralische Grundsätze wie Ehrlichkeit oder das Vermeiden unlauterer Rede werden als essenzieller Teil der Methode betrachtet, da sie die Grundlage zur Beruhigung des Geistes schaffen. Die Einführungskurse sind mit etwa zehn Stunden reiner Meditationszeit pro Tag bewusst sehr intensiv angelegt, um es den Teilnehmenden zu ermöglichen, ein solides Fundament für ihre weitere Praxis zu legen.

Wie eigentlich für alle Meditationsformen gilt auch für Vipassana, dass die Übungspraxis sich allein darauf richtet, den Geist zu klären, und nicht darauf, konkrete Ziele zu erreichen. Die deutsche Vipassana-Vereinigung etwa warnt: »Viele Krankheiten werden durch unsere innere Unruhe verursacht. Wenn die Unruhe entfernt ist, kann die Krankheit gemildert werden oder verschwinden. Aber

Vipassana mit dem Ziel zu lernen, damit eine Krankheit zu heilen, ist ein Fehler, der nie zum Erfolg führt. Wer das versucht, verschwendet nur seine Zeit, weil er sich auf das falsche Ziel konzentriert. Sie können sich sogar damit schaden. Sie werden weder die Meditation richtig verstehen, noch wird es Ihnen gelingen, die Krankheit loszuwerden.«[3] Für den Einsatz der Methode in Businesskontexten gilt letztlich die gleiche Perspektive, wobei sich die grundsätzlichen geistigen Fähigkeiten, die aus der Meditation erwachsen, natürlich in den Dienst konkreter Ziele stellen lassen. Wie dies auf für Unternehmen angemessene Weise geschehen kann, wird im nächsten Kapitel ausführlich dargestellt. An dieser Stelle bleibt anzumerken, dass verschiedene Teilmethoden von Vipassana bereits seit Jahren zunehmend und mit Erfolg in Coaching- und Trainingsszenarien eingesetzt werden.

Mantra-Meditation Das Rezitieren eines Mantras – einer Phrase oder Silbe, die gesungen, gesprochen oder einfach im Geist wiederholt wird – gehört seit jeher zum Repertoire der großen spirituellen Traditionen. Mit der Transzendentalen Meditation (TM), die insbesondere seit 1957 durch eine von dem Inder Maharishi Mahesh Yogi gegründete Organisation verbreitet wird, existiert eine Form der Mantra-Meditation, die in der westlichen Welt großen Anklang gefunden hat, doch immer wieder in die Kritik gerät.

Das liegt vor allem an dem Zertifizierungssystem der TM-Organisation, bei dem ein sieben Schritte umfassender Grundkurs gelehrt wird. Auf zwei Informationsvorträge und ein Erstgespräch mit einem TM-Lehrer folgen vier zweistündige praktische Einführungen, in denen die Meditationstechnik gelehrt und dem Schüler ein Übungs-Mantra übermittelt wird.[4] Die kontinuierliche Praxis sieht pro Tag ein bis zwei Übungseinheiten mit einer Dauer von jeweils 15 bis 20 Minuten vor.

Im Yoga sowie in vielen buddhistischen Traditionen gehört die Mantra-Meditation immer schon zum Repertoire der spirituellen

Praxis. In diesen Kontexten wird Wert darauf gelegt, dass die rezitierten Begriffe eine spirituelle Schwingung transportieren, die den Meditierenden mit der durch die Worte ausgedrückten Qualität verbindet. Das »OM« ist beispielsweise der Klassiker der indischen Mantra-Meditation. Es wird als transzendenter Urklang betrachtet, aus dessen Vibrationen nach hinduistischem Verständnis das gesamte Universum entstand. Prinzipiell lassen sich beliebige Worte im Rahmen einer Mantra-Meditation rezitieren, wenn vor allem der zentrierende Effekt angestrebt wird, der sich durch diesen Akt einstellt.[5]

Wenngleich die Mantra-Meditation für westliche Meditierende möglicherweise etwas fremd oder zu religiös inspiriert anmutet, kann sie für Menschen, die stark verstandesorientiert sind, einen guten Ausgleich bilden, da das stete Wiederholen eines Klanges oder einer Wortphrase sie Abstand gewinnen lässt zu den unwillkürlich ablaufenden Denkvorgängen. Wird diese Methode behutsam und mit Respekt vor den weltanschaulichen Dispositionen der Meditierenden eingeführt, kann sie sich als Praxis im Unternehmenskontext durchaus eignen.

Tai Chi, Qigong, Yoga Wie bereits dargestellt, beziehen verschiedene Meditationsrichtungen wie die Mindfulness-Based Stress Reduction, die christliche Kontemplation oder das Zen achtsam ausgeführte Bewegungen in ihr Übungsrepertoire ein. Hierbei handelt es sich nicht alleine um eine Form des körperlichen Ausgleichs zu den meist im Sitzen ausgeführten Achtsamkeitsmethoden, sondern es geht letztlich auch darum, die eigene Aufmerksamkeit selbst in Situationen der stetigen (äußeren und körperlichen) Veränderung aufrechtzuerhalten, was nicht zuletzt die Übertragungsfähigkeit der in der Innenschau gewonnenen Einsichten auf den Lebensalltag erleichtern kann.

Bewegungsmeditationen wie Tai Chi, Qigong oder Yoga eint eine Gemeinsamkeit, die sie von rein sportlicher Betätigung unterscheidet. Sie richten das Augenmerk des Praktizierenden nicht nur auf die

motorischen Bewegungsabläufe selbst, sondern auch auf die fein-
stofflich-energetischen Vorgänge im Körper und in der ihn umgeben-
den Welt – eine Perspektive, die im westlichen Denken erst allmählich Einzug hält. Das bringt für Einsteiger zunächst im Vergleich
zur stillen Meditation eine erhöhte Komplexität beim Erlernen der
Übungen mit sich, denn einerseits muss man sich mit den Bewe-
gungsabfolgen selbst vertraut machen und andererseits zugleich den
inneren Blick schärfen für die subtilen körperlichen Vorgänge, die mit
diesen einhergehen. Die äußere Form der Bewegung trägt, ähnlich
wie Gymnastik, oft spontan zu einer Verbesserung der Beweglichkeit
bei, die innere Form hingegen kultiviert energetische Abläufe innerhalb des Körpers, was zu einer Verbesserung der Gesundheit beitragen kann. Dies sind jedoch eher positive Nebeneffekte. Wesentliche
Basis der Übungen ist es, den eigenen Geist für die inneren Vorgänge
zu sensibilisieren, so dass es zunehmend gelingt, den Energiefluss im
Körper bewusst zu erfahren und schließlich zu führen, was zu einer
verbesserten Balance zwischen Körper und Geist und zu wacher Aufmerksamkeit führt. Dieser Akt der Fokussierung lässt sich mit der
Konzentration auf den Atemfluss bei der Meditation in Stille vergleichen.

   Um ausgewählte Grundabläufe des Tai Chi, Qigong oder Yoga zu
erlernen, reichen einige Übungsstunden, bestenfalls über mehrere
Wochen verteilt, aus (wie etwa bei den Yoga-Übungen innerhalb des
MBSR-Konzepts). Während beim Tai Chi meist längere Bewegungs-
abfolgen eingeübt werden, bei denen jede Einzelbewegung nur einmal ausgeführt wird und direkt in die nächste übergeht, so dass ein
längerer Bewegungsfluss entsteht, gibt es im Qigong verschiedene
Kurzformen (wie zum Beispiel die bekannten »Acht Brokate«), bei
denen jede Einzelübung mehrfach hintereinander ausgeführt wird.
Während Tai Chi und Qigong hauptsächlich stehend geübt werden
(wobei verschiedene Übungsabfolgen auch im Sitzen möglich sind),
gibt es im Yoga viele Übungen in bodennaher Haltung oder im Liegen. Da im Tai Chi, Qigong und Yoga genau wie bei anderen Medita-

tionsformen nicht das Erreichen eines Ziels im Mittelpunkt steht, sondern es vor allem darum geht, den Übungsweg als Weg an sich zu beschreiten, sind körperliche Fitness oder eine besondere Beweglichkeit keine zwingenden Voraussetzungen, um die Übungen auszuführen, zumal sich ohnehin viele Bewegungen an die Konstitution der Übenden anpassen lassen.

Wenngleich die drei beschriebenen Übungsformen in diesem Kontext vor allem unter dem Aspekt der Bewegung betrachtet werden, verfügen sie alle über einen philosophisch-spirituellen Überbau und beinhalten auch Meditationsformen in Ruhe – so gibt es im Qigong beispielsweise den »Himmlischen Kreislauf«, bei dem die Lebensenergie (das Qi) durch Konzentration durch den Körper geführt wird, und im Yoga werden diverse Arten der Mantra-Meditation praktiziert.

Zwar spielt bei allen Formen der Meditation die Ausrichtung des Geistes eine wesentliche Rolle, doch steht sie nicht für sich. In der Traditionellen Chinesischen Medizin (TCM) beispielsweise ist für das Gesunden und Gesundbleiben des Menschen eine typgerechte Ernährung von zentraler Bedeutung, da ein wacher, ausgeglichener Geist eines gesunden Körpers bedarf. Gleiches gilt für die indische Lehre des Ayurveda, die den Übungen des Yoga und der Meditation ebenfalls Ernährungsvorschläge zur Seite stellt und auf eine ganzheitliche Balance von Körper und Geist abzielt. Im Westen wird diese ganzheitliche Betrachtungsweise vor allem durch die Mind-Body-Medizin repräsentiert, die Achtsamkeitsübungen, sportliche Betätigung und Empfehlungen zu einer ausgewogenen Ernährung miteinander verbindet.

Wirkungen von Meditation aus Sicht der Wissenschaft

War Meditation über lange Zeit ein Thema, über das hauptsächlich aus einer Perspektive der spirituellen Entwicklung beziehungsweise aus dem Blickwinkel individueller Erfahrungen diskutiert wurde, zeichnet sich insbesondere seit der Jahrtausendwende ein stark wachsendes Interesse verschiedener Fachdisziplinen wie der Neurowissenschaften, der Psychologie und der Medizin am Forschungsgegenstand Meditation ab. Erste Studien erschienen in den 1960er Jahren und in den späten 1970er Jahren zeigte sich ein erster Höhepunkt der Meditationsforschung mit jährlich rund 50 wissenschaftlichen Publikationen. Seitdem ist der Output der Meditationsforschung kontinuierlich gewachsen. Um die Jahrtausendwende wurden bereits rund 100 Arbeiten pro Jahr zum Thema publiziert und inzwischen ist ein weiterer, deutlicher Anstieg zu verzeichnen. Gegenwärtig entstehen jedes Jahr zwischen 200 und 250 neue Publikationen. Ein wichtiges Feld der Forschungstätigkeit ist das Programm »Stressbewältigung durch Achtsamkeit« (MBSR), dessen Wirkungen zur Zeit von rund 40 Studien jährlich beleuchtet werden. Auch die Wirkungen von Meditation auf der Ebene des Gehirns werden seit den vereinzelten Grundlagenstudien der 1980er Jahre inzwischen intensiv untersucht, so dass seit 2005 jedes Jahr zwischen 30 und 50 neue Forschungsarbeiten auf diesem Gebiet veröffentlicht werden.

Zu den physiologischen Wirkungen der Meditation, die in verschiedenen Grundlagenstudien festgestellt werden konnten, zählen eine Verringerung des Sauerstoffverbrauchs und der Ausatmung von Kohlendioxyd während der Meditationspraxis, ein deutliches Absinken des Blutlaktats und eine Erhöhung des Hautleitwiderstands. Es lassen sich somatische Effekte im Muskeltonus, im Herz-Kreislauf-System, in den Hormonen und Neurotransmittern nachweisen. Langjährige Meditationspraxis führt darüber hinaus zu Veränderungen in der Arbeitsweise und im Aufbau des Gehirns. Kognitive Effekte zeigen sich im Hinblick auf Wahrnehmung, Konzentration und Auf-

merksamkeit, Gedächtnis, Kreativität, Empathie und Persönlichkeits-
merkmale (zum Beispiel Neurotizismus). Die Hirnforschung hat darüber hinaus gezeigt, dass Meditationsverfahren geeignete Methoden
zur Erforschung des menschlichen Bewusstseins sind.[6]

Medizinische Effekte, Gesundheitsmanagement

Die durch die Meditationsforschung nachgewiesenen medizinischen
Effekte von Achtsamkeitspraktiken sind aus der Sicht von Unternehmen auf einer ganz pragmatischen Ebene von weitreichender Relevanz, denn die Gesundheit von Mitarbeitern ist, rein funktionalis-
tisch betrachtet, das wichtigste Kapital von Firmen. So zeigt eine
Untersuchung der Bundesanstalt für Arbeitsschutz und Arbeitsmedizin, dass sich die Produktionsausfälle durch Krankheitszeiten von
Beschäftigten allein für die deutsche Wirtschaft jährlich auf rund
46 Milliarden Euro summieren. Betrachtet man den Wertschöp-
fungsprozess insgesamt, erhöht sich dieser Wert sogar auf bis zu
80 Milliarden Euro im Jahr.[7] Methoden der Achtsamkeitskultivierung
in den Rahmen des betrieblichen Gesundheitsmanagements einzubeziehen, kann vor diesem Hintergrund in finanzieller Hinsicht einen
nachvollziehbaren Mehrwert schaffen. In menschlicher Hinsicht
bedarf dieser ohnehin keiner Erklärung, denn Erkrankungen, gleich
welcher Form und Intensität, beeinträchtigen nicht nur die Leistungsfähigkeit, sondern erschweren oder verhindern es gar, dass Menschen
aus ihrem vollen Potenzial schöpfen.

Ausgangspunkt verschiedener positiv auf die Gesundheit wirken-
der Faktoren, die durch Meditation begünstigt werden, ist die physiologische Entspannungsreaktion, die sich im Zuge der Achtsamkeitspraxis einstellt. Sie ist ein Gegenspieler zum Stress, kann die Gesamtbefindlichkeit eines Menschen verbessern und stabilisieren und
führt in vielen Fällen zu einem grundlegenden Wohlbefinden. Eine
solche nachhaltige Verbesserung der individuellen Stimmungslage
wiederum kommt dem Immunsystem zugute. In diesem Kontext

konnte die Wirksamkeit von Meditation bereits bei einer Vielzahl von stressassoziierten Erkrankungen und Symptomen wie Bluthochdruck, Herz-Kreislauf-Problemen, Schmerzen, Kopfschmerzen, Entzündungskrankheiten, Schuppenflechte, Angst, Depression oder Schlafproblemen nachgewiesen werden.

Meditation kann einen Prozess der Selbstheilung in Gang setzen, denn im Glückszentrum des Gehirns, dem limbischen Motivations- und Belohnungszentrum, aktiviert sie einen Prozess der Autoregulation. Es wird unter anderem endogenes Morphium freigesetzt, das wiederum zur Ausschüttung von Stickstoffmonoxid führt. Letzteres wirkt im Körper anti-entzündlich, trägt zu einer Erweiterung der Gefäße bei, senkt den Blutdruck und reguliert das Immunsystem sowie das Schmerzempfinden. Dieser Prozess wirkt insgesamt entspannend und fördert das gesundheitliche Wohlbefinden. Darüber hinaus verändert Meditation das Muster der Genaktivität, insbesondere bei Genen, die auf den Zellstoffwechsel wirken und die Bekämpfung von zellulärem Stress steuern. Zellulärer Stress führt beispielsweise zu Entzündungsreaktionen und begünstigt die Zellalterung, beschleunigt also auf der körperlichen Ebene Degenerationserscheinungen.

Setzt man diese Befunde in einen Bezug zur Entwicklung von Krankheitsbildern, die vor allem durch berufliche Überbeanspruchung entstehen, wird offensichtlich, welche enormen Potenziale für Unternehmen durch Meditation freigesetzt werden könnten, denn heute ist bereits jede fünfte Verrentung einer Berufsunfähigkeit aus gesundheitlichen Gründen geschuldet[8] und Langzeitstudien legen nahe, dass sich eine hohe Arbeitsbelastung in einem stark zunehmenden Risiko niederschlägt, koronare Herzerkrankungen zu entwickeln.[9] Auch mit Blick auf den demographischen Wandel sind die beschriebenen Erkenntnisse relevant, denn wenn Meditation dazu beiträgt, dass Menschen gesünder älter werden, bleibt ihre Arbeitskraft Unternehmen länger erhalten, kostspielige Gesundheitsleistungen müssen seltener in Anspruch genommen werden und die Lebensqualität insgesamt verbessert sich.

Konzentration, Achtsamkeit, Stressmanagement

Da Meditation eine Methode ist, die die Achtsamkeit fördert, liegt es nahe, dass eine entsprechende Übungspraxis auch die Präsenz im Alltag verbessert. Dieser Zusammenhang wird durch verschiedene neurowissenschaftliche Studien belegt. Auf der neurologischen Ebene führt die durch Meditation hervorgerufene Entspannungsantwort des Körpers zu einem abnehmenden Hirnstoffwechsel und zu einer Zunahme der Aktivität in Hirnarealen, die der Aufmerksamkeit und Konzentration dienen (beispielsweise Merkfähigkeit, Fertigkeits- und Arbeitsgedächtnis). Bei Langzeitpraktizierenden von Achtsamkeitsmeditation zeigt sich eine Zunahme der grauen Substanz im Gehirn in Bereichen, die sich mit der Selbstwahrnehmung beschäftigen, für die Verarbeitung von Sinneseindrücken und die Körperwahrnehmung zuständig sind sowie für die so genannte exekutive Kontrolle (darunter Verstand, Gedächtnis und Vernunft). Darüber hinaus scheint Meditation dem altersbedingten Abbau der grauen Substanz entgegenzuwirken.

Aus diesen Befunden kann man ableiten, dass Meditation das Leistungspotenzial des Gehirns insgesamt verbessert beziehungsweise stärker ausschöpft, als dies ohne gezieltes Training möglich ist. Im Berufsleben werden hohe Anforderungen an Merkfähigkeit, Gedächtnis, Verstand und Vernunft gestellt und bereits heute lässt sich eine nicht zu unterschätzende Zahl von Menschen dazu verleiten, zur Steigerung ihrer Leistungsfähigkeit zu Medikamenten zu greifen. Bereits fünf Prozent der Studenten und etwa zwei Prozent der Berufstätigen in Deutschland betreiben durch die Einnahme von Ritalin, Amphetaminen oder Betablockern systematisch und regelmäßig Hirn-Doping – mit ungewissem Erfolg und vor allem mit nicht abschätzbaren Folgewirkungen.[10] Meditation kann eine Handlungsalternative eröffnen, die auf ganz natürliche Weise und frei von Nebenwirkungen die im Gehirn bereits vorhandenen Ressourcen aktiv erschließt.

Die Mind-Body-Medizin illustriert darüber hinaus, wie sich durch individuelles Stressmanagement die subjektive Selbstheilungskapazität ausschöpfen und die physiologische Stressreduktion fördern lässt. Da sich heute bereits 56 Prozent der Arbeitnehmer am Arbeitsplatz stark oder sogar sehr stark gehetzt fühlen, besteht erheblicher Handlungsbedarf.[11] Zu den vier Säulen einer entsprechenden ganzheitlichen Strategie zählen psychologische und das Verhalten betreffende Aspekte (darunter die Entwicklung einer positiven Lebenseinstellung, die Mobilisierung unterstützender sozialer Kontakte und das Einüben eines effektiven Zeitmanagements), Bewegung und gesunde Ernährung sowie Entspannungs- und Meditationsübungen. Aktive Bewältigungsstrategien wie diese senken die psychische Belastung durch Stress und verbessern die Lebensqualität.

So zeigen sich bei gesunden Menschen, die aktive Stressbewältigung mit den Methoden der Mind-Body-Medizin betreiben, signifikant positive Effekte im Hinblick auf das psychische Wohlbefinden und die körperliche Funktionsfähigkeit. Stresssituationen beschwören bei ihnen weniger emotionale Reaktionen herauf und sie empfinden mehr Ruhe und Gelassenheit. Vor allem leicht in den Alltag zu integrierende kurze Entspannungsübungen, die mehrmals am Tag praktiziert werden, eröffnen eine neue Handlungsfreiheit, da sich die Übenden äußeren Stimuli, auf die sie keinen Einfluss haben, nicht mehr hilflos ausgeliefert fühlen. Die so genannte »Stop-Atme-Reflektiere-Wähle«-Übung (Stop-Breathe-Reflect-Choose) beispielsweise erleichtert es, in Stress auslösenden Situationen innezuhalten und bewusster auf die äußere Situation zu reagieren.[12] Dies führt zu mehr Achtsamkeit im Alltag insgesamt und zu einer gesteigerten Fähigkeit, das eigene Verhalten zu reflektieren – beides wichtige Voraussetzungen, um Stressfaktoren schneller zu erkennen und frühzeitig gegenzusteuern, bevor sich chronische Erschöpfungserscheinungen zeigen.

Zu ähnlichen Erkenntnissen kommt eine Untersuchung, die die Wirkung eines Programms aus Achtsamkeitsübungen und Qigong bei Schülern erforscht hat. Das Ziel war, dass die Kinder im Rahmen der erfahrungsbasierten, psychoedukativen Übungsmodule lernten, ihre persönlichen Stressoren zu identifizieren und durch achtsamkeitsbasierte Maßnahmen zu senken sowie einen achtsameren Umgang mit sich selbst und anderen zu praktizieren. Im Laufe des Programms verbesserte sich die Aufmerksamkeitsleistung der Übenden und sie zeigten weniger psychische Belastungssymptome. Darüber hinaus setzten sie ihre Aufmerksamkeit und Konzentration in Stress- und Belastungssituationen gezielter im Sinne der Achtsamkeit ein. Eindrucksvoll ist, dass diese Ergebnisse sich innerhalb von nur sechs Monaten und bei einer vergleichsweise geringen Praxis von zehn bis fünfzehn Minuten an drei Tagen pro Woche einstellten.[13]

Persönlichkeitsentfaltung

Das Thema »Entfaltung der eigenen Persönlichkeit« mag im Businesskontext auf den ersten Blick fehl am Platz anmuten, da es eher als Privatangelegenheit erscheint. Betrachtet man hingegen die Anforderungen an Führungskräfte, die sich aus der sich stetig vergrößernden Komplexität wirtschaftlicher Rahmenbedingungen ergeben, dann wird augenscheinlich, dass die im Personalwesen gemeinhin als »Soft Skills« bezeichneten Fähigkeiten oft nicht mehr ausreichen, um im Arbeitsalltag adäquat zu handeln. Eine Studie der Personalberatung Korn/Ferry zeigt, wie wichtig es beispielsweise für Führungskräfte heute ist, mit mehrdeutigen Situationen umzugehen – eine Fähigkeit, die vor der gegenwärtigen Wirtschafts- und Finanzkrise von vielen Firmen noch gar nicht thematisiert wurde. Eng damit verbunden sind flexibles Denken, Mut und Schnelligkeit beim Entscheiden.[14] Bei all diesen Skills handelt es sich weniger um Fertigkeiten, die auf methodischem Weg erlernbar sind, sondern vielmehr um Haltungen, die aus der Tiefe der menschlichen Persönlichkeit erwachsen.

In diesem Kontext kann Meditation zu einem zentralen Impuls werden, denn die durch sie im Gehirn angestoßenen Veränderungen legen auch die Basis für ein kontinuierliches Wachstum der Persönlichkeit. So können verschiedene Formen der Achtsamkeitsmeditation, beispielsweise das im medizinischen Kontext verbreitete Programm zur Mindfulness Based Stress Reduction (MBSR), zu einer Verkleinerung des Angstzentrums im Gehirn, der so genannten Amygdala, führen. Dieser Effekt stellt sich aufgrund der Plastizität des Gehirns bereits nach wenigen Wochen der Praxis ein. Auf der Ebene des (Berufs-)Alltags kann sich aus dieser inneren Entwicklung ein Zuwachs an persönlicher Freiheit ergeben, denn wenn Menschen ihre Gedanken und ihre früheren Erfahrungen nicht mehr als absolut, sondern als relativ und veränderbar wahrnehmen, können sie sich leichter auf das beziehen, was in einem Moment »wirklich ist«. Sie sind also freier, sich auf das Leben und die damit verbundenen Anforderungen einzustellen, anstatt durch Eindrücke aus der Vergangenheit geprägt zu handeln.

Mit den Veränderungen im Gehirn korreliert die Entwicklung von Gleichmut und Offenheit, und diese Qualitäten sind es, die es Menschen erlauben, sich von Konditionierungen zu lösen. Da Meditation auf den orbitofrontalen Cortex wirkt, der für die Regulation von Emotionen zuständig ist, öffnet sich hier ein Fenster für ein Umlernen im Hinblick darauf, wie wir im Alltag auf äußere Impulse reagieren. Dies kann die Abhängigkeit von eigenen Gefühlen verringern. Im Hippocampus, dem Teil des Gehirns, der für die Gedächtnisleistung, die Bewertung von Situationen und die Erregungsregulation zuständig ist, lassen sich bei Meditierenden Veränderungen nachweisen, denn die graue Substanz nimmt durch regelmäßige Praxis zu. Achtsamkeitspraktiken stimulieren die natürliche Fähigkeit des Gehirns, neue Synapsen zu bilden und Neuronen zu generieren. Das fördert wiederum die Fähigkeit, Empathie zu entwickeln und leichter den eigenen Blick auf die Welt zu verändern. In einer Zeit, die durch extreme Komplexität und permanenten Wandel geprägt ist, sind dies grundlegende Fähigkeiten, um die eigene Identität immer wieder mit äußeren Veränderungen in Abgleich zu bringen.

Erste Studien legen nahe, dass es selbst im Erwachsenenalter noch möglich ist, die prosoziale Motivation von Menschen zu stärken. In einer Zeit, in der sich immer mehr die Notwendigkeit zeigt, wirtschaftliche Aktivitäten stärker zum Wohle aller Menschen auszurichten, dürfte die Entfaltung einer stärkeren Bezugnahme auf das Gemeinwohl zu einer für die Arbeitswelt künftig grundlegenden Qualifikation werden.

Interessant ist auch der grundsätzliche Gewinn an Wahrnehmungs- und Handlungsfreiheit, der sich im Zuge regelmäßiger Meditation einstellen kann und der beispielsweise durch einige Studien der Schmerzforschung bestätigt wird. Die Formel »Leiden = Schmerz × Widerstand« bringt in hervorragender Weise auf den Punkt, dass menschliches Hadern mit dem, was ist, nicht nur von äußeren Umständen abhängt, sondern wesentlich auch davon, ob man diesen aus einer Haltung der Akzeptanz oder der Abwehr begegnet. Im Zuge kontinuierlicher Achtsamkeitspraxis scheint sich die menschliche Fähigkeit zur Dis-Identifikation und Nicht-Reaktivität zu verbessern, was bedeutet, dass der Mensch auf die Bedingungen, die er im Außen vorfindet, seltener aus einem Reflex heraus reagiert und freier wird, wirklich eigene Entscheidungen zu treffen und autonomer zu handeln.

Metastudien, die die Wirkung von Meditation bei Gesunden analysieren, kommen darüber hinaus zu dem Schluss, dass die regelmäßige Innenschau auch Ängste und negative Gefühle verringert, neurotische Haltungen mildert, die grundsätzliche Achtsamkeit und Wahrnehmungsfähigkeit fördert, zu einer besseren Selbsterkenntnis führt und die Kultivierung positiver Gefühle begünstigt. Betrachtet man die Anforderungen des heutigen Berufslebens insgesamt, so ist augenscheinlich, dass es Fähigkeiten wie diese sind, die es Menschen erlauben, im Arbeitsalltag sorgsamer mit sich selbst und anderen umzugehen und besser auf die Erfordernisse der Umgebung zu reagieren.

Positive Wirkungen von Meditation im berufsspezifischen Kontext

Die bereits dargestellten wissenschaftlichen Befunde zeigen eindrücklich, wie Meditation durch eine Wirkung auf der neurophysiologischen Ebene den Verlauf von Erkrankungen, aber auch die Entwicklung von Fähigkeiten günstig beeinflussen kann. Am Beispiel der Schmerzwahrnehmung wurde dabei deutlich, dass Meditation nicht das Symptom direkt beeinflusst, also den Schmerz in seiner Art und Qualität explizit nicht verändert, sondern dass das regelmäßige Meditieren die Haltung der Praktizierenden wandelt. Die individuelle Haltung wird durch das Meditieren flexibler beziehungsweise die Betroffenen entwickeln die Fähigkeit, sich aus einer neuen Position der Freiheit zu dem, was ist, in ein Verhältnis zu setzen. Genau diese Art des Sekundäreffektes ist es, die Meditation als Methode auch im Unternehmenskontext so interessant macht: Die Praxis der Achtsamkeit schärft gewissermaßen die Linse, durch die Menschen ihre Arbeitsumgebung sehen, und alle Bereiche, auf die der Blick durch diese Linse gerichtet wird, werden auf diese Weise erhellt. Unter dem Strich bedeutet das nichts anderes, als dass sich Meditation durch eine spezifische Kontextualisierung (beispielsweise im Rahmen themenspezifischer Weiterbildungen oder individueller Coachings) in alle Themenbereiche und Fachgebiete konstruktiv einbringen lässt.

Wie stark die Transfereffekte von Meditation auf die subjektiv wahrgenommene Lebenswirklichkeit sein können, zeigt eine Untersuchung[15] des Bender Institute of Neuroimaging (BION), Gießen, die beleuchtet, welche positiven Effekte von Meditation im Hinblick auf individuelle Leistungsfähigkeit, persönliche Unabhängigkeit und kreative Gestaltungskraft ausgehen. Befragt wurden Teilnehmer einer dreijährigen Weiterbildung, die neben Methoden der Persönlichkeitsentwicklung auch eine regelmäßige Meditationspraxis beinhaltet. Die Studienteilnehmer sollten dabei einschätzen, welche Entwicklungen in verschiedenen beruflichen und alltäglichen Kontexten für sie mit der Meditation verbunden sind. Eine erste Erhebung wurde Ende 2008 durchgeführt, eine Folgeerhebung ein Jahr später, um die Entwicklung innerhalb dieses Zeitraums zu dokumentieren. Das Ergebnis: Im Rückblick auf ihre bisherige Meditationspraxis verzeichneten die Befragten bereits bei der ersten Erhebung eine sehr starke Verbesserung ihrer Lebensqualität und Selbstwirksamkeit, verglichen mit der Zeit, in der sie noch nicht meditiert hatten. Bei einem Großteil der Teilnehmer wuchs innerhalb der folgenden zwölf Monate die Fähigkeit, äußerem Druck besser standzuhalten, im Beruf leistungsfähiger zu sein und zu mehr persönlicher Authentizität zu finden, durch die kontinuierliche Praxis noch einmal erheblich.

Leistungsfähigkeit, Krisenresistenz, Unabhängigkeit – berufsrelevante Fähigkeiten, die durch Meditation gefördert werden

Nach einem Jahr regelmäßiger Meditation zeigen die an der BION-Untersuchung Beteiligten bei relevanten Resilienzfaktoren zum Teil signifikante Verbesserungen. So fühlen sich 54 Prozent im Beruf leistungsfähiger (plus 22 Prozentpunkte). 52 Prozent können äußeren Anforderungen besser begegnen und standhalten, so dass sie weniger Druck im Job empfinden (plus 8 Prozentpunkte). Und nur noch 7 Prozent haben Schwierigkeiten, in Krisensituationen einen klaren Kopf zu behalten (minus 15 Prozentpunkte).

Auch Persönlichkeitsfaktoren, die auf Unabhängigkeit, beispielsweise bei wichtigen beruflichen oder unternehmerischen Entscheidungen, hindeuten, weisen zum Teil deutliche Verbesserungen auf. So fühlen sich 73 Prozent authentischer und mehr wie sie selbst (plus 12 Prozentpunkte). Nur noch 15 Prozent haben Probleme damit, sich vom Urteil anderer unabhängig zu machen (minus 9 Prozentpunkte). Und 56 Prozent bekunden, sich mehr Freiheit bei beruflichen Entscheidungen zu nehmen (plus 12 Prozentpunkte). Die Rahmenbedingungen in ihrem Arbeitsumfeld empfinden nur noch 27 Prozent als einengend (minus 7 Prozentpunkte).

Parallel dazu wächst das Bedürfnis nach einer sinnvollen Tätigkeit und nach einer expliziten Werteperspektive im Arbeitsumfeld. 68 Prozent suchen verstärkt nach dem Sinn in ihrem beruflichen Wirken (plus 12 Prozentpunkte). 71 Prozent ist es ein Bedürfnis, in ihrer Arbeit ideelle Werte zum Tragen zu bringen (plus 12 Prozentpunkte), und 78 Prozent fällt es schwer, eine einseitig materielle Ausrichtung der Wirtschaft gutzuheißen (plus 20 Prozentpunkte). Die folgenden Übersichten verdeutlichen dies noch einmal.

Die Erhebung illustriert, wie Meditation innerhalb von nur zwölf Monaten die Selbstwahrnehmung und die Kompetenz im Umgang mit Herausforderungen deutlich verbessert. Damit eröffnet Meditation einen Weg zu mehr Selbstbestimmung und Handlungsfähigkeit. Darüber hinaus zeigt die Studie eine wachsende Sensibilität für die Folgen des eigenen Handelns in beruflichen Kontexten. Der Wunsch nach mehr Sinn und ideellen Werten bei der Arbeit, verbunden mit einer wachsenden Kritik an einer einseitig materiellen Ausrichtung der Wirtschaft deuten darauf hin, dass Selbstreflexion und Stille wichtige Impulse für einen Wandel zu einer menschengerechteren Ökonomie und Arbeitswelt setzen können.

Die positiven Veränderungen in der Selbsteinschätzung der Studienteilnehmer wurden durch MRT- und EEG-Messungen bestätigt, die das Bender Institute of Neuroimaging parallel zur Fragebogenerhebung durchführte. Es zeigte sich, dass vor allem Menschen, die zuvor über wenig Praxis verfügten, sehr stark von regelmäßiger Meditation profitieren können, denn ihre Fähigkeit, über längere Zeiträume achtsam zu sein und Zustände tiefer Konzentration zu erreichen, ist im Verlauf der Studie deutlich gewachsen.

Da die Probanden dieser Erhebung nicht nach bevölkerungsrepräsentativen Gesichtspunkten ausgewählt werden konnten (es handelte sich um 48 Personen, die am so genannten »Timeless Wisdom Training« teilnahmen, davon ein Drittel Männer und zwei Drittel Frauen

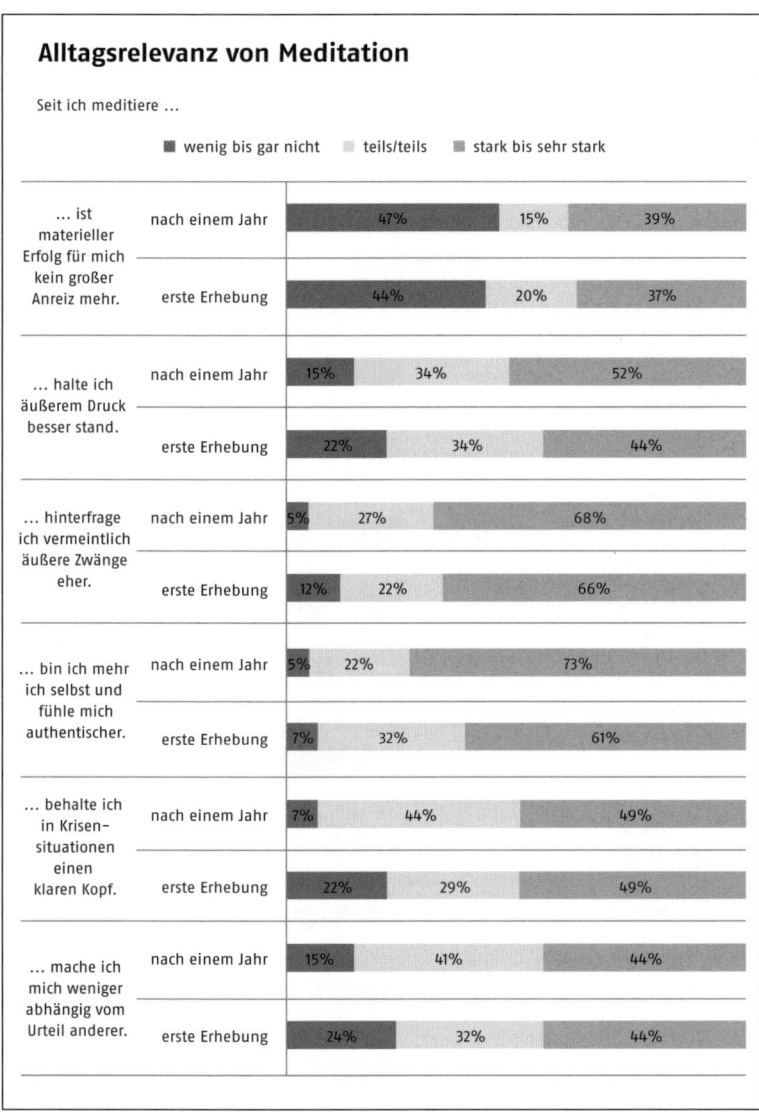

Abbildung 1: Alltagspraktische Fähigkeiten und Werte, die sich durch Meditation verändern

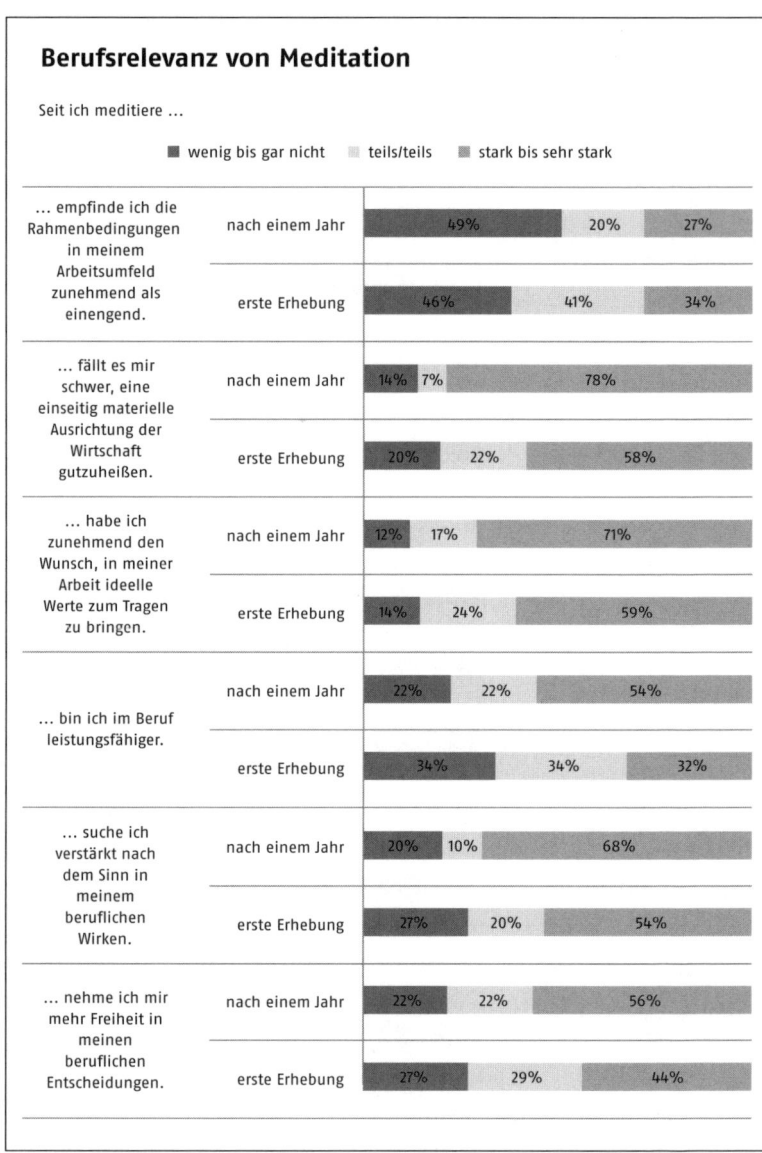

Abbildung 2: Berufsrelevante Fähigkeiten, die sich durch Meditation entwickeln

im Alter von 23 bis 69 Jahren), lassen sich die hier dargestellten Ergebnisse nicht eins zu eins auf die Arbeitswelt übertragen. Hinzu kommt, dass einige Studienteilnehmer bereits über zum Teil sehr langjährige Meditationserfahrungen verfügten. Das erklärt, warum typische Resilienzindikatoren und eine Haltung der Unabhängigkeit bereits bei der ersten Erhebung bei einem hohen Prozentsatz der Beteiligten vergleichsweise stark ausgeprägt waren. Da die Studie gerade für Menschen mit geringer oder gar keiner Vorerfahrung in Achtsamkeitspraktiken besonders große Fortschritte bei der Entwicklung einzelner Fähigkeiten diagnostiziert, wird deutlich, dass sich durch Meditation in einem Businesskontext mit relativ geringem Aufwand bereits deutliche Wirkungen erzielen lassen. Darüber hinaus bestätigt sich die Grundtendenz der hier gemachten Aussagen auch in verschiedenen Repräsentativbefragungen zu vergleichbaren Fragestellungen.

Gesellschaftliche Bedeutung und Wirkung von Meditation, Stille und Einkehr

Gegenwärtig meditieren etwa fünf Prozent aller Deutschen regelmäßig, in der Altersgruppe der 20- bis 29-Jährigen sogar beinahe zehn Prozent. Rechnet man kontemplative Praktiken wie das Gebet oder die »Zwiesprache mit Gott« dazu, steigt dieser Anteil auf rund dreißig Prozent. 26,1 Prozent der Befragten, die sich zu einer spirituellen Praxis in einer dieser Formen bekennen, zeigen eine stärkere Neigung sich zu engagieren, wenn Menschen in Not sind oder Hilfe brauchen, und 14,2 Prozent spüren eine größere Bereitschaft, Verantwortung zu übernehmen. Darüber hinaus nimmt die Rückbindung an das Absolute der in der Meditation erfahrenen Leere dem Alltag etwas von seiner Unsicherheit (14,5 Prozent), Herausforderungen des Lebens werden leichter weggesteckt (17,8 Prozent) und die Befragten fühlen sich dem Schicksal nicht so ausgeliefert (14,2 Prozent). Die Entwicklung der eigenen Persönlichkeit und des Charakters werden ebenfalls durch spirituelle Erfahrungen positiv beeinflusst (11,9 Prozent). Den Praktizierenden fällt es zudem leichter, selbst bei Hektik und Stress ihre innere Mitte zu finden (11,2 Prozent), und sie sind im Alltag leistungsfähiger (6,7 Prozent).[16] Es zeigt sich, wie sich für das Berufsleben essenzielle Fähigkeiten wie Kooperationsbereitschaft, die Fähigkeit, Verantwortung zu übernehmen, charakterliche Stärke und Klarheit oder Ambiguitätstoleranz durch Kontemplation oder Meditation entwickeln lassen.

Erweitert man den Bezugsrahmen und betrachtet nicht nur formale Achtsamkeitspraktiken, sondern ebenso informelle Formen des Abstandnehmens vom Trubel des Alltags, wird augenscheinlich, dass die innere Einkehr schon heute für einen großen Teil der Bevölkerung ein wesentliches Moment darstellt. So setzen viele Deutsche dem hektischen Tagesgeschehen ganz gezielt den Rückzug in die Stille entgegen, und 40,4 Prozent sind überzeugt, dass sie auf diese Weise am besten etwas über sich selbst, das Leben und die Welt erfahren. 22,7 Prozent betonen sogar, dass ihnen regelmäßige Phasen der Selbstbesinnung und Meditation besonders wichtig im eigenen Leben sind, und 23,1 Prozent der Befragten sind der Ansicht, dass zu einem »guten Leben« spirituelles Bewusstsein gehört. Für 22,4 Prozent aller Deutschen ist Weisheit das Ergebnis einer konkreten spirituellen Praxis. 25,4 Prozent finden, dass sich vor allem spirituelle Persönlichkeiten durch besondere Weisheit auszeichnen – von Führungskräften in der Wirtschaft glauben dies hingegen nur 16,2 Prozent, von Politikern gar nur 8,3 Prozent der Bevölkerung.[17]

Befunde wie diese zeigen, dass es innerhalb der Bevölkerung insgesamt und damit gleichermaßen unter den in das Wirtschaftsleben aktiv eingebundenen Menschen durchaus einen Bedarf nach Phasen der Stille gibt. Diese innere Bereitschaft, verbunden mit der sehr positiven Einschätzung dessen, was innere Einkehr bewirken kann, nimmt dem Anliegen, Meditation im Unternehmenskontext zu etablieren, viel von der möglichen Exotik oder gar Esoterik, die bisweilen mit der Thematik noch in Verbindung gebracht wird.

Im Zuge der gegenwärtigen politischen und gesellschaftlichen Diskussion über Nachhaltigkeit sowie die Ethik von Unternehmen und Managern lässt vor allem die letzte der hier angeführten Diagnosen aufmerken, denn die Tatsache, dass gerade den vermeintlichen Leistungsträgern eine Weisheitskompetenz fast völlig abgesprochen wird, richtet den Blick darauf, dass eine humanere und menschengerechtere Wirtschaft sich nicht nur auf formale Praktiken und äußere Regularien berufen kann, die in Berichten zur Corporate Social Responsibility oder in Compliance-Richtlinien gipfelt, sondern dass es neuer Wege und Methoden bedarf, um die Menschen, die in der Arbeitswelt aktiv (und zum größten Teil auch engagiert) sind, im Kern ihres Menschseins wieder zu berühren, auf dass sie ihre zum Teil noch verborgenen Potenziale entfalten können.

Perspektiven von Meditation in Unternehmen und in der Arbeitswelt

In zahlreichen Unternehmen dominiert noch ein sehr konventioneller Blick auf die Rolle von Mitarbeitern und Führungskräften. Zwar werden vielerorts Werte wie Partizipation und Eigenständigkeit propagiert, doch in den praktisch gelebten Unternehmensgrundsätzen und Führungsprinzipien herrscht meist noch das Bild eines möglichst gut funktionierenden Mitarbeiters vor. Wenngleich jede Organisation diesen funktionalen Aspekt von Führung durch Hierarchien und Regeln abzubilden hat, so sollte es auf der anderen Seite stets das Ziel sein, die intrinsische Motivation und das schöpferische Potenzial von Mitarbeitern und Führungskräften zu nutzen und weiterzuentwickeln.

Nahezu alle Untersuchungen über Führungskräfte belegen, dass ein hohes Maß an Gestaltungsspielräumen die wichtigste Triebkraft für persönliches Engagement ist. Freiheit und organisatorische Struktur sind natürliche Gegensätze, und in erfolgreichen Unternehmen wird die Spannung zwischen beiden so gering wie möglich gehalten. Die wachsende Selbsterkenntnis und die Zunahme an Selbstbewusstsein bei meditierenden Führungskräften führen zwangsläufig auch zu einer kritischen Sicht auf Unternehmensstrukturen, die wenig persönliche Entfaltungsspielräume gewähren oder die überwiegend auf ein »Funktionieren« angelegt sind. Insofern profitieren Unternehmen mit einer offenen und eher innovativen Unternehmenskultur in besonderem Maße von Achtsamkeit und Meditation im Rahmen der Führungskräfteentwicklung. Für konventionelle, eher autoritär strukturierte Unternehmen können sich Meditation und Achtsamkeit hingegen als Herausforderung, vielleicht sogar als Risiko erweisen, da der durch sie erwachsende Freiheitsgrad der Mitarbeiter bestehende Hierarchien und Grundlagen von Führungsautorität infrage stellt.

Einordnung in die betrieblichen Strukturen

Bei der Abwägung, ob und in welcher Form Meditation sich als Übungsweg in Unternehmen und in der Arbeitswelt eignet, ist es hilfreich, mit einem multiperspektivischen Blick die verschiedenen relevanten Faktoren und ihre wechselseitigen Bedingtheiten zu betrachten. Für Unternehmen, die erwägen, Meditation als eine mögliche Methode in der Führungskräfteentwicklung, der Mitarbeiterweiterbildung oder im betrieblichen Gesundheitsmanagement einzusetzen, steht im Zweifel der betriebliche Nutzen einer solchen Maßnahme im Vordergrund. Wo Mitarbeiter ihre (Arbeits-)Zeit aufwenden (sollen) und Kosten für Schulungsprogramme entstehen, gilt es sorgsam zu prüfen, welche materiellen und ideellen Investments notwendig sind und welchen Nutzen man davon erwarten kann.

Dabei trifft die in der Wirtschaft vorherrschende Leistungs- und Profitorientierung auf den grundsätzlich eher explorativen Habitus meditativer Verfahren. Damit zwischen der betrieblich notwendigen Ergebnisorientierung und der prinzipiell ergebnisoffenen Haltung, die die Basis von Meditation bildet, eine konstruktive Wechselseitigkeit entstehen kann, ist es hilfreich, verschiedene kulturelle Faktoren in die Betrachtung einzubeziehen. Einerseits ist es die Unternehmenskultur, die mit ihren expliziten und impliziten Werten – darunter vor allem das Menschenbild der Führungsriege –, ihren Leitbildern und Gepflogenheiten einen Rahmen absteckt, an den Programme zu Meditation und Achtsamkeit andocken sollten. Andererseits hat sich Meditation als Methode in den letzten Jahrzehnten innerhalb verschiedener Wertecluster entwickelt, die von den Ursprüngen meditativer Verfahren innerhalb der spirituellen Traditionen der Weltkulturen über die pragmatische Erforschung durch die modernen Wissenschaften bis hin zu den ganz persönlichen Wertesystemen von Meditation Praktizierenden reichen. Eine sorgfältige Betrachtung dieser unterschiedlichen Wertebezüge erleichtert es, konkrete Settings zu entwickeln, die eine wirksame Beziehung zwischen diesen Perspektiven herstellen.

Da Meditation eine individuelle Praxis ist, die jeden Menschen an dem Punkt herausfordert, an dem er im eigenen Leben steht, ist es zudem wichtig, die unterschiedlichen Ausgangsbedingungen von Führungskräften und Mitarbeitern zu betrachten, für die Achtsamkeitsprogramme entwickelt werden sollen. Hier kommen im betrieblichen Kontext nicht nur die ganz persönlichen Bezüge der betreffenden Personen zum Tragen, die sie als Individuen ausmachen, sondern selbstverständlich auch die konkreten Rollenbezüge, die sich aus ihren Aufgaben im Unternehmen ergeben. Eng verbunden mit diesem Aspekt ist die Frage, wie sich die durch Meditationsprogramme entstehenden Impulse in die berufliche Praxis integrieren lassen, damit sie in den konkreten Handlungskontexten eines Unternehmens Wirksamkeit entfalten können.

Im Folgenden soll deshalb näher betrachtet werden, wie Meditation unter den Vorzeichen von Leadership, Resilienz und Potenzialentfaltung zu einer Entwicklungsressource für Führungskräfte und Mitarbeiter werden kann, welche Rolle die Unternehmenskultur mit ihren spezifischen Wertehorizonten dabei spielt, welche Handlungs- und Umsetzungsperspektiven sich durch Meditationsprogramme in Firmen ergeben können und welche formalen Rahmenbedingungen sich hierbei als hilfreich erweisen. Denn es bedarf einiger besonderer Voraussetzungen, damit sich das Potenzial von Achtsamkeit und Meditation im Unternehmen über den Tag hinaus entfalten kann.

Leadership, Resilienz, Potenzialentfaltung: Meditation als Entwicklungsressource für Führungskräfte und Mitarbeiter

Meditation kann, dies wurde anhand der Darstellung aktueller wissenschaftlicher Befunde bereits aufgezeigt, die unterschiedlichsten Heilungs- und Entfaltungspotenziale des Menschen freisetzen. Im Unternehmenskontext stellt sich dabei die Frage, wie sich diese grundsätzlichen Wirkungen auf die konkreten betrieblichen Erfordernisse beziehen lassen, wie also eine Verbindung hergestellt werden kann zwischen relevanten Aspekten der Personalentwicklung und der Erfahrungsdimension von Meditation. Eine wesentliche Voraussetzung für den Erfolg von firmeninternen Programmen zu Meditation und Achtsamkeit dürfte dabei sein, dass die Zielgruppen dieser Angebote auf Augenhöhe in ihren jeweiligen Bedürfnislagen abgeholt werden, ihnen also gemäß ihrer jeweiligen Rolle im Unternehmen und im Hinblick auf ihre persönliche Selbstverortung die Sinnhaftigkeit entsprechender Schulungen nachvollziehbar dargelegt wird. Dies ist am ehesten dann möglich, wenn die durch die jeweiligen Arbeitsbereiche entstehenden konkreten Anforderungen an unterschiedliche Mitarbeitergruppen gezielt adressiert werden.

Zugangswege zum Thema »Meditation«

Zur Einschätzung der Entwicklungspotenziale von Mitarbeitern haben sich im Geschäftsleben in den vergangenen Jahrzehnten verschiedene Typologie-Modelle durchgesetzt, auf deren Basis sich die besonderen Fähigkeiten von Menschen eruieren lassen. Methoden und Modelle wie der Myers-Briggs-Indikator, das DISG-Modell oder Insights-MDI, um nur einige zu nennen, ermöglichen es, die besonderen Ressourcen, die jeder Mensch in seinen spezifischen Arbeitskontext einbringen kann, gezielt zu fördern. Auf diesem Weg entstehen individuelle Profile, so dass der Fokus auf dem Besonderen liegt, während gleichzeitig die Gemeinsamkeiten zwischen unterschiedlichen Typen in den Hintergrund treten.

Da das Thema »Meditation« sehr stark weltanschauliche Positionen berührt, erscheint es sinnvoll, hier nach einer Kontextualisierung zu suchen, die explizit den Wertehorizont berücksichtigt, innerhalb dessen Menschen ihr Selbstbild konstituieren. Wertemodelle wie das auf den amerikanischen Psychologen Clare W. Graves zurückgehende Graves-Value-System[18] und das darauf aufbauende Modell Spiral Dynamics[19], das von Don Edward Beck und Christopher C. Cowan in Bezug auf Graves Arbeiten weiterentwickelt wurde, ermöglichen es, Menschen gezielt im Hinblick auf ihre Selbstverortung in der Welt anzusprechen. Im Unterschied zu gängigen Typologien liegt hier der Schwerpunkt also eher auf Gemeinsamkeiten sowie konkret auf Weltbildern und Denkweisen – auf Faktoren also, die es in der weiteren Betrachtung erleichtern werden, die Brücke zur Unternehmenskultur zu schlagen.

Wertehorizonte, die den individuellen Blick auf die Welt formen, befinden sich in stetiger Entwicklung, sind also nicht fix. Jeder Mensch hat zu einem gegebenen Zeitpunkt einen Werteschwerpunkt, hinter den er, beispielsweise in Situationen, die durch besonderen Stress geprägt sind, bisweilen zurückfällt, während er in Kontexten der positiven Herausforderung über ihn hinauswachsen kann. Die wertemäßige Selbstverortung ist damit weniger statisch als eine typologische Einordnung. Sich diese »Fluidität« bewusst zu machen, ist insofern wichtig, als die folgende Darstellung unterschiedlicher Werteebenen eine gewisse Abgeschlossenheit der einzelnen Stufen suggeriert, wohingegen in der Alltagsrealität die Übergänge eher fließend sind.

Bedeutung(en) des Themas »Spiritualität und Meditation« Obgleich in der Arbeitswelt nach wie vor die Betrachtung des Menschen unter den Vorzeichen des »Homo oeconomicus« dominiert, fließen in die persönlichen Selbstbilder die verschiedensten weltanschaulichen

Quellen ein. So messen 17,4 Prozent der Deutschen spirituellen und religiösen Fragen eine große bis sehr große Bedeutung bei. Rund 15 Prozent der Bevölkerung lassen sich als »spirituelle Sinnsucher« bezeichnen, die ihren Sinnbezug aus Fragmenten des Humanismus, der Anthroposophie, Mystik und Esoterik speisen. Für sie ist der Wunsch, die eigene Berufung und innere Mitte zu finden, zentral und sie interessieren sich für spirituelle Praktiken wie Yoga, Qigong und Meditation. Rund zehn Prozent verstehen sich als Christen mit bewusst traditionellen religiösen Bezügen. Sie finden Antworten auf die Frage nach dem Sinn des Lebens und der Beschaffenheit des Seins in Religion und Glauben in enger Anbindung an die Kirchen und geben ihrem Alltag mit religiösen Ritualen Struktur. Weitere 35 Prozent könnte man als »religiös Kreative« bezeichnen. Sie gehören zwar den großen Glaubensgemeinschaften an, grenzen sich jedoch in ihren Überzeugungen bewusst von christlichen Lehrmeinungen ab und entwickeln ihre religiösen Auffassungen durch eine Erweiterung des traditionellen Gedankenguts um philosophische und humanistische Ideen. Vierzig Prozent der Deutschen verspüren indes keinerlei spirituelle Anbindung und sind »Alltagspragmatiker«, die Hälfte von ihnen betrachtet sich sogar explizit als Atheisten.[20]

Damit besteht für das Thema »Meditation und Achtsamkeit« in Unternehmen ein Resonanzfeld, innerhalb dessen sich Mitarbeiter gemäß ihren persönlichen Werten verorten, zum Teil sehr bewusst, in vielen Fällen jedoch eher implizit und unreflektiert. Drei Beispiele, wie unterschiedlich sich der Blick auf Meditation artikulieren kann, mögen dies illustrieren:

Beispiel 1:
Meditation? Ist das nicht eine Praxis, die vor allem in asiatischen Religionen verbreitet ist? In meiner Kirchengemeinde werden ab und an Kontemplationsabende angeboten, die ich besuche. Da wird dann eine Passage aus der Bibel vorgelesen, man spricht darüber und es gibt auch eine Phase des Schweigens, um diese Im-

pulse zu verdauen. Für mich sind das sehr wertvolle Anregungen, denn im Alltag ist ja kaum Raum für Besinnung oder Gespräche über Werte.

(60-jähriger Controller einer großen Versicherung)

Beispiel 2:

Meditation? Da wird ja im Moment viel dazu geforscht. Habe neulich einen Artikel über Burn-out gelesen, in dem beschrieben wurde, welche positiven Wirkungen Meditation auf die Gesundheit hat und dass sie sogar die Konzentration und Leistungsfähigkeit fördert. Sollte ich vielleicht auch mal probieren, bei dem Stress, den ich hier jeden Tag habe...

(45-jähriger Marketingexperte eines IT-Unternehmens)

Beispiel 3:

Meditation? Finde ich sehr wichtig, um das eigene menschliche Potenzial zu entfalten. Im Werk von Rudolf Steiner gibt es viele Methoden, wie man seine innere Entwicklung fördern kann. Mir ist diese seelische Dimension in meinem Alltag sehr wichtig. Hier im Kindergarten versuchen wir, die Kinder optimal in ihrer natürlichen Entfaltung zu unterstützen und ihnen zu vermitteln, dass es im Leben nicht nur um materielle Dinge geht.

(37-jährige Leiterin eines Waldorf-Kindergartens)

Analog zu den vorgestellten spirituellen Typen könnte man – selbstverständlich stark verkürzt – sagen, dass der Controller aus Beispiel 1 ein klassischer Repräsentant eines Traditions-Christen ist, während der Marketingexperte in Beispiel 2 sehr alltagspragmatisch argumentiert. Die Kindergartenleiterin aus Beispiel 3 hingegen outet sich als Sinnsucherin mit spirituellem Entfaltungsdrang. Natürlich sind diese Beispiele, um den prototypischen Charakter der unterschiedlichen Perspektiven möglichst prägnant zu veranschaulichen, durch ihre Auswahl zugespitzt. In Unternehmen zeigen sich diese Grundhaltungen bei Führungskräften und Mitarbeitern meist subtiler und weniger pointiert. Um die feineren Differenzierungen zu veranschaulichen, folgen ergänzend noch drei reale Konstellationen, die mir in meiner eigenen Beratungspraxis begegnet sind.

Beispiel 1:

Ein Vorstand eines bedeutenden Tochterunternehmens in einem technischen Großkonzern ist ein erstklassiger Ingenieur mit viel Erfahrung im Anlagenbau. Aber Personalmanagement ist nicht so sein Ding. Das merkt man sofort, wenn er über die Unzulänglichkeiten seiner Mitarbeiter spricht. Nach seinem Selbstverständnis funktionieren diese einfach nicht richtig. Das stresst ihn gewaltig. Nach 70 Stunden Arbeit pro Woche findet er nur ein wenig Entspannung bei kniffligen Heimwerker-Aufgaben. Die konzerneigene Personalentwicklung für die Top-Führungskräfte hat ihm ein Coaching empfohlen, damit er mehr Abstand zu seiner Arbeit und mehr Verständnis für das rechte »Funktionieren« von Mitarbeitern findet. Das geht er konstruktiv an, bis er merkt, dass es hierbei um ihn selbst geht. Von da an geht er in eine Blockadehaltung, findet immer neue wichtige Termine, die mit den vereinbarten Coaching-Gesprächen kollidieren. Sein eigenes Bedauern über die Unfähigkeit, sich auf den für ihn notwendigen Entwicklungsprozess einzulassen, ist unübersehbar. Er ist offenkundig noch nicht reif für eine offene Reflexion seiner selbst. Das ändert sich, als er nach zwei Jahren einen schweren Unfall hat, der ihn über Wochen zur Ruhe zwingt. Erst jetzt stellen sich ihm die früher als sinnlos empfundenen, aber tatsächlich sehr elementaren Fragen: Wer bin ich? Was ist der Sinn meines Lebens?

Beispiel 2:

In den großen Unternehmensberatungen gibt es klare Spielregeln, wie man als Mitarbeiter oder als Mitarbeiterin »zu sein hat«. Die daraus folgende Konformität stärkt zwar den Markenkern und die

Unternehmenskultur, unterbindet jedoch in den meisten Fällen eine persönliche Weiterentwicklung der Berater und Beraterinnen. Susanne ist seit drei Jahren durchaus erfolgreich in einem internationalen Consulting-Konzern. Jetzt ist sie den Job leid, nicht nur aufgrund des Stresses am Arbeitsplatz, sondern vor allem weil sie sich nicht als Mensch gesehen und verstanden fühlt. Sie kommt ins Coaching, um einen Weg aus der Firma zu finden. Durch ihre christliche Erziehung hat sie ein hohes Maß an Verantwortungsbewusstsein und Disziplin verinnerlicht. Deshalb leidet sie sehr unter dem Zwiespalt, der entsteht, weil sie einerseits ihrem Job ein hohes Verantwortungsgefühl entgegenbringt und andererseits nach Erfüllung in ihrem Leben sucht. Schließlich beginnt sie zu meditieren und gönnt sich eine sechsmonatige Auszeit. Daraus erwächst für sie eine neue Verbundenheit mit sich selbst und damit eine innere Stabilität, aus der heraus sie ihre Aufgabe souverän bewältigen kann – sogar noch erfolgreicher als zuvor.

Beispiel 3:
Ein erfolgreiches Familienunternehmen, beide Elternteile sind in der Firma engagiert, die zwei Söhne sollen das Management übernehmen. Nur Edgar, der Jüngere, ist daran wirklich interessiert. Er hat sich in der Welt umgesehen, nicht als Tourist, sondern als Suchender in Asien, Afrika und Südamerika. So hat er unterschiedliche spirituelle Erfahrungen sammeln können und versucht, sie in sein traditionelles, westliches Leben zu integrieren. Die Familie ist sehr skeptisch. Denn traditionell gilt im Unternehmen: Business ist Business und Persönliches hat hier nichts zu suchen, schon gar nichts Spirituelles. Edgar jedoch beginnt, mit Stille-Zeiten für Mitarbeiter zu experimentieren, lädt die Kunden zu einem Retreat ins Kloster ein und macht keinen Hehl daraus, dass Geld nicht das Wichtigste für ihn ist. Zum Coaching kommt er zur Selbstvergewisserung und zur Reflexion. Er hat nämlich

schnell entdeckt, dass spirituelle Erfahrungen sehr leicht in missionarischem Handeln gipfeln. Und er muss für sich erkennen, dass seine innere Freiheit im Denken – und die damit verbundene Zunahme an Kreativität – für Unternehmen und Mitarbeiter, die vor allem auf Kontinuität gepolt sind, zu einer erheblichen Herausforderung werden. Im Coaching-Gespräch wird deshalb immer wieder um den Ausgleich gerungen zwischen dem persönlichen Drang zum spielerischen Gestalten und dem Loslassen. Auf diese Weise gelingt es, eine Marktführer-Position nicht nur zu halten, sondern sie sogar noch auszubauen.

Aus der jeweiligen Selbstverortung lassen sich leicht Analogien zu den Wertmaßstäben der Beteiligten herstellen, die im Unternehmenskontext natürlich deutlich sichtbarer sind als in den Beschreibungen der rein spirituellen Dispositionen.

Im »richtigen Leben« sind diese Wertecluster selbstverständlich nicht trennscharf, denn die meisten Menschen integrieren in ihrer Persönlichkeit Werte unterschiedlicher Stufen zu einer Gesamtperspektive, haben dabei aber einen Schwerpunkt, der gewissermaßen den Anker für ihre Selbstverortung bildet. Die eingangs erwähnten »religiös Kreativen« beispielsweise stellen eine Synthese her aus Werten der »Traditions-Christen« und der »spirituellen Sinnsucher«, haben also einen konservativ-geerdeten Schwerpunkt, den sie gezielt erweitern.

Für die Einschätzung, welche Mitarbeitergruppen beim Thema »Meditation« auf welcher Werteebene am ehesten ansprechbar sind, erweist sich die typisierende Betrachtung als sehr hilfreich, denn wenn Menschen sich in ihren Werten wirklich angesprochen fühlen, gelingt es ihnen sich zu öffnen – und dies ist eine Grundvoraussetzung für den wirkungsvollen Umgang mit Meditationsmethoden.

	kulturelle Perspektive/ Fokus der Werte-Stufe/ personaler Ausdruck	Werte – Was ist wichtig?	Unternehmenskontext (Arbeitsfelder)
Beispiel 1 (Traditions-Christ)	traditionell Ordnung, Struktur »Loyaler«	Loyalität innerhalb von Hierarchien; Sicherheit, Klarheit; Status; verbindliche Regeln; feste Zuständigkeiten; Vorhersehbarkeit	(Inhabergeführte) Familienunternehmen; Abteilungen mit stark strukturierenden bzw. formalisierten Tätigkeiten (z.B. Controlling, Rechnungs- und Finanzwesen); produzierendes Gewerbe; Behörden; Handwerk
Beispiel 2 (Alltagspragmatiker)	modern Erfolg, individuelle Freiheit »Erfolgsmensch«	individuelle Gestaltungsmöglichkeiten; Eigenverantwortung, Entscheidungsbefugnis; Strategie; analytischer Blick auf die Welt; Aufstieg	oberes und mittleres Management in Konzernen; IT, Marketing, Werbung, Verkauf; Start-ups; Technologie- und Medienbranche; Wissenschaft
Beispiel 3 (spirituelle Sinnsucherin)	postmodern Teamwork, Entfaltung »Teammensch«	Toleranz, Gemeinsamkeit, Verantwortung für andere; Kooperation; persönliche Entwicklung; anti-hierarchische Partizipation; Offenheit, Kreativität	Social Business; Gesundheits- und Sozialberufe; Personalwesen; Kultur- und Kreativberufe; Kunsthandwerk; Öko-Branche

Abbildung 3: Prototypische Darstellung der Wertecluster von Mitarbeitern im Unternehmenskontext[21]

Vermittlungsansätze für Meditation für unterschiedliche Zielgruppen Da Meditation eine im Grunde weltanschaulich neutrale Methode darstellt, ist es im Unternehmenskontext hilfreich, bei Einführungen in die Thematik eine methodische, werteübergreifende Perspektive zu vermitteln. Konkrete Bezüge zu religiösen und spirituellen Traditionen, die verschiedene Meditationsformen entwickelt und geprägt haben, können sich dann als hilfreich erweisen, wenn Menschen im Gespräch selbst Bezug nehmen auf ihre spirituell-religiöse Selbstverortung. Umgekehrt sollte man sensibel dafür sein, dass in Deutschland rund zwanzig Prozent der Bevölkerung keinerlei Interesse für das Thema »Religion« aufbringen und weitere zwanzig Prozent sich sogar als Atheisten ganz bewusst von religiösen Bezügen abgrenzen. Ein pragmatisch-sachlicher Einstieg in das Thema, der wissenschaftliche Erkenntnisse darstellt und einen Überblick über verschiedene Meditationsformen gibt (vgl. Kapitel »Meditation und Achtsamkeit: Methoden, Wirkungen, wissenschaftliche Befunde«), kann eine gute Grundlage dafür schaffen, gezielt die unterschiedlichen Interessenlagen der Teilnehmenden zu adressieren.

Meditation und Stille wirken in der Kultur der Gegenwart, die vor allem durch Aktivität, wenn nicht sogar Stress und Hektik geprägt ist, auf viele Menschen zunächst einmal fremd. Der konkrete betriebliche Alltag, der immer auf Ziele ausgerichtet ist, die der Einzelne durch sein aktives Handeln zu erreichen hat, verstärkt diese Wahrnehmung. Vor diesem Hintergrund ist Meditation im besten Sinne gewöhnungsbedürftig, denn der Einstieg in die Praxis setzt seitens der Übenden voraus, dass sie ihre bisherigen Wahrnehmungs- und Handlungsmuster beiseite lassen und sich für eine ihnen bisher unbekannte Form der Erfahrung öffnen. Das erfordert ein gewisses »energetisches Investment«, denn, das haben die Neurowissenschaften eindrucksvoll bewiesen, aufgrund unserer Gehirnstrukturen funktionieren wir am besten, wenn wir unser Leben im Autopilot-Modus leben, also das tun, was wir bereits kennen und können. Der mit Meditation verbundene Perspektivwechsel hingegen verlangt von uns eine Art Initialzündung in Form von erhöhter Aufmerksamkeit und innerem Antrieb, um diese Muster zu durchbrechen. Die entsprechende Motivation entwickeln wir am ehesten dann, wenn wir das, was uns als »Belohnung« winkt, als wertvoll erachten, es uns also in unseren tiefsten Werten anspricht. Deshalb ist es zielführend, in Einführungen zum Thema Meditation die Wertesysteme der unterschiedlichen Zielgruppen gezielt anzusprechen und einzubeziehen.

- Traditionelle Werte
  Menschen, deren Wertesystem vordergründig durch die Wertschätzung von Ordnung und Struktur geprägt sind, vertrauen vor allem Traditionen, die sich bewährt haben. Der Hinweis, dass Methoden der Innenschau sich in den großen Weltreligionen über Jahrhunderte entwickelt haben und bis zum heutigen Tag praktiziert werden, illustriert, dass es sich bei Meditation nicht um eine Modeerscheinung mit kurzer Halbwertszeit handelt, sondern gewissermaßen um ein kulturell etabliertes Verfahren der Selbst- und Welterkenntnis.

  Für Angehörige christlicher Religionen kann es nützlich sein, auf die Tradition mystischer Kontemplation zu verweisen, die sich, vermittelt durch die großen Mystiker wie Meister Eckhart oder Hildegard von Bingen, in unserem Kulturkreis seit dem Mittelalter etabliert hat. Diese Bezugnahme auf konkrete Ursprünge meditativer Praxis in westlichen Kulturen erlaubt es, eine kulturelle Kontinuität zwischen den eigenen Wurzeln und den Ursprüngen der zu erlernenden Methode herzustellen – eine Brücke, die die grundsätzliche »Fremdheit« meditativer Praxis zumindest in Teilen überwindet.

  Menschen mit hauptsächlich traditionellen Bezugspunkten schenken darüber hinaus Personen oder Instanzen, die ihnen als Autoritäten gelten, besonderes Vertrauen. Verweise auf wissenschaftliche Erkenntnisse zum Thema »Meditation« schaffen hier einen Kontext der Seriosität, ebenso Hinweise zu etablierten Meditationsvermittlern aus der klösterlichen Tradition (wie beispielsweise Pater Anselm Grün), die bereits seit vielen Jahren aus einer traditionellen Perspektive heraus Meditation auch in wirtschaftlichen Umfeldern vermitteln.

Ein Beispiel aus der Beratungspraxis:
Zur Jahrestagung für die Führungskräfte lädt der Vorstand immer einen Festredner ein, der über technische Innovationen oder internationale Perspektiven berichten soll. Dieses Mal wird ein Zen-Lehrer eingeladen. Der zuständige Vorstandsassistent warnt den Vortragenden dringend davor, allzu extreme Positionen in seinem Beitrag zu vertreten. Das nützt nichts und es ist gut so. Der Zen-Lehrer beginnt seinen Auftritt mit zwei Minuten Stille. Dem Vorstandsassistenten bleibt zwar fast der Atem stehen, aber als selbst der Vorstandsvorsitzende nach der Übung ein leichtes Lächeln im Gesicht hat, kann er sich ein wenig entspannen. Als es im Vortrag vor allem um die physikalische Gesetzmäßigkeit des Ausgleichs geht, schmelzen seine Befürchtungen dahin, dass der Vortrag eine esoterische Predigt werden könnte. Es wird deutlich, wie fatal die Auswirkungen von Einseitigkeit im Handeln wie im Denken sind – und welche Chancen sich ergeben, wenn es möglich ist, in einen Flow zu kommen, der aus dem typischen Entweder-oder ein Sowohl-als-auch werden lässt. Die abschließende Fragerunde macht schließlich sehr deutlich, wie groß die Sehnsucht der Führungskräfte nach einem Weg aus dem Dilemma der Sachzwänge und des rein funktionalen Handelns ist.

■ Moderne Werte
Menschen, die sich vor allem über moderne Werte in der Welt verorten, sind in der Arbeitswelt zumeist sehr stark auf ihren persönlichen Erfolg und ihre individuelle Freiheit fokussiert. Ein starker Ich-Bezug lässt sie in ihre eigenen Fähigkeiten vertrauen und ist die Basis für ihre Wirksamkeit im Business. Diese Selbstbezogenheit, verbunden mit einer starken Außenorientierung, erscheint dem

Themenfeld Meditation zunächst einmal diametral entgegengesetzt, beginnt doch die im Alltag klare Ich-Fokussierung im Zuge einer Meditationspraxis durchlässig zu werden und die scharfe Trennung zwischen dem Ich und der Welt aufzuweichen. Zugespitzt könnte man sagen, dass Meditation die Kernwerte von Menschen mit modernem Werteschwerpunkt direkt attackiert. Hinzu kommt, dass auf der modernen Entwicklungsstufe die Affinität zu Wissenschaft, Technologie und materialistischem Fortschritt besonders ausgeprägt ist, eine Haltung, die bei vielen Menschen die Ablehnung eher transzendenter Bezüge begünstigt, woraus tendenziell eine bewusste Abgrenzung gegenüber religiösen und spirituellen Perspektiven resultieren kann.

Dieser Zielgruppe Meditation näher zu bringen, gelingt erfahrungsgemäß am besten, wenn auf pragmatischer Ebene der unmittelbare Nutzen meditativer Praktiken veranschaulicht werden kann. Bezüge zur wissenschaftlichen Forschung, die die positiven Wirkungen von Meditation im Hinblick auf Gesundheit, Leistungsfähigkeit und Konzentration untermauert, haben sich hier als Türöffner bewährt. Ein weiterer wichtiger Punkt ist die Tatsache, dass gerade moderne Leistungsträger aufgrund ihres hohen Anspruchs an sich selbst tendenziell dazu neigen, sich im Beruf zu verausgaben. Gelingt es ihnen nicht, einen Ausgleich zu schaffen zu ihrem ambitionierten beruflichen Wirken, laufen sie Gefahr, Symptome der Überarbeitung zu entwickeln, die Stresserkrankungen nach sich ziehen oder sogar zum Burn-out führen können. Bietet man ihnen Meditation als eine moderne Form des Stressmanagements an, das sie in die Lage versetzt, ihrem Leistungs- und Wirkungsanspruch leichter gerecht zu werden, ohne dabei in ungesunde Formen des Selbstverschleißes zu verfallen, gelingt es meistens, ihr Interesse und ihre Motivation zu wecken.

Ein Beispiel aus der Beratungspraxis:

Handelsunternehmen sind meistens ziemlich schnörkellos. Ihre einzige Philosophie scheint zu sein: »Der Segen liegt im Einkauf.« Als bei einem sehr erfolgreichen und sehr pragmatischen Großhandelsunternehmen mit 30 Auslieferungslagern der Vorschlag aufkommt, das Treffen des Außendienstes und der Lagerleiter als Tag der Selbsterfahrung zu konzipieren, stimmt der Inhaber dem nur zu, weil er die Idee als eine neue Form interessanten Entertainments einstuft. Es kommt anders, als er sich das vorgestellt hat. Am Beginn des Tages herrschte noch die Mentalität vor, die Sache einfach über sich ergehen zu lassen. Aber mehr und mehr entdecken die meisten Mitarbeiter, dass es hier um existenzielle Fragen geht, die auch für die Zukunft der Firma Bedeutung haben. Es entsteht eine Atmosphäre des Miteinanders, die es vorher in dieser Form nicht gegeben hat. Eine Mitarbeiterin bringt es am Nachmittag auf den Punkt, auch wenn alle Anwesenden zunächst einmal lachen: »Ich wusste gar nicht, dass wir so eine tolle Firma sind.« Der Wechsel von Stille und Bewegung, von Vortrag und Austausch hat die Mitarbeiter in den Bann gezogen. Bei seinem Schlusswort am späten Nachmittag ist der Unternehmer sichtlich gerührt.

■ Postmoderne Werte

Am offensten für das Thema Selbsterfahrung und Selbstentwicklung sind in der Regel Menschen mit postmodernem Werteschwerpunkt, denn sie messen der persönlichen Entfaltung einen besonders hohen Stellenwert zu. Inneres Wachstum und die Stärkung des interpersonellen Fähigkeitsrepertoires sind für sie zentrale Motive. Die seit den 1960er Jahren im Westen stark und stetig wachsende Anerkennung buddhistischer Praktiken und Meditationsformen ist letztlich vor allem auf das Engagement von Menschen mit postmodernen Werten zurückzuführen.

Dieser Zielgruppe Meditation im beruflichen Kontext anzudienen, ist also in vielen Fällen wie ein Heimspiel, da ihre Offenheit und Neugier es ihnen erleichtert, sich auf Neues einzulassen. Im Businesskontext ist allerdings darauf zu achten, dass dieses persönliche Interesse gezielt mit beruflichen Belangen zu verbinden ist, denn Meditationsangebote im Unternehmen werden in den meisten Fällen nicht aus reinem Selbstzweck initiiert, sondern sollen durch die Förderung der Mitarbeiterpotenziale einen Beitrag leisten zum Erfolg der Organisation.

Eine Herausforderung kann darin liegen, bei denjenigen, die bereits über umfassende Erfahrungen verfügen, wieder den Anfängergeist zu wecken, denn sie betrachten sich bisweilen bereits als Experten und nehmen neue Impulse stark durch die Brille ihrer eigenen Praxis wahr – und dieser Filter kann durchaus der Intention eines konkreten Programms im Unternehmen zuwiderlaufen.

Ein Beispiel aus der Beratungspraxis:
Im Rahmen der firmeninternen Akademie gibt es ein Angebot für Führungskräfte vom Abteilungsleiter aufwärts mit dem Titel »Authentisch führen«. Das Unternehmen ist erfolgreicher Dienstleister, das Durchschnittsalter der Beschäftigten liegt bei 29 Jahren. In diesem Kurs geht es nur darum, sich 24 Stunden lang mit sich selbst zu beschäftigen und sich wahrzunehmen. Im konventionellen Sinn verspricht das Seminar keinerlei konkreten Nutzen. Deshalb sind die Übungen vor allem spielerisch angelegt. Die Übung »Die vier Himmelsrichtungen« beispielsweise ist darauf angelegt, der Fantasie völlig freien Raum zu lassen. Je eine Gruppe soll eine Himmelsrichtung darstellen. Das Ergebnis verblüfft alle, weil die Gruppen völlig unterschiedliche Formen der Darstellung finden. Oder das gemeinsame Tönen von Vokalen, das zunächst scheu, dann aber mit Begeisterung von allen gemacht wird, lässt sehr schnell erkennen, wie leicht sich der Zugang zu einer anderen, eher intuitiven Ebene herstellen lässt. Der größte Widerstand zeigt sich beim gemeinsamen Kochen des Abendessens, das schweigend erfolgen soll. Als die Mahlzeit auf dem Tisch steht und

allen schmeckt, sind die Teilnehmenden erstaunt, dass es möglich ist, einen so komplexen Prozess in einer Gruppe so erfolgreich gelingen zu lassen. Die Erfahrung, dass Ergebnisse auch zu erreichen sind durch eine bestimmte Form des »Geschehenlassens«, ist für die Führungskräfte neu und überraschend. Anders als bei Gruppen mit älteren Teilnehmern, ist bei jüngeren Menschen die Freude am Experimentieren mit der eigenen Wahrnehmung spürbar ausgeprägter.

■ Heterogene Werte-Kontexte
Soll das Thema Meditation im Rahmen einer eher homogenen Zielgruppe eingeführt werden – beispielsweise im Zuge von Mitarbeiterschulungen mit ausgewählten Teilnehmern aus einem bestimmten Arbeitsfeld –, die gemäß ihrer Werte und/oder ihrer beruflichen Position eine starke Kongruenz aufweist, lässt sich der Einstieg am besten durch stichhaltige Bezüge auf das jeweils vorherrschende Wertesystem gestalten. In gemischten Gruppen, beispielsweise bei offenen Kursangeboten innerhalb des Unternehmens, ist es ratsam, für alle vertretenen Wertestufen die Argumente einzubringen, auf die diese Personengruppen positiv ansprechen. Eine verbindende »Sowohl-als-auch«-Haltung ist hier hilfreich, um die Toleranz der Beteiligten gegenüber anderen Perspektiven zu wecken. Wie bereits bei der Darstellung der spezifischen Wertecluster augenscheinlich wurde, sind die Perspektiven der verschiedenen Wertestufen zum Teil divergent, so dass ein Argument, das beispielsweise Menschen mit traditioneller Perspektive überzeugt, für Menschen mit modernem oder postmodernem Schwerpunkt bestenfalls schwer verständlich sein oder gar ein Ausschlusskriterium darstellen kann. Gelingt es, die unterschiedlichen Pole gleichermaßen zu bedienen, zu verkörpern und dabei auch in gewisser Weise zu relativieren, kann ein Setting entstehen, innerhalb dessen sich sogar sehr unterschiedliche Menschen auf einen gemeinsamen Erfahrungsweg einlassen können.

Ein Beispiel aus der Beratungspraxis:
Eine bedeutende Kunstgalerie in den Niederlanden hat ihre Kunden zu einer Vernissage eingeladen. Der Festvortrag soll sich um das Thema »Werte« und dabei insbesondere um einen neuen Umgang mit Geld drehen. Es ist zu erwarten, dass die Gäste überwiegend wohlhabend sind und beim Thema »Geld« keinen Spaß verstehen. Dies auch, weil in einer calvinistischen Gesellschaft der Besitz von Geld eher als eine Bestätigung Gottes für ein erfolgreiches Leben angesehen wird, als dass ein spielerischer Umgang damit überhaupt ernsthaft in Betracht gezogen werden könnte. So beginnt der Vortragende mit dem Gleichnis von den drei Verwaltern aus dem neuen Testament. Diese erhielten bekanntlich jeweils den gleichen Betrag mit der Aufforderung, daraus etwas zu machen. Am Schluss wurde der, dem dies am besten gelang, vom Geber des Geldes überschwänglich gelobt. Diese Geschichte gilt in der westlichen, insbesondere angloamerikanischen Kultur als Schlüssel für die Segenhaftigkeit des reichlichen Geldverdienens. Erst wenn es gelingt, die Zuhörer in eine innere Distanz zu ihrem eigenen Vermögen zu bringen, besteht die Chance, dass sie den wahren Gehalt der Geschichte erkennen: Der entscheidende Unterschied zur gängigen Praxis in der Welt besteht nämlich darin, das Geld nicht für sich persönlich, also als eigenen Besitz, zu erwirtschaften, sondern für den »Herrn«, der es gegeben hat. Dieser Paradigmenwechsel vom Ich zum Wir ist eine zentrale Erfahrung meditativer Praxis.

Entwicklungsziele innerhalb der Mitarbeiterschaft

Beschäftigt man sich mit der möglichen Zielperspektive von Meditationsprogrammen in Unternehmen, landet man schnell bei folgendem Paradox: Da Meditation gerade von der Absichtslosigkeit lebt, aus der heraus sie praktiziert wird, scheint sie sich als Methode per se einer konkreten Zielfokussierung zu widersetzen. Sie ist keine

Praxis, um etwas zu erreichen, sondern ein Weg, durch dessen Beschreiten Menschen sich bestenfalls in ihrem Menschsein in seiner authentischen Form erfahren können. Eine Garantie gibt es dafür jedoch nicht.

Heißt dies, dass Meditation in Unternehmen allenfalls eine »Kunst um der Kunst willen« sein kann? Keinesfalls! Denn wenn es gelingt, sich ein wenig von der vor allem in westlichen Kulturen verbreiteten Art des linearen Denkens zu lösen, eröffnet sich eine Perspektive, die diesen vermeintlichen Widerspruch hinter sich lässt. Im Chinesischen gibt es den Begriff des *wu wei,* was so viel heißt wie »Handeln im Nicht-Handeln«. Wie die Erkenntnisse der Meditationsforschung und die Befunde zur veränderten Selbstwahrnehmung von Meditierenden im beruflichen Kontext, die im vorhergehenden Kapitel dargestellt wurden, zeigen, hat Meditation nachweisbare Wirkungen. Diese stellen sich allerdings nicht unbedingt ein, weil Menschen mit dem Ziel meditieren, sie zu erreichen, sondern weil bestimmte mentale, psychische und körperliche Vorgänge, die durch das Meditieren angeregt werden, die besagten Folgewirkungen haben. Es ist also gewissermaßen ein Spiel über Bande, denn die »Methode Meditation« ist im besten Sinne »leer«. Um die »Sekundäreffekte« von Meditation im Businesskontext ganz gezielt nutzen zu können, ist daher ein zweigleisiges Vorgehen angebracht. Zunächst gilt es, Meditation als »Methode« einzuführen und Räume für die regelmäßige Praxis zu schaffen. In einem zweiten Schritt lassen sich dann Szenarien für den Praxistransfer schaffen, die es den Mitarbeitern ermöglichen, ihre in der Meditation gemachten Erfahrungen in den Kontext ihrer jeweiligen persönlichen Entwicklungsziele zu stellen.

Im Folgenden werden einige typische Entwicklungsziele dargestellt, die sich aus Mitarbeitersicht im Arbeitskontext ergeben und zu deren Erreichen Meditation einen Beitrag leisten kann. Die weiteren Kapitel werden darauf eingehen, wie sich diese individuellen Ziele und Motivationen sinnvoll in die Unternehmenskultur integrieren und mit den betrieblichen Erfordernisse verzahnen lassen und wie sich die konkrete Umsetzung in Form von Kursen, Weiterbildungen und Coachings gestalten lässt.

Leadership, Führung, Selbstführung Die wachsende Komplexität im unternehmerischen Alltag führt zu einem erhöhten Bedürfnis innerhalb der Mitarbeiterschaft, die eigenen Kompetenzen im Hinblick auf Führung und Selbstführung zu stärken. Dabei geht es nicht alleine um das Ausfüllen von offiziellen Führungsfunktionen innerhalb der Managementhierarchie, sondern um die grundsätzliche Fähigkeit, im Tagesgeschäft anfallende Aufgaben zu priorisieren, das eigene Fähigkeitspotenzial mit den sich permanent verändernden Vorzeichen der zu erfüllenden Tätigkeiten abzugleichen und auf zwischenmenschlicher Ebene sowohl die eigenen Ressourcen als auch die von Mitarbeitern oder Untergebenen wertschätzend auszubalancieren. Bereits 19 Prozent der deutschen Arbeitnehmer fühlen sich in diesem Kontext hoffnungslos überfordert, was nichts anderes bedeutet, als dass bereits jeder fünfte Arbeitnehmer akuten Handlungsbedarf hat.[22]

Während konventionelle betriebliche Weiterbildungsprogramme zu Führung, Leadership oder Zeitmanagement vor allem die funktionale Seite der Thematik abdecken, konkrete Methoden vermitteln und bestenfalls auch die menschliche Perspektive berücksichtigen (meist unter dem Label »Soft Skills«), lässt sich die Tiefendimension, also die Frage, wie Menschen sich im Kern ihrer Persönlichkeit weiterentwickeln können, um den bestehenden Herausforderungen besser zu begegnen, auf diesem Weg nur schwer ansprechen. Da Meditation die Fähigkeit zur Selbstwahrnehmung verbessern kann, erschließt sich hier eine neue Perspektive zur Förderung der Mitarbeiterentwicklung.

Dieser Mehrwert im Vergleich zu anderen, bewährten Schulungsprogrammen ist nicht zu verwechseln mit einer psychologischen Perspektive. Während in einem psychologisch-therapeutischen Setting der Klient im Sparring mit einem Berater oder Therapeuten durch äußere Impulse in einen Prozess der tieferen Selbsterkenntnis geführt wird, eröffnet Meditation ein Erfahrungsfeld der Selbstexploration, das gewissermaßen aus sich selbst heraus ein tieferes Verstehen nicht nur der eigenen Voraussetzungen, sondern auch des persönlichen Verhältnisses zur Umwelt möglich werden lässt. Das ist im Unternehmensumfeld ein Pluspunkt, da Mitarbeiter auf diese Weise ihre Persönlichkeitsgrenzen wahren und selbst entscheiden können, in welchem Maße sie ihr Inneres artikulieren und zur Disposition stellen.

In nahezu allen Unternehmen gibt es Defizite an Sinnhaftigkeit. Anders als viele Unternehmensberater und die meisten Führungskräfte glauben, reichen die vorherrschenden Erklärungsversuche über den Sinn des unternehmerischen Handelns nicht aus. Das Problem der fehlenden Sinnhaftigkeit vergrößert sich exponentiell mit der Größe des Unternehmens und seiner Diversifikation. Deshalb neigen insbesondere aktiengetriebene Konzerne dazu, den Sinn im wirtschaftlichen Erfolg zu suchen. Dieser ist jedoch nur ein mögliches Ergebnis erfolgreichen wirtschaftlichen Handelns. Wenn die Mitarbeiter wirklich im Zentrum der unternehmerischen Orientierung stehen (wie es in nahezu allen programmatischen Unternehmensdarstellungen behauptet wird), dann müsste es logischerweise so sein, dass die Mitarbeiter durchdrungen sind von der Sinnhaftigkeit ihres Tuns im Unternehmen. Das ist jedoch sehr selten der Fall, wie nahezu alle Untersuchungen über die Motivation von Mitarbeitern demonstrieren.

Es gibt viele pragmatische, also zweckhafte, Gründe, sich für ein Unternehmen zu engagieren. Diese reichen jedoch niemals aus, um das Potenzial der Mitarbeiter auch nur annähernd auszuschöpfen. Dazu braucht es eine »Beseeltheit«, wie sie beispielsweise in vielen Start-ups zu beobachten ist. Hier engagieren sich Mitarbeiter meist in besonderem Maße, weil das, was sie tun, in der Tiefe ihres Herzens Sinn macht. Achtsamkeitsübungen können dazu beitragen, dass die Beschäftigten wieder erkennen, welche Sinnbezüge für ihr Wirken im Business wirklich von Bedeutung sind. Das Entdecken und Fördern dieser intrinsischen Motivation schafft tief im Unternehmen verankerte Werte, die weit wirksamer sind als jede Proklamation zur Unternehmenskultur in den üblichen Hochglanzbroschüren.

Resilienz, Gesundheit, Stressmanagement Das Thema Resilienz und Stressmanagement hat in den vergangenen Jahren in der Arbeitswelt extrem an Relevanz gewonnen. Bereits 56 Prozent der Angestellten erleben in ihrem Arbeitsalltag eine starke oder sogar sehr starke Hetze.[23] Diese subjektive Wahrnehmung wird durch entsprechende Entwicklungen im Hinblick auf die Gesundheit von Mitarbeitern leider bestätigt. So hat sich die Zahl der Fehltage aufgrund psychischer Leiden zwischen 1997 und 2012 verdoppelt.[24] Der bestehende Leidensdruck ist also offensichtlich.

Führungskräfte und Mitarbeiter können durch Meditation in mehrfacher Hinsicht profitieren: Die geistige und körperliche Entspannung wirkt sich unmittelbar positiv auf die Stresswahrnehmung und -verarbeitung aus, was einen Weg ebnet vom passiven Erdulden hin zur Entwicklung der Fähigkeit, Belastungen zu steuern und zu bewältigen. Dies zeitigt nicht nur positive Wirkungen auf das psychische Befinden, sondern stärkt auch die Gesundheit und Widerstandsfähigkeit insgesamt.

Da meditative Methoden auch die Fähigkeit fördern, sich selbst und die Welt achtsamer wahrzunehmen, können Arbeitende mit wachsender Erfahrung den Status ihrer gesundheitlichen Befindlichkeit besser erkennen und schneller spüren, wenn ihre individuellen Belastungsgrenzen überschritten werden. Diese Befähigung ist vor allem deshalb relevant, weil sich in den vergangenen Jahren aufgrund des wachsenden Effizienzdrucks in der Wirtschaft viele Arbeitsprozesse und berufliche Anforderungen kontinuierlich verdichtet haben. Belastungsspitzen, die zeitlich begrenzt sind, lassen sich zwar verkraften, doch wenn nach Zeiten der Überforderung nicht auch wieder Phasen der Entspannung eintreten, geraten Arbeitnehmer leicht in eine Spirale der permanenten Überforderung. Und da das stetige

Höherlegen der Messlatte in vielen Unternehmen mit einer gewissen Selbstverständlichkeit erfolgt, wird es für den Einzelnen immer schwerer zu erkennen, wo seine Grenzen liegen. Dieser Prozess ist vergleichbar mit dem so genannten »Frosch-Experiment«: Setzt man einen Frosch in kaltes Wasser und erhöht die Wassertemperatur kontinuierlich bis zum Siedepunkt, akklimatisiert sich der Frosch und verliert das Gespür dafür, wann es für ihn gefährlich wird – und wird schließlich bei lebendigem Leib gekocht.

Letztlich läuft alles darauf hinaus, die Fähigkeit zur Bewusstheit mit sich selbst und dann auch im Rahmen der Organisation zu schärfen. Das ist jedoch nicht immer erwünscht. Der Begriff »Selbst-Bewusstsein« macht deutlich, worum es geht. In vielen Unternehmen besteht die Befürchtung, dass selbstbewusste Mitarbeiter zu viel Eigen-Willen in die Organisation tragen könnten. Das Gegenteil ist jedoch der Fall. Mitarbeiter mit einem entwickelten Selbst-Bewusstsein sind eher in der Lage, die oben beschriebenen Risiken rechtzeitig zu entdecken und angemessen darauf zu agieren. Und sie sind eher in der Lage, systemische Lösungen für Probleme zu entwickeln, weil sie mehr Distanz zur aktuellen Situation haben und damit größere Zusammenhänge besser einschätzen können.

Kreativität, Potenzialentfaltung, Sinnhaftigkeit In der globalen Dienstleistungsgesellschaft ist Kreativität längst zu einer der wichtigsten Währungen geworden. 86 Prozent der Manager halten sie für sehr relevant für das Business.[25] Da kreatives Potenzial nicht einfach auf Knopfdruck abrufbar ist, bieten viele Unternehmen Weiterbildungsprogramme an, die konkrete Methoden vermitteln sollen, wie Mitarbeiter kreativer agieren können. Oft berühren Schulungen wie diese jedoch nur die Spitze eines Eisberges, da sie in den seltensten Fällen die neurologischen Grundlagen des Denkens in der Tiefe berücksichtigen. Damit Kreativität zu einer »verkörperten« Haltung werden kann, ist es notwendig, die Denkautomatismen, die das Gehirn aufgrund seiner Struktur produziert, zu durchbrechen. Durch den gezielten Einsatz entsprechender Methoden kann dies temporär gelingen – mit großem Aufwand. Meditation lässt sich in diesem Kontext hingegen als eine Metamethode verstehen, die bereits mittelfristig die strukturelle Verfasstheit des Gehirns positiv verändern kann. Durch regelmäßig praktiziertes »aktives Nichtdenken« entsteht eine Leere, ein Freiraum, in dem Neues gedeihen kann. Das Denken richtet sich nicht sofort wieder auf bereits Gewusstes, sondern kann in neue Dimensionen des noch zu Schaffenden vordringen.

Die beschriebene Leere kann darüber hinaus positive Auswirkungen auf die Entfaltung neuer Potenziale von Mitarbeitern haben. Im Laufe der Lebensjahre wächst die berufliche Erfahrung und individuelle Fähigkeiten können sich dadurch weiterentwickeln. Dies führt aber auch dazu, dass das eigene Selbstbild sich immer stärker auf das bereits ausgebildete Fähigkeitsrepertoire verengt. Betriebliche Paradigmen wie das lebenslange Lernen suggerieren zwar eine Weiterentwicklung, doch richten sich die Angebote zumeist auf Fertigkeiten, die im Unternehmen unmittelbar benötigt werden. Art und Raum der Entwicklung stehen also bereits von vornherein fest. Potenzialentfaltung im eigentlichen Wortsinn bedeutet hingegen, sichtbar und greifbar werden zu lassen, was in einem Menschen bereits angelegt, aber noch nicht erkennbar ist. Hier leistet Meditation wichtige Dienste, denn im Zuge des regelmäßigen Innehaltens entsteht eine Distanz zu unserem alltäglichen Selbstbild, mit dem wir irgendwann fast untrennbar verwoben sind. Dann wird der Blick frei für die tieferen Schichten unseres Menschseins – und damit auch für die Potenziale, die wir noch nicht verwirklicht haben, zu denen der Zugang aber möglich ist. Aus Unternehmenssicht stellt sich natürlich die Frage, ob Entwicklungsprozesse wie diese nicht eher eine Privatangelegenheit sind. Sie sind es keinesfalls, nimmt man das Thema »Innovation« ernst, denn wirkliche Innovation gründet in der menschlichen Fähigkeit, etwas, das noch nicht ist, in die Wirklichkeit zu bringen. Genau dies geschieht auf diesem Weg.

Eng mit dem Thema »Potenzialentfaltung« verknüpft ist für Mitarbeiter auch die Frage nach der Sinnhaftigkeit ihres beruflichen Wirkens. Bereits für 68 Prozent der Hochschulabsolventen ist es wichtig, dass ihnen ihr Arbeitgeber Entwicklungsmöglichkeiten bietet.[26] Im Gegensatz zu einer rein funktionalen Entfaltung, die beispielsweise auf der Erweiterung von Arbeitsfeldern, der Übernahme von mehr Verantwortung und einem Aufstieg innerhalb der Unternehmenshierarchie fußt, ist dieser Aspekt wesentlich subtiler. Es stellt sich nämlich die Frage, wie Mitarbeiter als unverwechselbare Individuen in ihrem je einzigartigen Menschsein einen besonderen Beitrag innerhalb des Unternehmens leisten können. Meditation kann das Bewusstsein dafür schärfen, wie ein solcher Beitrag sich konkret manifestieren könnte.

Erstaunlicherweise haben Unternehmen mit einer ausgeprägten Ingenieurskultur erfahrungsgemäß eine stärkere Affinität zu solchen Fragen als beispielsweise Handelsfirmen. So lässt sich etwa bei Maschinenbauunternehmen, die auf den internationalen Märkten besonders erfolgreich sind, beobachten, dass sie nicht allein mit ihrer technischen Expertise zu punkten versuchen, sondern ein Gespür dafür entwickeln, dass Technologie auch Gefühle wecken und befriedigen muss, wenn sie sich gut verkaufen soll. Das ist ein deutlicher Paradigmenwechsel, verglichen mit dem »Made in Germany«-Habitus früherer Jahrzehnte, der sein Hauptverkaufsargument in der traditionellen technischen Exzellenz hatte. Häufig sind es gerade die Ingenieure, die, um wirklich neue Lösungen auszutüfteln, die Fähigkeit zum Querdenken kultiviert haben. Firmen, die erkannt haben, dass im internationalen Wettbewerb nicht die noch bessere Schraube oder ein Motor, der ein paar PS mehr auf die Straße bringt, bei den Kunden den Unterschied machen, sondern ein Wirkungsversprechen, das alle Sinne anspricht, haben verstanden, was Kreativität im Business wirklich bedeutet. Sie sind als Arbeitgeber für kreative Talente besonders attraktiv.

Unternehmenskultur und Wertehorizonte: Meditation im Spannungsfeld unternehmerischer Interessen und gesellschaftlicher Rahmenbedingungen

Meditation berührt, das haben die bisherigen Ausführungen verdeutlicht, die Wertesysteme, innerhalb derer sich Menschen verorten. Im Unternehmenskontext wird die persönliche Perspektive von systemischen Rahmenbedingungen überlagert. Einerseits gibt die in einem Unternehmen vorherrschende Kultur einen Rahmen vor, was innerhalb der Organisation als gut, wichtig und richtig angesehen wird. Andererseits ist dieses unternehmensinterne Wertegefüge eingebettet in einen gesamtgesellschaftlichen Wertekanon, der, wie noch zu zeigen sein wird, diese Innenperspektive bisweilen in Frage stellt.

Aus der Sicht von Firmen erscheint es eine zentrale Notwendigkeit zu sein, Programme zum Thema »Meditation« möglichst stark in die eigene Unternehmenskultur zu integrieren, also Angebote am »Spirit« auszurichten, der in einer Organisation über Jahre hinweg entwickelt wurde. Gleichzeitig bedarf es einer Sensibilität dafür, dass zwischen der persönlichen Selbstverortung von Mitarbeitern, wie sie im vorhergehenden Abschnitt beschrieben wurde, und dem am Arbeitsplatz etablierten Werterahmen auch Divergenzen bestehen können. Nimmt man noch den Wertehabitus innerhalb der Gesellschaft hinzu, der gerade im Zuge der wachsenden Kapitalismuskritik der letzten Jahre immer stärker grundlegende unternehmerische Werte hinterfragt, dann wird augenscheinlich, dass der Erfolg von Achtsamkeitsangeboten im Wesentlichen davon abhängt, dass die bestehende Dynamik zwischen den unterschiedlichen Werteräumen geschickt ausbalanciert wird. Im Folgenden werden vor diesem Hintergrund verschiedene unternehmerische Wertekontexte dargestellt, zu gesamtgesellschaftlichen Entwicklungen in Bezug gesetzt und unter dem Blickwinkel beleuchtet, welche möglichen Entwicklungspotenziale, aber auch Spannungsfelder für Mitarbeiter daraus erwachsen können, die sich ja stets in beiden Welten bewegen.

Nur zur Klärung: Wenn wir von Unternehmenskultur sprechen, dann meinen wir die sich im Laufe der unternehmerischen Geschichte entwickelnden Wertesysteme, gleich ob sie sich in einem bewusst thematisierten Werte-Kanon zeigen oder ob sie zu den eher unbewussten Standards des unternehmerischen Handelns zählen. Wenn wir von Unternehmens-Philosophie sprechen, dann ist damit ein explizit vorgegebenes und auch vorgelebtes Exzellenz-Bewusstsein des Unternehmens gemeint. Dieses führt im besten Fall zu einer explizit »gewollten« und auch am Markt als positiv differenzierend wahrgenommenen Unternehmenskultur.

Wertecluster im Business im Überblick

Unternehmenskulturen schaffen einen Raum der Verortung, der Mitarbeitern Orientierung vermittelt. Je nach Art des Unternehmens und der Branche, in Abhängigkeit von der spezifischen Historie einer Organisation und permanent aktualisiert durch die im Unternehmen Handelnden, kristallisiert sich ein Schwerpunkt heraus, der zentrale Werte einer Firma bündelt und davon ausgehend verschiedene Kernkompetenzen herausbildet.

Der Übersichtlichkeit halber wird in der folgenden Darstellung die bereits im ersten Teil dieses Kapitels eingeführte Unterscheidung in traditionelle, moderne und postmoderne Werteschwerpunkte beibehalten. Dort, wo es sinnvoll erscheint, fließen darüber hinaus Bezüge zu den durch die Milieuforschung etablierten alltagsweltlichen Lebensauffassungen ein, um die möglichen Spannungsfelder zwischen individuellen Werten (der Mitarbeiter) und denen der Organisation auszudifferenzieren.

In einem hochkomplexen System wie der globalisierten Wirtschaft wirken auf die Unternehmen permanent äußere Einflüsse, die die etablierte interne Kultur herausfordern, sie zum Lernen inspirieren und so Lebendigkeit aufrechterhalten. Das bedeutet, dass Unternehmenskulturen nicht monolithisch sind, sondern permanent neue

Werteschwerpunkt	Zentrale Werte	Stärken	Herausforderungen	Reichweite/Einfluss
Traditionelle Unternehmenskultur	Ordnung, Sicherheit, Klarheit, Status, Gerechtigkeit, Macht; rollen qua Hierarchie; was gut und wichtig ist, wird von der Unternehmensspitze bestimmt; klare Grenze zwischen Richtig und Falsch; »Ehrbarer Kaufmann«	Autorität von Führungsrollen wird eindeutig vom System vermittelt; Rollen und Handlungsspielräume der Mitarbeiter sind klar definiert; Wir-Gefühl	Top-Down-Führung ist langsam und unflexibel; Schnelligkeit im Business untergräbt »von oben« definierte Klarheiten; Status gerät zugunsten von Leistung in den Hintergrund; prinzipielle Unsicherheit wirtschaftlicher Rahmenbedingungen; Innovationsfähigkeit im globalen Wettbewerb	Anteil an der Weltbevölkerung: 40–55 Prozent; Anteil an Reichtum bzw. Macht: 25–30 Prozent
Moderne Unternehmenskultur	(individueller) Erfolg, persönliche Leistung, Freiheit – z. B. wie vorgegebene Ziele erreicht werden; Wettbewerb (möge der Beste gewinnen); flexible Auslegung von Regeln; Shareholder vor Stakeholdern	Leistungskultur kann hohe Performance fördern; Freiheit bei der Gestaltung von Tätigkeiten; Schnelligkeit und Flexibilität; Aufstiegschancen nach persönlicher Leistung; hoher Innovationsgrad	Compliance – da persönliche Ziele z. T. Unternehmensinteressen entgegenstehen können (siehe Boni-Diskussion); Vorwurf des kapitalistischen Darwinismus; (Selbst-)Ausbeutung; Egoismus; von der Gesellschaft geforderte Orientierung am Gemeinwohl	Anteil an der Weltbevölkerung: 15–30 Prozent; Anteil an Reichtum bzw. Macht: 50–60 Prozent
Postmoderne Unternehmenskultur	Toleranz, Gemeinsamkeit, Verantwortung, Fairness; Wirtschaft sollte allen Menschen dienen; Weisheit der Vielen statt konventionelle Führung; Team-Spirit; soziale und ökologische Ausrichtung	Interesse an Nachhaltigkeit(sthemen); soziale und ökologische Innovationen; Umgang mit Vielfalt; Kreativität, Orientierung am Gemeinwohl; Arbeit als Mission und Berufung sehen; Konsenskultur; Integrationsfähigkeit	Unternehmerisches Denken (Profit als Basis wirtschaftlicher Tätigkeit anerkennen); Anspruch auf Selbstentfaltung den unternehmerischen Belangen unterordnen; Akzeptanz von Führung und Entscheidungsbefugnissen; schnelles Handeln vs. Diskussionskultur	Anteil an der Weltbevölkerung: < 5–10 Prozent; Anteil an Reichtum bzw. Macht: 10–15 Prozent

Abbildung 4:   Werteschwerpunkte von Unternehmenskulturen[27]

Entwicklungen integrieren. Die Unterscheidung in drei Kerntypen ist also eher typologisch zu verstehen in dem Sinne, dass ein Unternehmen einen besonderen Schwerpunkt der inneren Orientierung aufweist, um den sich weitere Wertecluster gruppieren. In der Realität hat ein Unternehmen etwa starke traditionelle Wurzeln, wird aber im Laufe der Zeit auch Werte moderner und postmoderner Kontexte integrieren. Oder eine Firma, beispielsweise ein Start-up in der IT-Branche, firmiert sich in einem schwerpunktmäßig modernen Kontext, bezieht aber in seinen Strukturen auch traditionelle Werte ein und weist aufgrund einer sehr jungen Mitarbeiterschaft vielleicht bereits viele postmoderne Haltungen auf.

Die hier vorgestellte klare Differenzierung soll es erleichtern, die spezifischen Besonderheiten der unterschiedlichen Werteschwerpunkte klarer zu erkennen. In der Praxis dürften sich heute in jedem Unternehmen Werte aller Ebenen zu einem individuellen Kulturkern verbinden.

Traditionelle Unternehmenskultur Traditionelle Werte haben in Deutschland die Grundlagen gelegt für das Wirtschaftswunder nach dem Zweiten Weltkrieg. Der Siegeszug deutscher Ingenieurskunst unter dem Label »Made in Germany« beruhte wesentlich auf tief verwurzelten Vorstellungen von Qualität. Der »ehrbare Kaufmann« war über Jahrzehnte ein Vorbild für aufrichtiges und aufrechtes Wirtschaften: paternalistisch fördernd und fordernd gegenüber den Mitarbeitern (heute beispielsweise noch repräsentiert durch Unternehmerpersönlichkeiten wie Trigema-Chef Wolfgang Grupp) und fair gegenüber den Wettbewerbern. Heute finden sich Führungsfiguren, die diesen Geist noch verkörpern, vor allem in inhabergeführten Familienunternehmen oder auch unter den altgedienten Vorständen von DAX-Konzernen. Behörden, traditionelle Sozialverbände, die politische Bürokratie und das Rechtswesen, aber auch Abteilungen mit überwiegend strukturgebenden Funktionen wie Controlling oder Rechnungswesen können ebenfalls starke traditionelle Bezüge aufweisen.

Unternehmenskulturen, die auf traditionelle Werte fokussieren, zeichnen sich durch ein hohes Maß an organisatorischer Sicherheit aus, da Handlungserwartungen und -spielräume meist eindeutig von oben vorgegeben werden. Führungskräfte speisen ihre Autorität gegenüber »Untergebenen« aus der Statushierarchie, die kaum hinterfragt werden kann. Diese Strukturierung von oben nach unten schafft für Mitarbeiter Handlungsklarheit, auch im Hinblick darauf, was im eigenen Tätigkeitsfeld wichtig und richtig ist. Und traditionelle Systeme fördern meist eine wechselseitige Verbundenheit: Der Chef sorgt sich um das Wohlergehen der Mitarbeiter (z. B. Erhalt von Arbeitsplätzen), während die Mitarbeiter diese Form der Fürsorge durch aufrichtiges Dienen beantworten.

Diese Beschreibung mag antiquiert klingen – und das ist sie in Teilen auch, denn durch die mit der Globalisierung verbundene Beschleunigung der Veränderungsprozesse in der Wirtschaft insgesamt werden viele der zentralen Werte, die in Zeiten des vor allem nationalstaatlich fokussierten Unternehmertums sinnvoll und wirksam waren, zunehmend konterkariert. Top-Down-Entscheidungsprozesse sind in den Zeiten des Turbokapitalismus häufig zu langsam. Sicherheiten gibt es im heutigen Business fast keine mehr, wie die großen Privatisierungen einstiger Staatsbetriebe (z. B. Telekom oder Bahn) mit entsprechendem Rationalisierungsdruck eindrücklich zeigen. Das heißt nicht, dass traditionelle Werte in der Wirtschaft per se obsolet wären – im Gegenteil, zeigt doch die wachsende Kritik an einem rein funktionalistischen Wirtschaftssystem, dass sie sogar von der Öffentlichkeit wieder eingefordert werden. Hauptsächlich traditionell geprägte Unternehmenskulturen sehen sich jedoch mit der Herausforderung konfrontiert, die in der schwerpunktmäßig durch moderne Werte geprägten Businesswelt auch Qualitäten wie Innovationsfähigkeit (die sich meist aus der Fähigkeit zu individuellem Ausdruck speist), Flexibilität (auch im Sinne von Schnelligkeit) oder Ergebnisorientierung (die nicht zuletzt auch in persönlichem Erfolgsstreben fußt) zu entwickeln.

Ein Blick auf die Reichweite und den Einfluss traditioneller Paradigmen zeigt deutlich, dass in der heutigen internationalen Wirtschaft vor allem moderne Werte dominieren und damit traditionelle Perspektiven an Einfluss verlieren. Betrachtet man die Situation in Deutschland auf Basis der Sinus-Milieus[28], innerhalb derer das traditionelle und das konservativ-etablierte Milieu sowie die bürgerliche Mitte als Träger traditioneller Haltungen identifizierbar sind, so dürften hierzulande etwa 30 bis 40 Prozent der Bevölkerung traditionelle Werte verkörpern. Wenn man davon ausgeht, dass es heute vor allem die modernen Wertebezüge und -kontexte sind, die im wirtschaftlichen Mainstream den Ton angeben, dann ist das ein erstaunlich hoher Prozentsatz. Die Spannung zwischen Tradition und Moderne stellt Firmen mit gewachsenen traditionellen Bezugssystemen vor die Herausforderung, im Hinblick auf ihre Werte – und die Fähigkeit der Mitarbeiter, diese zu verkörpern! – einen Entwicklungsschritt nach vorne zu machen, ohne dabei die eigenen Wurzeln zu vernachlässigen.

Meditation kann hier Wege eröffnen, Gegebenes in Frage zu stellen, ohne dessen konstruktive Seiten zu negieren. Sie hilft Menschen dabei, ihre besonderen Fähigkeiten und Potenziale in einem neuen Licht wahrzunehmen. Und sie unterstützt eine Grundhaltung der Freiheit und des Selbstvertrauens, die es erleichtert, ohne permanente Anweisungen sinnvoll in Situationen mit sich ständig verändernden Vorzeichen zu agieren. Wie dies ganz konkret geschehen kann, wird im folgenden Unterkapitel ausgeführt.

Ein Beispiel aus der Unternehmenspraxis:
Achim hat einen großen Handwerksbetrieb. Er ist der Patriarch. Im Handwerk gibt es so etwas noch. Aber Achim macht sich Gedanken darüber, wie es mit seinem Unternehmen in Zukunft weitergeht. Irgendwann könnte er es verkaufen, dann würde sich die Frage von selber lösen. Aber er hat die Hoffnung, dass seine Kinder die Firma übernehmen. Dabei wird ihm bewusst, was das bedeutet, wie viele Veränderungen notwendig sein werden,

um diesen Prozess erfolgreich zu durchlaufen. Achim hat sich schließlich dazu entschlossen, an einem Meditationsseminar für Führungskräfte teilzunehmen. Dort lernt er, was es heißt loszulassen und Neues zuzulassen. Diese Erfahrung hat den Übergangsprozess extrem positiv beeinflusst. Die Nachfolgegeneration erlebt den Vater plötzlich als offen, konstruktiv und bereit zu Veränderungen. Und für Achim ist es eine Erleichterung zu erfahren, dass nicht er »die Firma ist«, sondern dass sein Unternehmen ein Gestaltungsraum ist.

Moderne Unternehmenskultur Moderne Haltungen stellen die Basis dar für die Form kapitalistischen Wirtschaftens, die vor allem in den vergangenen beiden Jahrzehnten unter den Vorzeichen der Globalisierung einen Siegeszug in der ganzen Welt angetreten hat. Das Streben nach Erfolg, die Wertschätzung individueller Leistungen und größtmögliche Flexibilität beim Erreichen der Ziele sind Werte, die immense Innovationspotenziale freisetzen. Und genau dieser Habitus ist es, der die technologischen, medizinischen und materiellen Fortschritte der jüngsten Zeit ermöglicht hat und ihre Verbreitung rund um den Globus.

Eine moderne Unternehmenskultur lebt davon, Individuen in ihren besonderen Fähigkeiten bestmöglich zu fördern und ihnen die größtmöglichen Freiräume zuzugestehen, so dass sie ihr Bestes geben können. Diese Werte-DNA ist es, die das Erobern von Neuland erstrebenswert erscheinen lässt und die dazu anspornt, den Wettbewerb gezielt zu suchen, um in der Reibung mit den Ideen anderer zu fortschrittlichen Lösungen zu kommen. Moderne Haltungen fördern eine eher spielerische Kämpfermentalität, die Menschen motiviert, über sich selbst und das bereits Gegebene hinauszuwachsen und nicht siegen zu müssen um jeden Preis.

Auf der systemisch-strukturellen Ebene haben moderne Unternehmenskulturen dazu geführt, dass Handelsbarrieren abgebaut wurden, so dass neue Märkte entstehen konnten. Sie fordern die Beharrungskräfte innerhalb der Politik immer wieder heraus, bestehende Restriktionen oder Vorgaben zu minimieren, um weitere unternehmerische Entfaltungsräume zu eröffnen. Und sie betrachten ein effektives Unternehmertum als Basis für gesellschaftliche Prosperität. Doch dieses permanente Vorwärtsdrängen hat Kehrseiten, wenn es sich zu sehr verselbstständigt. Kern moderner Unternehmenskulturen ist nämlich ein Prinzip des »organisierten Individualismus«, das nicht aus sich heraus in der Lage zu sein scheint, auch Verbundenheit zu stiften. So ist, nicht erst seit der Zuspitzung der weltweiten wirtschaftlichen Krisen, in den letzten Jahren verstärkt zu beobachten, dass das Prinzip der »schöpferischen Zerstörung« immer häufiger zur Einseitigkeit tendiert, bei der die Schöpfung in den Hintergrund gerät. Populäre Phrasen wie das im Business vielbeschworene Win-Win blenden allzu leicht aus, dass es im kapitalistischen Spiel, das kein Perpetuum mobile ist, immer auch Verlierer geben muss.

Eine zu starke Fokussierung auf ego-zentrierte, moderne Werte kann sowohl persönliche als auch gesellschaftliche Verwerfungen nach sich ziehen. Die unternehmerische Leistungskultur bringt nur allzu oft Einzelkämpfer hervor, deren Einsatz allein dem eigenen Erfolg und Gewinn gilt. So fühlen sich aktuell nur noch etwa 15 Prozent der Beschäftigten ihrem Arbeitgeber emotional verbunden.[29] Das Ringen vieler internationaler Konzerne um Compliance und Corporate Social Responsibility, das immer wieder von Rückschlägen gekennzeichnet ist, illustriert, wie schwierig es ist, in diesem Kontext allgemeinverbindliche Ziele zu etablieren, die das immer mehr um sich greifende darwinistische Prinzip überwinden.

Aber auch auf der persönlichen Ebene hinterlässt die Tendenz zum ego-zentrierten Individualismus Spuren. Denn wo der Einzelne glaubt, hauptsächlich aus sich selbst heraus zu schöpfen und sich selbst zu dienen, beginnt er sich im Kreis zu drehen. Eine solche Haltung gipfelt nicht nur in Hedonismus, sondern kann auch Tendenzen zur Selbstüberschätzung begünstigen. Die stetig steigenden Burnout-Raten sind nur ein Indiz dafür, wie sich der eigentlich positive

Kern moderner Unternehmenskulturen – die Bejahung individueller Gestaltungskräfte – in sein Gegenteil verkehren kann. Weltweit dürften zwischen 15 und 30 Prozent der Bevölkerung bereits modernen Werten folgen. Diese Zahl mutet zunächst niedrig an, zieht man in Betracht, dass das an kapitalistischen Prinzipien orientierte Wirtschaftssystem, welches auf einer funktionalen Ebene eigentlich bereits alle Kulturen rund um den Globus mehr oder weniger tangiert und prägt, sich aus modernen Werten heraus legitimiert. Gerade die großen, wirtschaftlich aufsteigenden Staaten wie Indien oder China folgen zwar, von außen betrachtet, immer mehr modernen kapitalistischen Prinzipien, aber ihre Kulturen selbst sind letztlich noch stark traditionalistisch, und damit auch die Bezugssysteme der Menschen, die in ihnen leben. Moderne Werte als verinnerlichte Haltungen und gelebte kulturelle Praxis sind deshalb in den westlichen Industrienationen deutlich stärker ausgeprägt. Betrachtet man die Sinus-Milieus, so dürften in Deutschland zwischen 30 und 45 Prozent der Bevölkerung schwerpunktmäßig modernen Werten folgen, denn das liberal-intellektuelle Milieu, das Milieu der Performer, das adaptiv-pragmatische, das hedonistische und das expeditive Milieu beziehen sich jeweils in großen Teilen auf moderne Grundorientierungen.

Um die beschriebenen Einseitigkeiten aufzulockern, die eine übertriebene moderne Haltung mit sich bringen kann, bedarf es eines grundlegenden Perspektivwechsels und infolgedessen Haltungsänderungen, für die Meditation die Ultima Ratio zu sein scheint. Denn in Phasen intensiver Achtsamkeit können Menschen zweierlei erfahren: die Relativität ihrer eigenen Wahrnehmung *und* die Verbundenheit mit allem, was sie umgibt. Gerade diese doppelte Perspektive ist es, die es erleichtert, vermeintliche Gegensätze auf einer höheren Ebene miteinander zu versöhnen. Dann führen die positiven Seiten des Individualismus nicht in eine Isolation, sondern begünstigen ein Streben zum Besseren in Verbundenheit mit anderen Menschen und mit Zielen, die der Gesellschaft im Ganzen dienen.

Ein Beispiel aus der Unternehmenspraxis:
Einer der großen deutschen Publikumsverlage hat das Dilemma zwischen modernem Konsumdenken und darüber hinausweisenden Werten wie Verbundenheit und der Suche nach Sinn erkannt. Er experimentiert systematisch mit Publikationen und Beiträgen in den eigenen, eher konventionell orientierten Magazinen zu Themen und Praktiken aus dem meditativen Kontext. So wurde zum Beispiel ein Titel über »Burn-Out und Achtsamkeit« zum bestverkauften des Jahres. Auf diese Weise lotet der Verlag bestehende Grenzen aus und erweitert sie hin zu Perspektiven, die auch spirituellen Gehalt haben.

Postmoderne Unternehmenskultur Die Werte postmoderner Unternehmenskulturen lassen sich zum Teil verstehen als Antwort auf Engpässe, die für traditionelle und moderne Unternehmenskulturen beschrieben wurden. Darüber hinaus führen postmoderne Haltungen in gewisser Weise zu einer Aktualisierung und Weiterführung der konstruktiven Werte dieser kulturellen Paradigmen.

Der hohe Wert von Gemeinsamkeit, Verantwortung und Fairness, der sich in postmodernen Unternehmen zeigt, greift beispielsweise Dispositionen, die in traditionellen Unternehmenskulturen entstanden sind, auf und führt sie unter den Vorzeichen moderner Individualität weiter. Verantwortung entsteht nicht aus einer hierarchischen Ordnung heraus, sondern aus der individuellen Erkenntnis, dass jeder Mensch natürlicherweise mit anderen Menschen verbunden ist und sich ihnen deshalb verpflichtet fühlt. Das für postmoderne Unternehmenskulturen zentrale Wir-Gefühl ist nicht Ergebnis eines über dem Individuum stehenden Rollensystems, sondern Folge eines freien Bekenntnisses. Auch im postmodernen Team-Spirit zeigt sich die neue Form der Wahlverwandtschaft. Er lehnt Führung, die sich allein auf traditionelle Autorität gründet, genau so ab wie eine moderne Hyperindividualisierung, bei der jeder Mensch für sich selbst kämpft.

In der Idee des Social Business vollzieht der postmoderne Geist eine Synthese höherer Ordnung, indem er den unternehmerischen Habitus modernen Denkens beispielsweise auf soziale und ökologische Ziele ausrichtet. Die propagierte Weisheit der Vielen, die prozesshafte Ideenfindung der individuellen Genialität vorzieht, schafft nicht nur eine breite Basis der Partizipation, sondern setzt auch neue innovative Potenziale frei, die oftmals einen größeren Lösungsradius haben als Ansätze, die dem modernen, zum Teil fragmentierten Denken entspringen. Der Siegeszug des Themas »Nachhaltigkeit« etwa oder auch das Mode-Paradigma der »Lifestyles of Health and Sustainability« (Lohas – gesunde und nachhaltige Lebensstile) lebt von der Verbundenheit in der Weite (mit anderen Menschen, mit der Umwelt, mit sozialen Zusammenhängen), für die eine postmoderne Unternehmenskultur die Basis legt.

Auf den ersten Blick mag man geneigt sein, in postmodernen Unternehmenskulturen die umfassende Lösung für die Schwächen traditioneller und moderner Wertesysteme in Unternehmen zu sehen. Doch wo Licht ist, ist erfahrungsgemäß auch Schatten. Die Entstehung postmoderner Haltungen speist sich nämlich zu einem nicht zu unterschätzenden Teil aus Prozessen gezielter Abgrenzung. Auf Prinzipien wie Autorität, Führung, Leistung, Erfolg und Wettbewerb reagieren Menschen mit postmodernem Selbstverständnis nur allzu gerne reflexhaft mit Ablehnung, so dass es schwer ist, die positiven Impulse, die davon ausgehen, unternehmerisch zu integrieren. Unzählige gescheiterte Kooperativen in Selbstverwaltung, die mehr um sich selbst als um potenzielle Kunden oder Lösungen kreisen, die bisher eher bescheidene gesamtwirtschaftliche Bedeutung ethischer Investments und nachhaltiger Produkte oder auch die Schwierigkeit, Social Businesses so aufzubauen, dass sie eine finanzielle Eigenständigkeit entwickeln, lassen sich in diesem Sinne entweder als Zeichen für eine dem postmodernen Paradigma inhärente Selbstbegrenzung deuten oder – und vieles spricht dafür – als Hinweis auf den weiteren Entwicklungsbedarf dieser Modelle.

Die noch sehr ausbaufähige Impulskraft postmoderner Unternehmenskulturen liegt unter anderem daran, dass bestenfalls erst zehn Prozent der Weltbevölkerung sich in diesen Wertekontexten verorten und entsprechende Märkte und Resonanzräume vergleichsweise klein sind. Bezogen auf die Sinus-Milieus, dürften sich in Deutschland etwa 15 Prozent der Bevölkerung mit postmodernen Werten identifizieren, denn im liberal-intellektuellen, im sozialökologischen und im expeditiven Milieu finden sich viele Überschneidungen mit dem postmodernen Denken. Die progressive Grundhaltung und Lösungsorientierung bleibt also auf einen vergleichsweise geringen Radius beschränkt. Einer weiteren Ausbreitung steht gegenwärtig vor allem die bereits beschriebene Abgrenzungstendenz entgegen, denn vielen postmodern verwurzelten Menschen ist das Betonen der Richtigkeit ihrer Perspektive wichtiger als ein Bemühen um die Anschlussfähigkeit der eigenen Werte an kulturelle Kontexte, die noch einem anderen Schwerpunkt der Identifikation folgen.

Meditation kann in diesem Zusammenhang Impulse setzen, neue Formen der Integrationsfähigkeit zu entwickeln, denn die im Zuge des bewussten Innehaltens meist einsetzende Relativierung des eigenen Standpunktes öffnet den Geist für neue Sichtweisen. Wenn das Ich nicht mehr um jeden Preis Recht haben möchte, wird es durchlässig für die Möglichkeit, andere dort abzuholen, wo sie stehen. Und es wird milder gegenüber Abweichungen von der eigenen Perspektive.

So gesehen ist es kein Wunder, dass viele Führungskräfte aus Seminaren zur Meditation und Achtsamkeit mit großem Enthusiasmus an ihren Arbeitsplatz zurückkehren – und dort zunächst erheblich frustriert werden von den Grenzen, die ihnen das bestehende System setzt. Hier prallen dann tiefgreifende persönliche Erfahrungen über die »neue Wirklichkeit« mit dem banalen Funktionalismus unternehmerischen Alltags zusammen. Der dabei offenkundig notwendige Transformationsprozess (auf beiden Seiten) wird sicherlich Jahre dauern, auch wenn er durch die rasant zunehmende Zahl von meditierenden Führungskräften in absehbarer Zeit zu einer Art Break-even führen dürfte.

Die Beschreibung der drei Ausprägungen von Unternehmenskulturen hat, dies ist augenscheinlich, prototypischen Charakter, denn in der Regel vereinen Unternehmen in unterschiedlicher Gewichtung zentrale Aspekte aller vorgestellten Wertesysteme. Die fokussierte Betrachtung erleichtert es jedoch, die jeweiligen Besonderheiten zu erkennen und zu eruieren, wo die spezifischen Entwicklungsbedürfnisse liegen.

In der Realität ist das Verhältnis von Unternehmenskultur zu äußeren und inneren Faktoren weitaus komplexer. Zum einen bringt jeder Mitarbeiter seine persönliche kulturelle Verortung in den Arbeitsalltag ein und gleicht diese – mal mehr, mal weniger – mit der Unternehmenskultur ab. Zum anderen ergeben sich Differenzen zwischen der in und von Unternehmen gelebten Kultur und den kulturellen Erwartungen der Gesamtgesellschaft. Ein oft unterschätztes Kriterium ist auch das kulturelle Erbe eines Unternehmens. Insbesondere traditionsreiche Firmen können daraus eine hohe innere Stabilität schöpfen, manchmal allerdings zu Lasten überfälliger Veränderungen. Im folgenden Abschnitt soll deshalb auf die damit einhergehenden Werteherausforderungen näher eingegangen werden.

Werteherausforderungen – das Spannungsfeld zwischen Gesellschaft, Unternehmen und Mitarbeitern

Die Tatsache, dass Menschen als Mitarbeiter eines Unternehmens und als Mitglieder der Gesellschaft zum Teil recht unterschiedliche Rollen bekleiden, führt zu Spannungen, wenn die Rollenerwartungen in beiden Segmenten stark differieren. Daraus ergeben sich innere Konflikte, die im Sinne des Unternehmens nur adäquat gelöst werden können, wenn die Unternehmenskultur selbst als Teil dieses Spannungsfeldes wahrgenommen wird.

Am Beispiel der Haltung von Führungskräften und der gesellschaftlichen Wahrnehmung des Geschäftslebens soll hier der Frage nachgegangen werden, ob und in welcher Form Diskrepanzen zwischen den beiden Wertesphären bestehen. Wenn Menschen zwischen ihrer eigenen Identität und den Anforderungen ihrer Umwelt Divergenzen erleben, ist es für gewöhnlich ihre persönliche Angelegenheit, in diesem Spannungsfeld zu einer Haltung zu finden, die ihnen ein ausgeglichenes Selbstverständnis und ein konstruktives Handeln ermöglicht. Im Businesskontext wird dieser individuelle Prozess jedoch auch zu einer Angelegenheit des Unternehmens, da Mitarbeiter in ihrer Rolle als Arbeitnehmer nicht nur die persönliche Seite der Identitätsgestaltung einbringen, sondern auch gefordert sind, sich auf die Kultur ihrer Arbeitsumgebung zu beziehen. Im Sinne einer tragfähigen Unternehmenskultur, die eine wichtige Grundlage für ein erfolgreiches und konstruktives Miteinander darstellt, ist es für Firmen deshalb wichtig, mögliche Reibungspunkte zu erkennen und einen Rahmen zu schaffen, innerhalb dessen ein den Unternehmenszielen dienender Abgleich zwischen den unterschiedlichen Impulsen stattfinden kann.

Was Führungskräfte denken und wollen Führungskräfte zeichnen sich größtenteils durch einen Kanon sehr moderner Haltungen aus. Die meisten Menschen in Führungspositionen betrachten es als vordringlich, in ihrem Arbeitsgebiet Dinge voranzubringen und zu bewegen und mit dieser Tätigkeit erfolgreich zu sein. Sie wollen sich in ihrer Persönlichkeit entfalten und dies nicht als Selbstzweck, sondern indem sie sich immer wieder neuen Herausforderungen stellen und dabei außerordentliche Leistungen erbringen. Eng mit diesem hohen Leistungsethos verbunden ist der Wunsch nach Unabhängigkeit und Selbstständigkeit, also nach Freiräumen, die es ermöglichen, berufliche Aufgaben nach eigenem Ermessen zu bewältigen.

Die Motive, die mit diesen Prioritäten verbunden sind, sind sowohl persönlicher als auch gesellschaftlicher Natur. Rund die Hälfte der Top-Manager verspricht sich von ihrem Engagement einen hohen

Abbildung 5: Prioritäten von Führungskräften[30]

Lebensstandard und eine anerkannte gesellschaftliche Position, drei Vierteln aller Führungskräfte ist es dabei gleichermaßen wichtig, einen konstruktiven Beitrag zur Entwicklung von Wirtschaft und Gesellschaft zu leisten.

Eine solche Haltung ist nicht spannungsfrei, denn die meisten Entscheider sind sich bewusst, dass die Interessen des eigenen Unternehmens sich nicht immer ohne Weiteres auf das Gemeinwohl ausrichten lassen. Interessant ist, wie der Einzelne mit Fragen der Ethik umgeht und ob es gelingt, trotz divergierender Ansprüche eine konsistente Handlungsperspektive zu entwickeln.

Vier von fünf Führungskräften bekunden, dass sie im Beruf stets nach ihrem Gewissen handeln, was im Umkehrschluss bedeutet, dass immerhin jeder Fünfte dies nicht tut. Zwei Drittel bekennen, dass ihre persönliche Wertüberzeugung mehr Gewicht hat als der betriebswirtschaftliche Nutzen. Sie sind der Ansicht, dass der Unternehmensgewinn zugunsten eines ethisch verantwortlichen Handelns zurückstehen sollte. Es sei dahingestellt, inwieweit diese Aussage die eigene Situation zu beschönigen versucht. Immerhin gut jeder dritte Manager gibt an, weniger souverän zu sein und erlebt äußere Zwänge, nach denen er sich wider die eigene Überzeugung richten muss, als belastend. Jede vierte Führungskraft entzieht sich der damit verbundenen Spannung, indem sie situative Erfordernisse im Sinne des Unternehmens höher gewichtet als grundsätzliche ethisch-moralische Erwägungen.

Spannungsfelder wie diese scheinen den Betroffenen nur zum Teil wirklich bewusst zu sein, denn die Betrachtung ihrer eigenen Situation fällt weit weniger kritisch aus als ihre Einschätzung der Rahmen-

Abbildung 6: Spannungsfelder im Arbeitsalltag von Führungskräften

bedingungen im Business insgesamt. So glaubt mehr als die Hälfte der Führungskräfte, dass ethische Leitlinien im Unternehmensalltag nur eine untergeordnete Rolle spielen und die gerne propagierte Corporate Social Responsibility in vielen Fällen nicht mehr ist als ein Feigenblatt. Diese vergleichsweise negative Betrachtung ist von der Wahrnehmung begleitet, dass nur jeder dritte Top-Manager seinesgleichen hohe ethische Grundsätze zugesteht. Die Hälfte von ihnen beobachtet sogar einen zunehmenden Egoismus in den Führungsetagen. Ob die Befragten sich des eigenen Anteils an dieser Entwicklung wirklich bewusst sind, bleibt unklar, denn bei aller Kritik am bestehenden Wirtschaftssystem erklärt knapp die Hälfte, dass die Aufgabe von Unternehmen vor allem darin liegt, eine vernünftige Kapitalrendite zu erzielen.

Bereits gut ein Drittel der Führungskräfte setzt diesem Utilitarismus höhere Ideale entgegen und speist die persönliche Haltung zum Business auch aus religiösen oder spirituellen Leitideen. Jeder Vierte findet sogar, dass das Thema »Spiritualität« im Berufsleben für Manager nicht mehr mit einem Tabu behaftet ist.

Ethische Herausforderungen Unter dem Strich zeigt sich, dass der Arbeitsalltag von Führungskräften von den verschiedensten Wertedivergenzen durchzogen ist, die sich vielfach nur sehr subtil artikulieren und sich innerhalb der Unternehmenskultur allenfalls am Rande verarbeiten lassen. Mit den damit verbundenen Spannungen zurechtzukommen, wird damit hauptsächlich zur Privatsache. Dies bringt für den Einzelnen Handlungsunsicherheiten mit sich, die er kompensieren muss. Vor diesem Hintergrund wird augenscheinlich, warum es vielen Unternehmen so schwer fällt, beim Thema »Compliance« nachhaltig und vor allem überzeugend zu agieren, denn wenn ein Unternehmen seine Kultur nicht an den bestehenden Erfordernissen ausrichtet, fehlt den Führungskräften und Mitarbeitern ein stärkender Orientierungsrahmen. Selbst wenn sie über ein ausgeprägtes ethisches Bewusstsein verfügen, fühlen sie sich dazu gedrängt, diesen

Einstellungen zuwiderzuhandeln, vor allem, wenn die Unternehmenskultur Werte wie Extremleistung und finanziellen Erfolg an die erste Stelle setzt.

Auch die sehr freimütigen und zum Teil recht negativen Fremdeinschätzungen, die Manager zur Verfasstheit des Business insgesamt abgeben, sollten Unternehmen zu denken geben, denn sie sind Indizien für einen ausgeprägten Darwinismus im Geschäftsleben und damit im Zweifel auch innerhalb der eigenen Organisation. Grob geschätzt drei bis fünf von zehn Top-Managern scheinen über keine konsistente ethische Haltung zu verfügen beziehungsweise bereit zu sein, wenn die Unternehmenskultur den Ertrag über die Ethik zu stellen scheint, entsprechend zu handeln. Diese Handlungsunsicherheit kann nicht nur dem äußeren Erscheinungsbild von Firmen schaden. Sie kann sich sogar explizit gegen die Organisation wenden, denn wo Menschen in ihrer persönlichen Haltung tief verunsichert sind und vom Unternehmen nicht durch einen klaren, nachvollziehbaren und verbindlichen Bezugsrahmen bei der Entscheidungsfindung unterstützt werden, folgen sie nur allzu leicht den darwinistischen Tendenzen, die sie in ihrem Umfeld wahrnehmen.

Ethik ist ein Feld, das sich nicht einfach durch das Lernen vorgegebener Inhalte durchdringen und entfalten lässt. Die Entwicklung einer ethischen Geisteshaltung ist ein zutiefst persönlicher Vorgang, der die Fähigkeit voraussetzt, vor allem in Situationen, die durch Spannungen oder Widersprüche geprägt sind, auf einer neuen Ebene zu Klarheit und Eindeutigkeit zu finden. Eine Praxis der Achtsamkeit erleichtert es, Herausforderungen überhaupt als solche in ihrer Widersprüchlichkeit wahrzunehmen, und sie verhilft Menschen dazu, ihre eigene Haltung in der Tiefe zu erkennen und zu ergründen. Im achtsamen Abgleich zwischen diesen beiden Perspektiven ist das Individuum gefordert, immer wieder aufs Neue herauszufinden, wie sich ethisches Handeln gestalten lässt. Meditation kann einerseits dabei helfen, die notwendige Reflexionsfähigkeit zu entwickeln, und andererseits einen Raum eröffnen, um die im Prozess ethischer

Selbstverortung auftretenden Spannungen zu halten und sich ihnen zu stellen. Erst eine Schulung dieser grundlegenden Fähigkeiten versetzt Menschen in die Lage, in komplexen und herausfordernden Situationen angemessen zu handeln.

Ein Beispiel aus der Unternehmenspraxis:
Bauen ist bekanntlich ein ziemlich raues Geschäft, und im internationalen Wettbewerb gleicht es einem Haifischbecken. Der neue Vorstandsvorsitzende eines Baukonzerns mit bald hundertjähriger Tradition will eine neue Ära einläuten, mit klaren Spielregeln. Ihm ist bewusst, dass die meisten Mitarbeiter in der Führungsriege die Ethik-Diskussion bisher mit einem müden Lächeln begleiten, und er weiß, dass er eine Gratwanderung beginnt zwischen Tradition und Moderne. Deshalb leitet er den beabsichtigten Wandel mit einer Vision ein und kreiert das Bild eines »Baukonzerns der Verlässlichkeit«, im Inneren wie im Äußeren. Dazu ist es aus seiner Sicht zwingend notwendig, das Dilemma gesellschaftlicher Erwartungen und internationaler Usancen mit den Führungskräften offen zu thematisieren und zu diskutieren, weil ein aufgesetzter Change-Prozess die Existenz des Unternehmens ernsthaft infrage stellen könnte.

Bereits die hier dargestellte Selbstwahrnehmung von Führungskräften legt nahe, wie dringlich die Entwicklung ethischer Kompetenzen und deren Verankerung in einem überpersönlichen Orientierungsrahmen ist. Spiegelt man diese Innenperspektive an den Einschätzungen, die die Bevölkerung insgesamt unternehmerischem Handeln entgegenbringt, wird der Handlungsbedarf noch augenscheinlicher. Doch bevor das Spannungsfeld zwischen Wirtschaft und Gesellschaft und die daraus erwachsenden Konsequenzen für Unternehmen und Mitarbeiter eingehender betrachtet werden, soll im Folgenden noch der Blick auf ein weiteres Binnenthema gerichtet werden, nämlich auf die immer dringlicher werdende Work-Life-Balance.

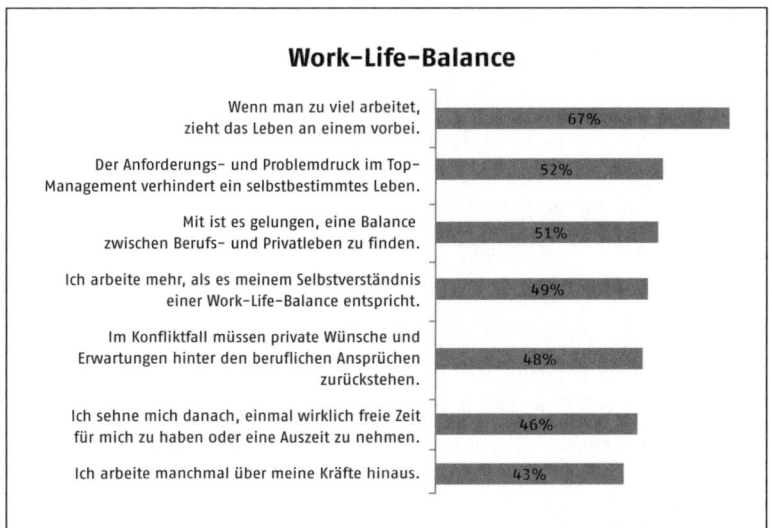

Abbildung 7: Belastungen von Führungskräften

Work-Life-Balance Nur jeder zweiten Führungskraft gelingt es, eine wirkliche Balance zwischen Berufs- und Arbeitsleben herzustellen. Der Rest arbeitet mehr, als in den eigenen Augen sinnvoll ist, und ordnet private Ansprüche den beruflichen Erfordernissen unter. Sie fühlt sich durch den Anforderungs- und Problemdruck im Management an einem selbstbestimmten Leben gehindert, sehnt sich nach Auszeiten und arbeitet über die eigenen Kräfte hinaus.

Zwar zeigen diese Zahlen, dass viele Führungskräfte noch nicht am Limit sind, doch weisen die erwähnten Belastungen deutlich darauf hin, wie stark die Arbeit an den persönlichen Kraftressourcen bereits zehrt. Ein bewusstes Gegensteuern im Rahmen des betrieblichen Gesundheitsmanagements erscheint nicht allein notwendig, um innerhalb der Mitarbeiterschaft die Gefahr ernsthafter Erkrankungen bis hin zum Burn-out zu minimieren. Belastungsszenarien tangieren die Handlungsfähigkeit von Führungskräften und Mitarbeitern, auch wenn sie die körperliche und seelische Gesundheit (noch) nicht beeinträchtigen.

Hektik, Rastlosigkeit und ständiges Getriebensein machen es den meisten Menschen schwer, einen klaren Kopf zu bewahren. Dies wirkt sich immer auch auf die Fähigkeit aus, sinnvolle und zielführende Entscheidungen zu treffen. Wer ständig äußeren Anforderungen hinterherhechelt (oder glaubt, dies zu müssen), verengt den eigenen Blick auf die Welt und handelt eher aus einem Reaktionsmodus heraus, als die Dinge selbst zu gestalten. Unternehmen, die es versäumen, ihren Mitarbeitern Wege zu eröffnen, wie sie ihre Handlungsfreiheit auch in Zeiten der Belastungsspitzen oder unter besonderen Herausforderungen bewahren, verschenken wichtige Potenziale.

Auch hier kann Meditation eine Option darstellen, um grundlegende Fähigkeiten zu entwickeln, mit Stress konstruktiv umzugehen, in Anbetracht von äußeren Herausforderungen eine Haltung der inneren Ruhe zu kultivieren, die Dinge so zu sehen, wie sie sind, und souverän zu agieren anstatt unter Druck als Getriebener zu reagieren. Die Freiheit, die sich im Rahmen einer Achtsamkeitspraxis einzustellen vermag, erlaubt es Menschen, auch unter widrigen äußeren Bedingungen Zugang zu ihrem vollen Potenzial zu finden.

> Ein Beispiel aus der Unternehmenspraxis:
> Nahezu alle großen Firmen in Deutschland unterhalten inzwischen eigene Task Forces, deren einziger Zweck es ist, ihren Führungskräften bis hinauf zur Vorstandsebene Unterstützung in Form von Coaching zu vermitteln. In den meisten Fällen stehen hierfür externe Coaches zur Verfügung. Eine interne Betreuung der Führungskräfte hat sich als wenig erfolgreich erwiesen, sind die eigenen Mitarbeiter doch vielfach so mit der Unternehmenskultur verbunden, dass es ihnen schwer fällt, eine Außenperspektive einzunehmen und den Coachees zu spiegeln. Positiv betrachtet, ist diese Art der Betreuung ein gutes Zeichen der Fürsorge für den eigenen Führungskader. Kritisch kann man daraus ableiten, wie hoch der Bedarf an (therapeutischer) Unterstützung bei den Leistungsträgern der Unternehmen inzwischen geworden ist.

Gesellschaftliche Herausforderungen Die bisherigen Ausführungen haben bereits verdeutlicht, wie komplex das Spannungsfeld der Herausforderungen im Arbeitsleben in der Selbstwahrnehmung von Führungskräften ist. Dieses Szenario spitzt sich weiter zu, wenn man auch den Blickwinkel der Bevölkerung einbezieht, denn diese bringt dem Wirtschaftsleben und den Unternehmen eine immer größere Skepsis entgegen. Wo unternehmerisches Handeln in den Augen der Bevölkerung zunehmend an Legitimation verliert, sehen sich Firmen mit einem Reputationsverlust konfrontiert. Viel drängender als dieses Oberflächenphänomen erscheinen allerdings die inneren Widersprüche, die dies für Führungskräfte und Mitarbeiter nach sich zieht, denn sie finden sich ungewollt in einer Doppelrolle wieder, da sie einerseits zu den Kritikern gehören, aber in ihrer Berufsrolle auch zu den Kritisierten zählen.

Abbildung 8: Gesellschaftliche Werteherausforderungen[31]

Betrachtet man die Äußerungen der Deutschen über die Schwachpunkte der heutigen Gesellschaft, so fällt eine große Einhelligkeit auf, denn bis zu neun von zehn Menschen stimmen in ihren teils sehr kritischen Diagnosen überein.

Gier, fehlender Anstand in Wirtschaft und Politik, mangelnder Wahrheitssinn, Egoismus, Unfairness und Selbstgefälligkeit – die Liste der beklagenswerten Zustände illustriert eindrücklich, welch erheblichen Handlungsbedarf die meisten Deutschen sehen. Dies zeigt sich gleichermaßen in den Fragen, die bis zu drei Viertel der Bevölkerung als essenziell für die künftige Gestaltung des Gemeinwesens erachten.

Die Klarheit und starke Kongruenz in der Einschätzung der inneren Verfassung der heutigen Gesellschaft ist indes allein ein Blick auf eine Oberfläche, unter der nicht nur sozialer Sprengstoff liegt, sondern auch Zündstoff für verschiedene Wertekonflikte auf der ganz persön-

Abbildung 9: Zentrale Aspekte der gesellschaftlichen Zukunft[32]

lichen Ebene. Während bei Umfragen wie diesen gesellschaftliche, politische und wirtschaftliche Aspekte als eher äußerliche Phänomene wahrgenommen werden (was ein klares und zum Teil auch hartes Urteilen erheblich erleichtert), gerät dabei nämlich aus dem individuellen Blickfeld, dass die kritisierten Verhältnisse nicht aus sich heraus entstehen oder gegeben sind, sondern immer das Resultat menschlicher Aktivität darstellen. Am Beispiel des bereits beschriebenen Wertespannungsfeldes, in dem sich viele Führungskräfte bewegen, wurde deutlich, dass der eigene Beitrag an solchen Ungereimtheiten, wenn nicht gar Missständen nicht immer augenfällig ist. Weitet man den Bezugsrahmen wie hier auf die Gesamtbevölkerung aus, so finden sich eigentlich alle befragten Personen, die im Erwerbsleben stehen, in einer Doppelrolle wieder: auf der urteilenden Seite, die wahrgenommene Probleme kritisiert, und auf der verursachenden Seite in der Rolle von Mitarbeitern, die – in verschiedener Form und mit unterschiedlicher Wirkungskraft – die beschriebenen Zustände mitherbeiführen.

Bleibt diese Divergenz unbewusst, hat sie im ungünstigen Fall eine Doppelmoral zur Folge. Dann folgt das individuelle Handeln zwar nicht den eigenen Überzeugungen, doch der Widerspruch wird ausgeblendet. Tritt die Diskrepanz jedoch in den Bereich bewusster Wahrnehmung, können Selbstzweifel oder gar eine innere Zerrissenheit die Folge sein. Am Beispiel der Selbsteinschätzung von Führungskräften zeigt sich, dass es rund einem Drittel nicht gelingt, die eigene Werteüberzeugung aufrechtzuerhalten, wenn die Firmenbelange dieser entgegenstehen, und dass dieses Drittel unter der Spannung leidet. Noch augenscheinlicher wird das latente Spannungsfeld, in dem sich viele Menschen in ihrer Doppelrolle als Mitarbeiter und als Mitglieder der Gesellschaft wiederfinden, wenn man betrachtet, was für sie zu einem guten Leben gehört.

Auch wenn Verantwortungsbewusstsein, gesunder Ehrgeiz und Klugheit sicherlich in den meisten Unternehmen als klare »Business-Qualitäten« gelten, relativiert sich diese Eindeutigkeit bei Werten wie

Abbildung 10: Wichtige Aspekte eines guten Lebens[33]

Gerechtigkeit und Fairness bereits, da unter den Vorzeichen einer modernen Kultur der Wert an und für sich immer auch an den rein funktionalen Businessbelangen gebrochen wird. In deutlich stärkerem Maße dürfte dies auch für Friedfertigkeit, Mitgefühl, Wahrhaftigkeit (und alle weiteren genannten Aspekte eines guten Lebens) gelten. Gerade die letzteren sind typische Eigenschaften, die sich (vgl. S.46, zur berufsspezifischen Wirkung von Meditation) erfahrungsgemäß durch eine regelmäßige Meditationspraxis noch vertiefen. Das führt zu einer für die Betrachtung von Meditation in Unternehmen ganz zentralen Frage, nämlich der nach den möglichen Nebenwirkungen.

Die Bedeutung der Unternehmenskultur und ihrer Werte sowie der persönlichen Wertehorizonte von Berufstätigen wurde ganz bewusst so ausführlich dargestellt, da sie in ihrer Widersprüchlichkeit durch Meditation im Kern erfahren werden. Meditation lässt Menschen genauer hinsehen, sich selbst und die eigenen Motivationen klarer erkennen und auch die Außenwelt schärfer wahrnehmen. Damit geraten zwangsläufig Bereiche in den Blick, die im Geschäftsleben bisweilen knapp unterhalb der Wahrnehmungsschwelle verbleiben, beispielsweise die latente Spannung zwischen privaten Werten und unternehmerischen Direktiven. Das kann Reibung erzeugen, die ein Unternehmen voranbringt, wenn es Räume für konstruktive Auseinandersetzung und Wandel eröffnet, die aber auch destruktive Wirkungen zeitigen kann, wenn es die Unternehmenspolitik vorsieht, dass alles bleiben soll, wie es ist.

Sollte noch Unsicherheit bestehen, ob Meditation als Methode in einem Unternehmen in Frage kommen könnte, dann ist es vielleicht hilfreich, sich noch einmal die Relativität von Werten, wie sie am Beispiel traditioneller, moderner und postmoderner Unternehmenskulturen beschrieben wurde, in Erinnerung zu rufen. Hier wurde deutlich, dass Werte, gleich welcher Ausprägung, nie ausschließlich positiv oder negativ sind, denn letztlich entscheidet immer ihre kontextuelle Angemessenheit über die Wirkung, die sie entfalten. Eine starke Hierarchieorientierung wird mancherorts, beispielsweise für Ärzte bei einer komplexen chirurgischen Operation, existenziell sein, wenn eigenmächtiges Handeln Katastrophen nach sich ziehen kann. Der Entwicklung von Innovationen hingegen dürfte sie in den meisten Fällen eher im Wege stehen. Gleich, welchen Schwerpunkt die Kultur in einem Unternehmen hat, es wird immer Wertecluster geben, die noch entwicklungsfähig sind und Mitarbeiter in ihrer Wirksamkeit fördern können. Hier kann Meditation einen unterstützenden Effekt haben, denn – Change-Management-Profis wissen dies meist aus leidvoller Erfahrung – nichts ist schwieriger, als die tiefsten Grundüberzeugungen von Menschen in Bewegung zu bringen, damit Wandel möglich wird. Mittelfristig kann Meditation den Blick, mit dem Menschen sich selbst und die Welt betrachten, weiten, und genau das schafft den Raum, der für eine manchmal notwendige oder auch nur nützliche Weiterentwicklung unabdingbar ist.

Hinzu kommt, dass sich im Arbeitsalltag – dies wurde ebenfalls bereits dargelegt – in verschiedenster Form und letztlich für alle Berufstätigen auf die eine oder andere Weise bereits Wertekonflikte zeigen, die unbewusst bleiben, da sie eher selten innerhalb der Unternehmenskultur explizit angesprochen werden. Warum werden beispielsweise immer wieder große Betrugsskandale aufgedeckt, obwohl die meisten Unternehmen längst über sorgfältig ausformulierte Compliance-Richtlinien verfügen? Warum erzeugen viele Vorgesetzte gegenüber ihren Mitarbeitern Druck, obwohl sie in der Tiefe ihres Herzens eigentlich wissen, dass dies kontraproduktiv ist? Wo Unternehmen Konflikte wie diese ausblenden und damit zu Problemen des Einzelnen machen, der sie schließlich als Privatangelegenheit verinnerlicht, verlieren sie den Überblick. Die mögliche Sorge, dass Achtsamkeit im Unternehmen zu einem Kontrollverlust führen könnte, ist nicht unbegründet. Allerdings ist die Sorge, dass Meditation in einem Unternehmen zu einem Chaos führen könnte, weitgehend unberechtigt. Das zeigen Beispiele von Firmen, in denen Achtsamkeit bereits den Stellenwert des Normalen erreicht hat. So lässt beispielsweise eine große Drogeriemarktkette alle ihre Filialleiter sukzessive an Meditationskursen teilnehmen, weil sie erkannt hat, dass hierdurch positive Freiräume entstehen.

Meditation in der Praxis: Settings im Business und Berufsleben

Wer Probleme hat, kann meditieren. Wer keine Probleme hat, muss meditieren. Wie im Kapitel über die Wirkungen von Meditation dargelegt wurde, sind Achtsamkeitspraktiken lebendige Paradoxien. Sie haben wissenschaftlich nachweisbare und reproduzierbare Effekte, doch lassen sich diese nicht auf Knopfdruck erwirken. Das stellt das konventionelle Denken im Geschäftsleben, wo man etwas tut, um etwas Konkretes, Absehbares zu erreichen, auf den Kopf. Wenn man hundert Mitarbeiter an einem zehnwöchigen Meditationskurs teilnehmen lässt, kann man nicht präzise vorhersagen, was genau dabei herauskommen wird. Das mag auf den ersten Blick unbefriedigend erscheinen, zumal Zeit und Geld essenzielle Ressourcen sind, die jeder Unternehmer möglichst zielführend einsetzen möchte. Aber letztlich verweist dieses Dilemma lediglich auf ein ganz grundsätzliches Phänomen, das in der Wirtschaft nur allzu oft völlig ausgeblendet wird, nämlich die Tatsache, dass das Leben sich ingenieurmäßiger Planbarkeit entzieht. In diesem Sinne lässt Meditation sich als Master-Tool verstehen, das eines mit Sicherheit bewirkt: den Schleier der Vorstellungen, die wir darüber haben, wie die Welt ist beziehungsweise wie sie sein muss, zu lüften. Dieser Wirkmechanismus lässt sich prinzipiell in allen Unternehmenskontexten konstruktiv und zielführend nutzen. Dazu tragen die vielen empirisch relevanten »Nebenwirkungen« von Meditation erheblich bei, als da sind: Verbesserung der Wahrnehmungsfähigkeit, Freisetzen kreativer Potenziale, konstruktive Distanz zu Stress und Selbsttäuschung, Verbesserung der Konzentrations- und Regenerationsfähigkeit, Entwicklung kooperativer Eigenschaften – um nur einige Beispiele zu nennen.

In diesem Sinne umfasst Meditation in Unternehmen, so sie nicht Selbstzweck sein soll, immer zwei Stufen des Herangehens: das Erlernen der Technik, verbunden mit regelmäßiger Praxis, und darauf aufbauend die Fokussierung der auf diesem Weg erwachsenden Fähigkeiten auf ganz konkrete Businesskontexte. Im Folgenden wird deshalb zunächst dargestellt, welche Zugangswege in Unternehmen denkbar sind, um Meditation als grundlegende »Technik« zu vermitteln und zu etablieren. Darauf aufbauend, werden verschiedene Szenarien entwickelt, wie sich der Erfahrungsschatz, der sich mit der Zeit durch Achtsamkeitspraktiken einstellt, auf konkrete unternehmerische Themenbereiche beziehen lässt.

Wissenschaftliche Studien über die Langzeitwirkung von Meditation im Businesskontext oder gar Prognosen darüber, in welchen Zeiträumen sich welche Wirkungen erzielen lassen, sind gegenwärtig noch Mangelware. Wer beginnt, mit Meditation in seinem Unternehmen zu experimentieren, findet sich derzeit noch in der Rolle des Pioniers wieder. Die gute Nachricht dabei ist, dass der Umgang mit Meditation sich in einem wesentlichen Punkt von den Rahmenbedingungen konventioneller Innovationen, beispielsweise in der Industrieproduktion, unterscheidet. Wenn Unternehmen neue Fertigungsmethoden erproben oder grundlegend neue Produkte entwickeln, gewinnen sie im Zuge dieser Pionierarbeit zwar auch wesentliches Prozess-Know-how, das selbst dann noch hilfreich und von Bedeutung ist, wenn die Konkurrenz später mit deutlich geringerem Ressourceneinsatz das Ergebnis dieser Anstrengungen kopiert, doch kann das Nachahmen selbst bereits ausreichen, um zu einem funktionierenden Geschäftsmodell zu kommen, wie der Markt der Generika in der Pharmabranche belegt. Beim Thema Meditation ist das grundlegend anders, denn sie ist ein Weg, den jeder, als Individuum oder Unternehmen, selbst gehen muss, um die Erfahrung zu machen. Irrungen und Wirrungen sind selbstverständliche Begleiter auf diesem Weg, und erst indem man solche Phasen durchläuft, lässt sich ermessen, was Meditation bedeuten kann. Die Stolpersteine und Sackgassen sind also ein vitaler Teil des Prozesses. Für Vorreiter in diesem neuen Feld der Unternehmens- und Personalentwicklung ist das Risiko einer Fehlinvestition jedoch extrem gering, weil die bisherigen Praxis-Erfahrungen belegen, dass ein verstärktes konstruktives Miteinander die Mindest-Ausbeute sein wird.

Szenarien für die Einführung von Meditation in Unternehmen

Meditation ist nicht dafür geeignet, »von oben verordnet zu werden«, das dürfte bereits deutlich geworden sein. Da Praktiken der Achtsamkeit sehr stark auf das Innenleben von Menschen wirken und damit die Sphäre des Privaten tangieren, ist es empfehlenswert, Einstiegs-angebote als experimentell zu konzipieren und darauf zu achten, dass sie bei der Zielgruppe keinerlei Handlungsdruck wecken. Offene Ein-führungskurse, die sich an die ganze Mitarbeiterschaft richten und an denen die Teilnahme freigestellt ist, können ebenso dazu beitra-gen, Meditation erstmals im Unternehmen »sichtbar« zu machen wie kurze, fachbezogene Workshops, beispielsweise zu Themen wie Gesprächsführung, Kreativität oder Selbstmanagement, in denen me-ditative Übungen zum »Schnuppern« vorgestellt werden. Für beson-ders exponierte Zielgruppen wie Führungskräfte stellen Einzelcoach-ings eine erprobte Alternative dar.

Im Folgenden werden verschiedene Rahmenbedingungen und Set-tings für erste Versuche mit Meditation in Unternehmen vorgestellt, wobei es zunächst um einführende Szenarien und einen ersten Pra-xistransfer gehen soll. Beispiele, wie sich darauf aufbauend Ansätze zum Thema Achtsamkeit weiterentwickeln, tiefer in der Unterneh-menskultur verankern und mit der Unternehmenspraxis insgesamt verzahnen lassen, werden im folgenden Unterkapitel behandelt.

Einführungskurse Meditation als Technik zu erlernen, ist in einem ver-gleichsweise kurzen Zeitraum möglich. Schon innerhalb eines Tages-workshops oder im Rahmen von Mini-Kursen, die zwei bis drei Tage in Anspruch nehmen, lässt sich ein Eindruck vermitteln, wie medi-tieren »funktioniert«. Die Wahl des Formats hängt davon ab, wie stark das Angebot in die Personalentwicklungsstrategien des Unterneh-mens eingebettet und mit der Unternehmenskultur verzahnt werden soll. Für erste »Feldversuche« kann es zielführend sein, mit zeitlich überschaubaren Kursen zu beginnen, um Erfahrungen im Umgang mit der Thematik zu sammeln. Auch erleichtern es kurze Formate der Mitarbeiterschaft, sich auf die neue Methode einzulassen, ohne sich zu sehr verpflichtet zu fühlen.

Die Rahmenbedingungen von Kursen können genutzt werden, um den Stellenwert zu vermitteln, den Meditation im Unternehmen haben soll. Ein Tagesworkshop, der während der Arbeitszeit stattfindet, ist dazu geeignet, Neugier und Interesse zu wecken und fordert zunächst wenig persönliche Verbindlichkeit von den Teilnehmenden. Ähnliches gilt für mehrtägige Kurse, wenn Mitarbeiter weder private Zeit noch Geld investieren müssen. Hingegen schaffen Angebote, die in der Freizeit stattfinden – möglicherweise sogar auf eigene Kosten –, eine höhere Einstiegsschwelle, und motivieren eher zur Teilnahme, wenn sich bereits innerhalb der Zielgruppe initiale Bedürfnisse zeigen, auf die sich das Angebot bezieht. Legt man eine Einführung in die Meditation beispielsweise als Kurs für Stress- und Selbstmanagement an, wird man vor allem Menschen erreichen, die unter Belastungssymptomen leiden. Je nachdem, wie leistungs- und wettbewerbsorientiert eine Unternehmenskultur ist, können Bezüge zum Thema Gesundheit allerdings auch zu einem Ausschlusskriterium werden, vor allem bei Menschen, die solche Bedürfnisse eher als Eingeständnis persönlicher Schwäche erleben. Für diese Zielgruppe kann ein Zugang über Themen wie Kreativität, Konzentration oder Leadership den Einstieg erleichtern.

Grundsätzlich gilt, dass die Intention, die das Unternehmen mit dem Angebot verfolgt, im Zuge der Ausschreibung deutlich werden sollte. Handelt es sich um ein eher experimentelles Setting, das den Teilnehmenden vor allem Selbsterfahrung ermöglichen soll? Oder besteht bereits die Absicht, ein systematisches, fachliches Curriculum aufzubauen, in das Meditation als Methode einfließt? Wichtig ist es, dass die Mitarbeiter erkennen können, ob bzw. welche Erwartungen ihnen gegenüber bestehen. Da Meditation in den meisten Unternehmen zunächst einmal einen Fremdfaktor darstellen dürfte, ist ein eher spielerischer Umgang in jedem Fall ein guter Türöffner.

Ein Einführungskurs, gleich in welchem Umfang, sollte folgende Elemente enthalten:

- Einführung in die Hintergründe und Entstehungskontexte von Meditationsmethoden,

- wissenschaftliche Erkenntnisse über die Wirkungsweisen von Meditation,
- Vorstellung und Übung verschiedener Methoden, z.B. Sitzen in Stille, Gehmeditation, kurze Qigong- oder Yoga-Übungen, Wahrnehmungsübungen,
- ausreichend Raum für den Austausch über die beim Üben gemachten Erfahrungen,
- Hinweise, wie das Gelernte in den Alltag übertragen werden kann,
- bestenfalls das Angebot, auch nach dem Kurs Rücksprache zu halten, wenn sich Fragen zur Praxis ergeben.

Selbstverständlich lassen sich Einführungen auch in mehreren kürzeren Unterrichtseinheiten von zwei bis drei Stunden über mehrere Wochen hinweg konzipieren – ein für MBSR-Kurse übliches Verfahren. Das kontinuierliche Lernen über einen längeren Zeitraum bietet den Vorteil, dass die Teilnehmenden in den Phasen zwischen den Unterrichtseinheiten bereits zu einer persönlichen Übungspraxis finden und diese Erfahrungen den Lernprozess innerhalb des Kurses fördern und vertiefen können.

Ein Beispiel aus der Unternehmenspraxis:
Ein Verlag lädt seine oberste Führungsebene, 15 Personen, zu einem »Ausflug in die meditative Erfahrung« ein. Die Teilnahme ist freiwillig – bis auf zwei Manager, die aus terminlichen Gründen verhindert sind, machen alle mit. Das Programm, das von 17 bis 21.30 Uhr angesetzt ist, bietet eine Mischung aus theoretischer Einführung, praktischer Übung und kritischem Austausch. Am Ende steht ein geselliges Get-together mit informellem Abendessen. Nach anfänglicher Skepsis werden im Verlauf des Abends die Neugierde und die Bereitschaft der Beteiligten, praktische Erfahrungen zu machen, zusehends größer. Am Ende sind sich alle einig, dass dieser Vorstoß in für sie neue Gefilde sehr lohnenswert war.

Fachkurse mit meditativen Elementen   Kurse mit einem fachlichen Oberthema wie Kreativität, Leadership oder Kommunikation, in die Achtsamkeitspraktiken als Methode einfließen, hängen das Thema Meditation deutlich tiefer und sind damit vor allem für Menschen geeignet, die aus sich heraus noch keine Idee entwickelt haben, ob und aus welchen Gründen Meditation für sie geeignet sein könnte. In solchen Fachkursen lässt sich durch kurze, spielerische Übungen zeigen, wie Methoden der Achtsamkeit das Wahrnehmungsvermögen steigern, die Aufmerksamkeit fokussieren und die Konzentration erhöhen können. Häufig sind es Erfahrungen wie diese, die Menschen neugierig machen, tiefer in eine Methode einzusteigen. Da Meditation in diesem Kontext nur eine Technik unter mehreren darstellt, werden Teilnehmende, denen diese Praktiken aus welchen Gründen auch immer nicht behagen, nicht überfordert.

Bei Fachkursen ist es nicht zwingend notwendig, meditative Elemente als solche explizit kenntlich zu machen. Gehört es hingegen zur Personalentwicklungsstrategie, für interessierte Mitarbeiter Follow-ups zur Vertiefung anzubieten, liegt es nahe, bereits erste Querverweise herzustellen und gegebenenfalls auch Hintergründe und Wirkungsweisen der verwendeten Methoden anzusprechen.

Ein Beispiel aus der Unternehmenspraxis:
In vielen Fällen erweist es sich als sinnvoll, in Kontexten, in denen das Thema Achtsamkeit mit fachlichen Bezügen verknüpft werden soll, zunächst die Meta-Ebene anzusprechen und dabei die grundsätzlichen Disbalancen und die daraus resultierenden offenkundigen Probleme in unserem westlichen Wirtschaftssystem anzusprechen. Auf diese Weise lässt sich die innere Logik einer stärkeren ganzheitlichen Orientierung auch für Skeptiker leichter nachvollziehen. Ein technisch orientierter Konzern beispielsweise lädt seine gesamten Führungskräfte zur Jahrestagung ein, bei der vom Vorstand nicht nur über die Vergangenheit berichtet wird, sondern vor allem die Perspektiven für die nächsten Jahre skiz-

ziert werden. Ein »Festvortrag«, der die Gesamtzusammenhänge unseres wirtschaftlichen Systems darstellt, erweist sich in diesem Fall als angemessener Einstieg, um das Bewusstsein der Beteiligten für andere Formen des Veränderungsmanagements zu öffnen. Die folgenden Bezüge zum Thema Achtsamkeit treffen auf offene Ohren, weil sie in einem Sinnzusammenhang stehen mit den ganz konkreten Herausforderungen des Tagesgeschäfts, die den Führungskräften natürlich bewusst sind.

Einzelcoachings Insbesondere für Führungskräfte der oberen Hierarchieebenen kann es schwierig sein, sich in offenen Kursen mit Mitarbeitern anderer Ebenen über die in der Meditation gewonnenen, teils sehr persönlichen Erfahrungen offen auszutauschen. Führungsrollen sind, jedenfalls in traditionellen und modernen Unternehmenskulturen, immer auch auf einen gewissen Abstand zwischen Führendem und Geführten angewiesen und zu private Einlassungen werden leicht als Zeichen der Schwäche erlebt (was sie selbstverständlich nicht sein müssen). Einzelcoachings können in solchen Fällen einen diskreten Rahmen schaffen. Die Arbeitsweise selbst kann sich, je nach gewünschtem Ziel, nahtlos an den Formaten für Einführungs- oder Fachkurse orientieren.

Inzwischen wird es in Unternehmen zunehmend üblich, auch Mitarbeiter, die im Hinblick auf ihre persönlichen und zwischenmenschlichen Fähigkeiten noch Entwicklungsbedarf aufweisen, durch Einzelcoachings zu unterstützen. Bei der Verbesserung konkreter Befähigungen wie der Gesprächsführung, Verbindlichkeit im Auftreten oder Selbstführung können meditative Methoden unterstützend wirken, da sie die grundsätzliche Wahrnehmungsfähigkeit fördern. Das ermöglicht es Menschen, durch die wachsende Beobachtungsgabe eigene Schwächen leichter zu erkennen und sie zu überwinden. Diese Art der Intervention kann sehr hilfreich sein, da sie ein zu psychologisches Vorgehen, welches in beruflichen Kontexten wahrscheinlich nur in den seltensten Fällen angemessen sein dürfte, vermeidet, aber dennoch eine Tiefendimension erschließt. Stellt ein wahrgenommenes Defizit den Anlass für die Intervention dar, ist ein Einzelcoaching aus Gründen der Diskretion die beste Wahl. Geht es eher um die Förderung grundsätzlicher Fähigkeiten, lassen sich entsprechende Fachkurse für Mitarbeitergruppen konzipieren.

Ein Beispiel aus der Unternehmenspraxis:
Letztlich wird jedes gute Einzelcoaching meditative Elemente aufweisen, denn sie sind es, die den Geist öffnen für Veränderungen, die der Beratungsprozess anstoßen soll. Momente der Stille, des Innehaltens, der Reflexion gehören ebenso dazu wie der Blick auf sich selbst aus der Adler-Perspektive. In der Praxis zeigt es sich, dass gerade Top-Manager dazu ein ambivalentes Verhältnis haben. Einerseits erkennen sie den wohltuenden Charakter von Stille und Selbstdistanz, andererseits machen sich auch Ängste breit, wenn im Zustand der Entspannung verdrängte Wahrheiten im Bewusstsein aufsteigen. Führungskräften fällt das Loslassen auch deshalb nicht immer leicht, weil sie es im Tagesgeschäft ja gemeinhin als ihre Kernkompetenz betrachten, die Zügel immer fest in der Hand zu haben. Für Coachings des Top-Managements ist es deshalb hilfreich, Berater zu wählen, die selbst Führungserfahrung haben. Ihr Beispiel kann es den Coachees erleichtern, sich auf den ungewohnten Prozess der Öffnung einzulassen.

Äußere Rahmenbedingungen für unterschiedliche Zielgruppen   In Unternehmen mit stark traditionellem Schwerpunkt der Unternehmenskultur kann es zielführend sein, Meditationskurse für Mitarbeiter nach Hierarchieebenen gestaffelt anzubieten. Einerseits ist es, wie bereits beschrieben, für viele Führungskräfte schwierig, über innere Erfahrungen öffentlich zu sprechen, besonders wenn Menschen zugegen sind, die ihnen unterstellt sind. Umgekehrt ist es in eher hierarchisch strukturierten Firmen auch für Mitarbeiter mit niedrigeren

Positionen schwer, sich gegenüber Ranghöheren frei auszusprechen. An den Skizzen zur Beschreibung der unterschiedlichen Unternehmenskulturen wurde deutlich, dass das Selbstverständnis und der Wertehorizont von Mitarbeitern in unterschiedlichen Aufgabenbereichen, die zum Teil eine eigene Subkultur entwickeln, differieren können. Da Meditation für Anfänger immer mit einer Vielzahl neuer Erfahrungen verbunden ist, schaffen Einführungen für einigermaßen homogene Gruppen einen eher Erfolg versprechenden Rahmen, um die Besonderheiten des meditativen Erlebens konturierter hervortreten zu lassen: Die gemeinsamen lebensweltlichen Bezüge werden im Erfahrungsaustausch weniger durch die Unterschiede der persönlichen Wertelandschaft überlagert.

Ferner sollte man berücksichtigen, dass das spezifische Erkenntnisinteresse beim Thema »Achtsamkeit« von Menschen mit einem sehr modernen Selbstbild, das vor allem aus der eigenen Leistungsfähigkeit schöpft, und typisch postmodern ausgerichteten Mitarbeitern, die in besonderem Maße auf Selbsterkenntnis ausgerichtet sind, sehr stark differieren kann. Während bei den einen ein deutlicher Außenbezug essenziell ist, ist es bei den anderen die Innenschau, und es kann durchaus vorkommen, dass beide Gruppen auf die Vorlieben der jeweils anderen mit einer gewissen Verständnislosigkeit reagieren oder sie sogar ablehnen. Weil Meditation auch den Blick für das Ganze öffnet, trägt sie dazu bei, den Perspektiven anderer mit mehr Wertschätzung zu begegnen, da sie den Blick für die grundsätzliche Relativität jeder Form der persönlichen Identität weitet. Doch gerade wenn es darum geht, Menschen mit einer für sie neuen Erfahrung vertraut zu machen, unterstützt es den Lernprozess, wenn der äußere Rahmen so reibungsfrei wie möglich gehalten wird, damit alle Aufmerksamkeit sich auf das eigentliche Unterfangen – meditieren zu lernen – konzentrieren kann.

Andererseits kann es der Stärkung des hierarchie- oder abteilungsübergreifenden Zusammenhalts dienen, Mitarbeiter unterschiedlicher Ebenen oder Arbeitsgebiete zusammenzubringen, denn in Achtsamkeitskursen treten selbstverständlich auch ganz grundsätzliche Fragen des Menschseins zutage, die Verbindunngen über die diversen Organisationsstrukturen hinweg schaffen. Welches Modell sich in welchem Kontext anbietet, sollte deshalb immer im Hinblick auf die kulturellen und sonstigen Rahmenbedingungen innerhalb des Unternehmens entschieden werden.

Für Menschen mit stark traditioneller Orientierung kann ein Seminar, in dem die Teilnehmenden in einem Stuhlkreis ohne (trennende, schützende) Tische zusammensitzen, durchaus eine Herausforderung darstellen, während diese Konstellation in modernen und erst recht in postmodernen Kulturbezügen, vor allem für kommunikative Szenarien bereits die Norm darstellen dürfte. Meditieren lässt es sich erfahrungsgemäß am besten auf dem Boden auf einem Meditationskissen oder -bänkchen mit weicher Unterlage, doch für schwerpunktmäßig in traditionellen und modernen Kontexten verortete Mitarbeiter dürfte vor allem bei Einführungsveranstaltungen der Stuhlkreis die bessere Wahl sein, da er ein neutrales, nicht-esoterisch wirkendes Ambiente schafft. Wichtig ist, dass die Stühle über längere Zeiträume eine angenehme Sitzhaltung ermöglichen, ohne dass man sich anlehnt. Grundsätzlich empfiehlt es sich, sofern auch Meditation in Bewegung vermittelt werden soll, mit Übungen zu beginnen, die sich in stehender Körperhaltung ausführen lassen (z. B. Gehmeditation, Übungen aus dem Tai Chi und Qigong), da manche Menschen eine gewisse Scheu davor hegen, sich gemeinsam mit Kollegen auf den Boden zu begeben, um Übungen im Liegen zu absolvieren.

> Ein Beispiel aus der Unternehmenspraxis:
> Der Wirtschaftsclub hat für seine Tagung zum Ausklang des Programms »Entspannungsübungen« angekündigt. Die meisten Teilnehmer haben dabei wohl an Chill-out mit Cocktails gedacht. Als aber die Yogamatten ausgerollt werden, trennt sich die Spreu vom Weizen. Ungefähr einem Drittel der Teilnehmer fällt spontan ein, jetzt etwas Wichtigeres tun zu müssen. Die, die bleiben, sind

durchaus skeptisch, nehmen das ungewohnte Szenario aber mit Humor. Unter Lachen und gegenseitigem Verspotten legen sie sich auf die Matten. Als schließlich Ruhe einkehrt, ist die allgemeine Entspannung deutlich spürbar. Im Nachhinein sind diejenigen, die sich getraut haben mitzumachen, von der Erfahrung angetan, die sie machen konnten. Der ungewöhnliche Vorstoß geht in die Geschichte des Wirtschaftsclubs als »nachahmenswert« ein.

In Unternehmen mit einem hohen Anteil an postmodern ausgerichteten Mitarbeitern kann sich ein eher emotionales, spirituelles Ambiente eignen, mit Sitzkissen auf dem Boden, einem Blumenarrangement in der Mitte und eventuell sogar Räucherstäbchen. Eine solche Atmosphäre kann den Lernprozess durchaus unterstützen, vor allem bei Menschen, die bereits eine große emotionale Offenheit mitbringen.

Die hier dargestellten Vorschläge verstehen sich als Anregungen und sollen dafür sensibilisieren, dass Menschen auf das Ambiente recht unterschiedlich reagieren können (dies jedoch nicht zwangsläufig in jedem Fall tun). Da Meditation für die meisten Menschen eine völlig neue Erfahrung darstellt, ist es zuträglich, für die Zielgruppe eine Art Komfortzone zu schaffen, in der sie ein Gefühl der Sicherheit und des Vertrauens entwickeln kann, um sich für die neuen Impulse zu öffnen. Andererseits können Divergenzen sowie innere und äußere Widersprüche, so ein Seminarleiter es versteht, die Spannungen zu halten und zwischen unterschiedlichen Positionen konstruktiv zu vermitteln, wunderbare Anstöße liefern, in einen tieferen Erfahrungsprozess einzusteigen, denn letztlich dekonstruieren sich im Verlauf der Meditation ohnehin so manche zuvor als unhinterfragbar angenommenen Positionen. Für welchen Rahmen und welche Konstellationen man sich entscheidet, sollte sich also in erster Linie an den gewünschten Zielen und den Voraussetzungen der Zielgruppen orientieren. Zudem kann es nicht schaden, bei der Konzeption von

Angeboten ausgewählte Repräsentanten der Mitarbeiterschaft zu befragen, welche Szenarien ihnen stimmig erscheinen.

Geeignete Orte für Meditationskurse Längst bieten Klöster, Seminarhäuser und spirituelle Organisationen Kurse und Workshops rund um das Thema »Meditation« an, die auch Bezug auf das Berufsleben und die Arbeitswelt nehmen (siehe Anhang). Für erste Experimente mit Achtsamkeit im eigenen Unternehmen können solche externen Angebote den Einstieg ebnen. Gerade in Klöstern und spirituellen Zentren herrscht meist eine besondere Atmosphäre der Stille und Erhabenheit, die es erleichtert, sich von den Bedingungen des Berufsalltags zu lösen und ganz auf das Thema zu fokussieren. Hinzu kommt, dass Einrichtungen wie diese Alltagspraktiken entwickelt haben, die es Kursteilnehmern ermöglichen, die in Achtsamkeitskursen gemachten Erfahrungen zumindest zum Teil direkt umzusetzen. Gemeinsames Essen in Schweigen, aber auch die in vielen Zentren selbstverständliche Einbeziehung der Besucher in die anfallenden hauswirtschaftlichen Tätigkeiten eröffnen erste Räume zur Erprobung des Gelernten. Diese geschützte Atmosphäre kann es insbesondere zu Beginn erleichtern, die Bedeutung von Achtsamkeit mit allen Sinnen zu erkunden.

Andererseits schaffen solche externen Settings auch immer Situationen des Außergewöhnlichen, die losgelöst sind vom Alltag. Dies bringt die Herausforderung mit sich, nach einem Kurs das Gelernte auf das tägliche Lebens- und Arbeitsumfeld zu beziehen und dort einzubringen. Ein Vorteil von Inhouse-Kursen in den Räumlichkeiten des eigenen Unternehmens liegt darin, dass neue Erfahrungen in bekannter Umgebung gemacht werden und damit bereits ein Bezug zwischen beiden Sphären besteht, dass also das, was Meditation für die unmittelbare Arbeitswelt der Beteiligten bedeuten kann, zumindest räumlich in gewisser Weise verankert ist. Zudem macht es für viele Menschen die Vertrautheit mit äußeren Gegebenheiten leichter, sich im Inneren auf etwas Neues einzulassen. Der räumlich-energetische Transfer des Gelernten muss bei externen Kursen hingegen erst gezielt durch entsprechende Follow-ups geleistet werden, damit eine Schulungsmaßnahme nicht als schlichtes Event in seiner Wirkung verpufft. Andererseits kann die Erfahrung in Klausur ungleich intensiver sein als in der üblichen Arbeitsumgebung.

Ein Ambiente, das ausreichend äußere Ruhe bietet und wirklichen Abstand zum Berufsalltag schafft, kann die Teilnehmenden bei In-house-Kursen in ihrem Lernprozess unterstützen, denn letztlich ist es eine essenzielle Perspektive von Meditation, gewohnte Rollen und Kontexte hinter sich zu lassen, um zu erfahren, was in einem Moment wirklich ist. Es muss sichergestellt sein, dass die Pausen nicht dazu genutzt werden, um schnell am Schreibtisch oder via Smartphone E-Mails zu beantworten. Statt der üblichen Mittagspause in der Kantine kann eine gemeinsam in Stille eingenommene Mahlzeit dazu beitragen, die Erfahrungen des Kurses zu vertiefen.

Methodenauswahl Der eingangs beschriebene Aufbau von MBSR-Kursen mit einer Mischung aus Übungen zu Körpererfahrung und -wahrnehmung sowie Phasen der Meditation in Stille liefert hervorragende Anhaltspunkte, wie sich Einführungen in die Praxis der Achtsamkeit gestalten lassen. Die westliche Kultur zeichnet sich dadurch aus, dass sie dem persönlichen Innenleben von Menschen große Beachtung schenkt. Wir scheinen sehr geübt darin zu sein, über unsere Gedanken zu reflektieren, also wahrzunehmen, was auf der vorwiegend rationalen Ebene geschieht. Häufig verweigern wir in diesem Reflexionsprozess jedoch der Ebene der Gefühlswelt die Aufmerksamkeit, weil sie die meist unbewusste Dimension in uns öffnen könnte, die zeigt, was »eigentlich« ist. Übungen wie der Bodyscan, bei dem die Aufmerksamkeit erwartungsfrei auf verschiedene Regionen des Körpers gerichtet wird, ermöglichen einen neuen Zugang zu einer Art der Beobachtung, die bewusst einfach nur wahrnimmt, was gerade »wirklich« ist. Die Konkretheit, die sich aus dem Bezug zu etwas ergibt, das materielle Substanz hat, erleichtert es, mit der Wahrnehmung im eigentlichen Wortsinn »bei der Sache« zu bleiben beziehungsweise, wenn der Geist abschweift, einen Anker oder Ort zu haben, an den die Aufmerksamkeit zurückkehren kann. Genau diese Art der Wahrnehmungsschulung ist es, die die Grundlage legt, um darauf aufbauend subtilere Formen der Achtsamkeit zu entwickeln. Für Menschen, die kaum Erfahrungen mit persönlicher Innenschau haben, für Arbeitnehmer, die in der Produktion beschäftigt sind und tagtäglich mit überwiegend »materiellen« Vorgängen zu tun haben, mag es naheliegend sein, erste Formen der Körperwahrnehmung vor allem als Entspannungsübungen wie beispielsweise bei der Progressiven Muskelentspannung kennenzulernen. Durch das gezielte Anspannen und Entspannen einzelner Körperregionen entsteht eine Art Bewegung, ein wahrnehmbarer Unterschied, der für manche Menschen leichter zu erkennen ist als das einfach So-Sein des Körpers in Ruhe.

Bei der Meditation im Gehen wird der Wahrnehmungsradius erweitert um den Aspekt des Bewegungsflusses. Die Aufmerksamkeit selbst wird zu einer lebendigen Bewegung, die den ständigen Bewegungen des Körpers folgt, was die Komplexität des Wahrnehmungsvorgangs insgesamt erhöht. Achtsamkeitsmethoden wie Yoga, Tai Chi oder Qigong, bei denen noch komplexere Bewegungsfolgen zunächst eingeübt und dann in ihrer Wirkung während des Ausführens beobachtet werden, ermöglichen eine weitere Vertiefung der persönlichen Erfahrung. Insgesamt kann man sagen, dass die Fähigkeit, sich zu entspannen, eine entscheidende Voraussetzung für Meditation ist. Insofern sind klassische Entspannungsübungen, wie zum Beispiel das Autogene Training, ideal, um auf die mit der Meditation verbundene tiefere Erfahrungsebene vorzubereiten.

Bei den vor allem körperbezogenen Übungen handelt es sich deshalb um eine gezielte Hinführung zu immer subtileren Formen des Wahrnehmenkönnens, die den Geist darauf vorbereiten, in der stillen Meditation ohne (körperliche) Anker aufmerksam zu bleiben. Andererseits ebnen sie auch den Weg zu einer Achtsamkeit im Alltag, in dem letztlich alles in permanenter Bewegung ist und damit eine gewissermaßen freischwebende Aufmerksamkeit erfordert. Hinzu kommt, dass zwischen körperlichem Befinden und geistigen Fähigkeiten ein nicht zu unterschätzender Zusammenhang besteht. Erfahrungsgemäß gilt: Je starrer der Körper ist, umso unbeweglicher wird der Geist. Betrachtet man die Tatsache, dass der durchschnittliche Büromensch in seinem Leben rund 55 000 Stunden im Sitzen verbringt, aber nur etwa 6500 Stunden in Bewegung, wird augenscheinlich, wie wichtig es ist, dieser Einseitigkeit konstruktiv zu begegnen, denn Müdigkeit, Kopfschmerz sowie Nacken-, Schulter- und Rückenbeschwerden sind nur einige der typischen Symptome, die sich daraus ergeben.[34] Auch für Mitarbeiter mit Tätigkeiten, die hauptsächlich in Bewegung stattfinden, beispielsweise in der Montage oder Produktion, stellen Bewegungsmeditationen einen wichtigen Ausgleich dar, da sie dazu beitragen können, einseitige körperliche Belastungen zu kompensieren. Alles in allem haben die körperbezogenen Methoden also eine wichtige vorbereitende Funktion auf die eher geistig fokussierten Aspekte von Meditation und ebnen darüber hinaus den Weg, die in der stillen Meditation entwickelten Fähigkeiten auf das Leben im Ganzen zu übertragen.

Was die Auswahl der Formen für Meditation in Stille angeht, ist dies letztlich eine Typen- und Geschmacksfrage. Menschen mit eher traditionellem Hintergrund und einem positiven Verhältnis zu den christlichen Aspekten unserer Kultur finden wahrscheinlich über Kontemplationsübungen einen guten Zugang zur Innenschau. Zen kann insbesondere für Führungskräfte einen besonderen Reiz entfalten, da beispielsweise Querbezüge zum reinen Geist der Samurai es ihnen möglicherweise erleichtern, Verbindungen zum eigenen beruflichen Habitus herzustellen und damit Meditation nicht als etwas Passives, vielleicht sogar »Schwaches« zu erfahren, sondern den Quell der Stärke zu erkennen, die aus der Praxis erwächst. Vipassana und Formen der stillen Mantra-Meditation, bei denen das Mantra ausschließlich im Geist wiederholt wird, mögen es manchen Menschen erleichtern, neue Fähigkeiten der Fokussierung zu entwickeln, da sie einen konkreten Anker bieten, zu dem die Aufmerksamkeit im Falle eines Abschweifens wieder zurückkehren kann.

Mantra-Meditationen, bei denen Töne oder Worte gesungen oder gesummt werden, sind teilweise für Menschen im Geschäftsleben besonders gewöhnungsbedürftig, da diese Form der Praxis in der heutigen Kultur – außerhalb von Gottesdiensten – inzwischen Seltenheitswert hat. Andererseits zeigt die Erfahrung, dass gerade das Tönen, indem etwa einzelne Buchstaben als Klang gesummt werden, auch einen gemeinsamen Raum zwischen den Meditierenden herstellen kann, etwa wenn Meditation als Teil von Teambuilding-Prozessen zum Einsatz kommt. Die Artikulation und Wahrnehmung von Lauten eröffnet Menschen, die hauptsächlich Kopfarbeiter sind, eine zusätzliche Wahrnehmungsebene.

Alle Formen der stillen Meditation erfordern von den Übenden ein nicht zu unterschätzendes Investment an Vorbehaltlosigkeit, Energie und Durchhaltevermögen, denn die durch sie zu entwickelnde verfeinerte Wahrnehmung und Konzentration wird durch das in der westlichen Kultur übliche Lernen und die vorherrschende kulturelle Alltagspraxis kaum geschult, so dass alle Einsteiger in der einen oder anderen Form Neuland betreten. Hilfreich ist es in jedem Fall, die in diesem Prozess auftretenden vermeintlichen Schwierigkeiten und Hindernisse als essenziellen Teil der Lernerfahrung kenntlich zu machen. Sie stellen keine Störung dar, sondern sind bereits der Weg, den es zu beschreiten gilt.

Follow-up und Praxistransfer Die bisher beschriebenen Szenarien sind dazu geeignet, Mitarbeitern einen ersten Geschmack davon zu vermitteln, was Meditation bedeuten kann und wie sie sich praktizieren lässt. Der eigentliche »Wert« von Meditation entfaltet sich allerdings erst in der kontinuierlichen Praxis. Aus diesem Grund sind typische MBSR-Kurse auf eine Dauer von circa acht Wochen angelegt und fordern von den Teilnehmenden die Bereitschaft, während der

Kursdauer jeden Tag auch privat die gelernten Übungen zu praktizieren. Doch was bedeutet das für Meditation im Kontext von Unternehmen?

Damit das, was vermittelt wurde, auch längerfristig Früchte tragen kann, ist es hilfreich, im Unternehmensalltag systematische Followups anzubieten. So kann es für die Teilnehmer von Meditationskursen einen Anreiz für eine Aufrechterhaltung der erlernten Praxis darstellen, wenn innerhalb des Unternehmens regelmäßige gemeinsame Übungsstunden angeboten werden, in denen nicht nur meditiert wird, sondern auch Ansprechpartner zur Verfügung stehen, mit denen sich Fragen der persönlichen Entwicklung besprechen lassen.

Meditation kann schon in kurzer Zeit dazu beitragen, dass Menschen ihren Blick auf sich selbst und die Welt verändern, und einige Erfahrungen, die sich durch das Meditieren einstellen, lassen sich möglicherweise zunächst nur schwer innerhalb der konventionellen Alltagsbezüge einordnen, weil sie weit darüber hinausweisen. Das ist weniger esoterisch, als es zunächst klingen mag. Wie im Kapitel über die Erkenntnisse der Meditationsforschung beschrieben wurde, aktivieren Achtsamkeitspraktiken Areale im Gehirn, die sonst nicht in dieser Weise angesprochen werden. Dies kann zu einer Veränderung von Wahrnehmungsprozessen beitragen. Im gemeinsamen Erfahrungsaustausch lässt sich über diese Veränderungen reflektieren und es wird ein Weg geebnet, die daraus erwachsenden neuen Fähigkeiten gezielt in den (Berufs-)Alltag zu integrieren.

Wie umfangreich solche flankierenden und weiterführenden Angebote sein sollten, hängt letztlich von der Gesamtstrategie ab, mit der Unternehmen das Thema »Meditation« aufgreifen. So ist es denkbar, für Teilnehmer von Meditationskursen regelmäßige Aufbaukurse zu Fachthemen anzubieten, in denen der durch die Achtsamkeitspraxis gewonnene erweiterte Blickwinkel in einen Abgleich gebracht wird mit den täglichen Erfordernissen im Beruf (dazu mehr im nächsten Unterkapitel). Die Möglichkeiten sind im Prinzip unbegrenzt, denn letztlich lassen sich die durch Meditation entstehenden Erfahrungsräume auf alle Entwicklungsthemen innerhalb von Unternehmen beziehen.

Es ist jedoch genau so eine legitime Strategie, durch Einführungskurse und regelmäßige Übungsangebote einen Rahmen zu schaffen, der es Mitarbeitern ermöglicht, Meditation als private Praxis weiterzuverfolgen. Auch dieses niedrigschwellige Vorgehen kann über kurz oder lang positive Spuren im Unternehmen hinterlassen, weil Meditation Menschen dazu anregen kann, ihre inhärenten Fähigkeiten weiterzuentwickeln. Der Unterschied zu strategisch aufgesetzten und integrierten Angeboten liegt darin, dass von Unternehmensseite darauf verzichtet wird, die erwachsenden Potenziale bewusst und gezielt auf die Unternehmenskultur und -organisation zu beziehen, sie also zum Bestandteil der Unternehmensentwicklung zu machen.

Systematische Integration von Meditation in den Unternehmensalltag

Im Unterkapitel über die möglichen Entwicklungsressourcen, die Meditation in Unternehmen freisetzen kann (vgl. S. 53 ff.), wurde eine Reihe möglicher Entwicklungsziele von Mitarbeitern vorgestellt. Diese sollen im Folgenden daraufhin betrachtet werden, wie sie sich im Rahmen der Unternehmensstrategie und -entwicklung gezielt durch erweiterte Meditationsangebote fördern lassen. Aus Gründen der besseren Übersicht werden zunächst nur Szenarien für die reine Umsetzung von Angeboten vorgestellt. Faktoren, die damit in Beziehung stehen, wie die mögliche Veränderung innerhalb der Unternehmenskultur, aber auch strukturelle Fragen der Unternehmensorganisation werden dann im folgenden Unterkapitel näher betrachtet.

Stress- und Gesundheitsmanagement Für viele Unternehmen dürfte der Bereich Stress- und Gesundheitsmanagement zu den gegenwärtig drängenden Herausforderungen zählen, denn der Handlungsbedarf ist aufgrund wachsender Krankheitszahlen und der damit verbundenen wirtschaftlichen Einbußen klar fassbar. Der »Mehrwert«, der sich für Unternehmen durch entsprechende Angebote zeigen kann, ist sowohl materiell als auch menschlich betrachtet unmittelbar erkennbar. Wie am Beispiel der Mind-Body-Medizin gezeigt wurde (vgl. S. 27), sollte ein wirksames Stressmanagement neben Meditation als einer Form der Entspannung und Quelle der persönlichen Entwicklung auch Handlungsperspektiven wie gesunde Ernährung, ausreichende Bewegung, einen insgesamt ausgeglichenen Lebensstil, psychische Entfaltung und auch verschiedene Formen der Verhaltensveränderung beinhalten. Die Vermittlung von Meditation als reiner Methode sowie des grundlegenden Wissens über die weiteren genannten Punkte lässt sich erfahrungsgemäß innerhalb weniger Tage bewerkstelligen, sei es in Form von Wochenendseminaren, Tagesworkshops oder auch als kontinuierliche Abendkurse. Elemente eines solchen Angebots können sein:

- Vorstellung und Erlernen gängiger Entspannungsmethoden,
- Kreativitätstechniken und laterales Denken (»Querdenken«),
- Einführung in Meditationsmethoden,
- Einführung in psychologische Aspekte der Stressentstehung und -vermeidung,
- Vermittlung von Methoden des Stressmanagements,
- Ernährungsberatung,
- Gesundheitsberatung mit Blick auf den Aspekt der Bewegung (neben konventionellem Sport auch Möglichkeiten der Integration von Bewegungssequenzen in den Büroalltag),
- Hinweise zur Umsetzung aller Module im Arbeitsleben.

Die eigentliche Herausforderung liegt darin, dass aus diesem Wissen eine tragfähige Alltagspraxis wird, das heißt, dass Menschen das Gelernte umsetzen. Oder, anders ausgedrückt: Meditation verändert substanziell nur, wenn man regelmäßig meditiert. Aus Unternehmenssicht kann es deshalb hilfreich sein, neben der Wissensvermittlung auch den Praxistransfer in den Unternehmensalltag zu integrieren, also regelmäßige, weiterführende Angebote zu etablieren, die die kontinuierliche Praxis unterstützen. So lassen sich in Firmen Räume der Stille einrichten, in denen die Mitarbeiter die Gelegenheit haben, vor Arbeitsbeginn oder in den Pausen zu meditieren. Wöchentliche, durch einen Coach angeleitete Treffen können ein Forum bieten, um Fragen der Umsetzung des Gelernten zu thematisieren und sich über Erfolge, aber auch Schwierigkeiten auszutauschen. Nachhaltige Verhaltensänderungen vollziehen sich in der Regel über längere Zeiträume, über Wochen oder gar Monate. Werden Mitarbeiter in dieser Phase professionell begleitet, erhöht sich die Chance, dass sie innerhalb und außerhalb ihres Jobs einen ausgeglicheneren Lebensstil entwickeln.

Diese Form der Kontinuität gilt nicht nur für einzelne Kurse und deren Begleitung, sondern letztlich für die Entwicklung der Thematik innerhalb des Unternehmens insgesamt. Kontinuierliches Stress- und Gesundheitsmanagement bedeutet in diesem Sinne, einerseits regelmäßige Einsteigerkurse für verschiedene Zielgruppen innerhalb des Unternehmens anzubieten und andererseits permanente Ansprechpartner und Austauschangebote zu installieren. Eine wöchentliche »Stress-Sprechstunde«, regelmäßige Praxis-Gruppen (in der Mittagspause oder nach Arbeitsschluss, eventuell sogar während der Arbeitszeit) sowie Kurz-Seminare, die auf den Einsteigerkursen aufbauen und weitere Methoden für die Praxis vermitteln, können einen Beitrag dazu leisten, dass Stressmanagement sich im Unternehmen wirklich etabliert und eine Kultur entstehen kann, die Stress minimiert. Diese Form des steten und über längere Zeiträume aufrechterhaltenen Praxistransfers ist mindestens so wichtig wie ein initialer Kurs. Auch die in vielen Firmen mittlerweile angebotenen Massagen am Arbeitsplatz tragen dazu bei, das Bewusstsein für die Bedeutung körperlicher Symptome zu schärfen.

Entwicklung von Führungsqualitäten und beruflichen Potenzialen Während beim Thema Stressmanagement vor allem die durch Meditation hervorgerufene Entspannungsreaktion im Mittelpunkt des Interesses steht, können sich Methoden der Achtsamkeit in der Tiefe auf die Entwicklung der individuellen Persönlichkeit auswirken. Aus diesem Grund kann Meditation im Rahmen von Programmen zu Leadership, Führung und Selbstführung, aber auch mit Blick auf die Entwicklung ganz konkreter Fähigkeiten wie Konzentration, Kreativität oder Kommunikationsfähigkeit eine wichtige Basis-Methode darstellen (vgl. S. 53). Dabei geht es nicht alleine darum, die eigenen inneren Fixierungen zu erkennen, sondern vor allem darum, die Handlungsfähigkeit im Hinblick auf ganz konkrete berufliche Herausforderungen zu erweitern. Die folgende Zusammenstellung gibt einen ersten Überblick darüber, welche besonderen Fähigkeiten und Qualitäten durch Achtsamkeitspraktiken gefördert werden können, um darauf aufbauend verschiedene Szenarien vorzustellen, wie diese systematisch in die Personal- und Organisationsentwicklung integriert werden können.

Auf den ersten Blick mögen manche der hier beschriebenen Fähigkeiten und Einsichten unspektakulär anmuten. Das liegt zu einem nicht unerheblichen Teil daran, dass die meisten Menschen davon ausgehen, dass es genau eine Wirklichkeit gibt – nämlich die, welche sie selbst wahrzunehmen imstande sind. Die ausführliche Darstellung der unterschiedlichen Wertekontexte zu Beginn dieses Kapitels sollte jedoch bereits dafür sensibilisiert haben, wie verschieden sich menschliche Bezugssysteme zur Welt ausgestalten können. Betrachten wir Menschen von außen, zum Beispiel im Hinblick auf die Art und Weise, wie sie handeln und was ihnen wichtig ist, so fallen uns die Unterschiede zwar auf, jedoch gelingt es den meisten Menschen kaum, diese Differenzierungen auch im eigenen Handeln und vor allem in ihrem persönlichen Blick auf die Welt zu erkennen.

Wie bereits im Kapitel über die Wirkung von Meditation beschrieben, tragen Achtsamkeitspraktiken dazu bei, eine Art Meta-Fähigkeit zu entwickeln, die es erlaubt, das, was tatsächlich ist, unabhängiger wahrzunehmen. Bei regelmäßig Meditierenden bildet sich mit der Zeit eine multiperspektivische Betrachtungsfähigkeit heraus, so dass sie zu unterscheiden lernen zwischen ihrer eigenen Innenperspektive (die zwar durch vergleichsweise autonome Prozesse innerhalb des Gehirns geprägt und gesteuert wird, aber letztlich immer bewusst steuerbar ist) und der rein faktischen Außenperspektive, also dem, was sich in der Welt zeigt. Die Zunahme der Differenzierungsfähigkeit, die man auch als eine Form der wachsenden Wachheit bezeichnen könnte, erlaubt es prinzipiell, freier und bewusster zu agieren. Im Grunde wurzeln alle im Folgenden beschriebenen Ausformungen von Fähigkeiten, die durch eine Praxis der Achtsamkeit geschult und entwickelt werden, in dieser grundlegenden Wahrnehmungsveränderung beziehungsweise -erweiterung und stellen in diesem Sinne Variationen eines immer gleichen Mechanismus dar: Primär automatisch und unbewusst im Gehirn ablaufende Prozesse werden wahrnehmbar und versetzen das Individuum in die Lage, autonomer zu handeln.[35]

■ Aufmerksamkeit

Eine regelmäßige Achtsamkeitspraxis, der Begriff legt es bereits nahe, unterstützt Menschen darin, den Radius ihrer Aufmerksamkeit kontinuierlich zu erweitern. Die Ich-Perspektive, die einen existenziellen Anker der individuellen Identität darstellt, erfährt im Zuge der Meditation eine Form der Relativierung, die den Blick des Menschen weiter werden lässt. In der menschlichen Alltagswahrnehmung bleibt meist unbewusst, wie stark Individuen durch ihre persönliche Geschichte, frühere Erfahrungen und daraus resultierende künftige Erwartungen geprägt sind. Die Aufmerksamkeit des Gehirns pendelt fast pausenlos zwischen Vergangenheit und Zukunft, und die Qualität des jeweils aktuellen Moments wird durch den Filter dieser unbewussten Ausrichtung gebrochen. Wir beziehen uns also weniger auf das, was gerade ist, sondern eher auf ein Derivat der Realität. Regelmäßige Meditation schärft den Blick für den Unterschied zwischen einer persönlichen Perspektive und den »nackten« Gegebenheiten. Damit wird der Blick frei für das, was ist. Das mag sich unspektakulär anhören, hat in der Praxis und damit im (Berufs-)Alltag allerdings enorme Auswirkungen, da dieser Perspektivwechsel die individuelle Fähigkeit zur Bezugnahme auf äußere Gegebenheiten deutlich verändert und verbessert.

Wirkung im Arbeitsleben: Im Umgang mit businessrelevanten Zahlen und Fakten wird der Blick des Einzelnen für die Faktizität dieser Daten geschärft, so dass es möglich wird, zwischen der Information an sich und der Deutung dieser Information zu unterscheiden (eine Differenzierung, die im Alltag selten bewusst wird, da die Schnelligkeit, mit der die Vorgänge zur Einordnung von Informationen im Gehirn ablaufen, dies zumeist verhindert). Im zwischenmenschlichen Umgang, sei es als Vorgesetzter mit Führungsaufgaben oder in der Rolle des Mitarbeiters als gleicher unter gleichen Kollegen, führt eine verbesserte Aufmerksamkeit dazu, die individuellen Voraussetzungen und Bedürfnisse anderer leichter wahrnehmen zu können. Diese Form der Objektivierung von Beziehungen kann es erleichtern, auf vorhandene Fähigkeiten und Potenziale angemessener zu reagieren und diese zu fördern. Bei der Strategieplanung, in Meetings oder in Gesprächen mit Geschäftspartnern und Kunden führt die aus dieser Fähigkeit zur Objektivierung erwachsende stärkere Präsenz erfahrungsgemäß dazu, dass Menschen aus dieser Haltung heraus unterschiedliche und möglicherweise divergierende Voraussetzungen und Interessen offener und gezielter angehen können. Die Idee von Win-Win-Konstellationen, die der Geschäftswelt bisweilen eher eine Phrase als gelebte Realität ist, kann authentisch verkörpert werden.

Ein Beispiel aus der Unternehmenspraxis:
Als der Marketingvorstand im Verlauf einer schwierigen Sitzung des Gesamtvorstandes sich erlaubt, einen Scherz zu machen, handelt er sich eine Rüge des Vorsitzenden ein. »Sie nehmen die Dinge wohl nicht richtig ernst, Herr Kollege?« Anders als in der amerikanischen Unternehmenskultur, gehört das Scherzen nicht zum Repertoire deutscher Führungskräfte. Dabei ist es unbestritten, dass Humor schwierige Situationen entspannen kann und in festgefahrenen Diskussionen eine befreiende Wirkung hat. Das Lachen schafft, genau wie die Meditation, inneren Abstand, so dass der Blick nicht bei bestehenden Problemen hängen bleibt, sondern sich weitet für mögliche Lösungen.

■ Konzentration
Eng verknüpft mit dem Aspekt der Aufmerksamkeit ist die Konzentrationsfähigkeit. Unter den Anforderungen von »24/7«-Verfügbarkeit und eines weit verbreiteten Multitaskings kommt der Fähigkeit, die Aufmerksamkeit auch unter erhöhtem Druck aufrechterhalten zu können, im Arbeitsalltag eine zentrale Bedeutung zu. Erste Studien kommen bereits zu dem Schluss, dass Multitasking die geistigen Fähigkeiten stärker negativ beeinträchtigt als der Konsum von Marihuana und Psychologen diagnostizieren eine neue Managerkrankheit, das so genannte Attention Deficit Trait (ADT), eine Konzentrationsschwäche bei Kopfarbeitern, unter der nach Schätzungen bereits bis zu 40 Prozent der (amerikanischen) Führungskräfte leiden.[36] Achtsamkeitsfokussierende Formen der Meditation verbessern die individuelle Fähigkeit, über längere Zeiträume bei einer Aufgabe oder einem Menschen mit Aufmerksamkeit zu verweilen. Sie erleichtern es dem Individuum, nicht immer sofort auf Störsignale zu reagieren, die den gegenwärtigen Arbeitsprozess unterbrechen können.

Wirkung im Arbeitsleben: Es liegt auf der Hand, dass eine gesteigerte Konzentrationsfähigkeit die Wirksamkeit von Menschen, gleich welcher Tätigkeit sie nachgehen, erheblich erhöht, da sie Ablenkungen weniger leicht nachgeben. Mit dieser wachsenden Effizienz geht erfahrungsgemäß ein Gefühl der stärkeren Selbstwirksamkeit einher, denn Führungskräfte und Mitarbeiter fühlen sich seltener als von den äußeren Umständen Getriebene, wenn der Grad der situativen Selbstbestimmung sich erhöht.

Ein Beispiel aus der Unternehmenspraxis:
Der Geschäftsführer ist ein wirklicher Tausendsassa, immer präsent, überall dabei und immer etwas Neues auf dem Radar. Ihm ist klar, dass das nicht auf Dauer gut gehen kann. »Zufällig« wird er auf einen Zen-Kurs für Führungskräfte aufmerksam gemacht. Da er gerne etwas ausprobiert, macht er auch das mit. Nach der Rückkehr vom Seminar sagt er selbst, das habe sein Leben verändert. Er ist zwar immer noch ein Tausendsassa, aber seine frühere Beliebigkeit und Sprunghaftigkeit hat er hinter sich gelassen.

■ Kreativität und Innovationsfähigkeit
Das »business as usual«, aber auch äußerer Druck, Konkurrenzdenken oder die mangelnde Fähigkeit, Abstand zu nehmen, erschweren es Führungskräften und Mitarbeitern, im Arbeitsalltag wirklich kreativ zu sein, also Neues zu schöpfen. Der für die deutsche Kultur typische Perfektionismus leistet ein Übriges, dass die Experimentierfreude im Geschäftsleben zum Teil ausgebremst wird, denn richtet sich das Denken darauf, ein möglichst perfektes Ergebnis zu erzielen, dann reduziert dies bereits auf der gedanklichen Ebene die Neigung, Risiken einzugehen.[37] Diese unbewusste Subordination schränkt den Denkradius bisweilen erheblich ein. Regelmäßige Meditation führt bei vielen Menschen dazu, sich von diesen (Selbst-)Beschränkungen zumindest temporär frei zu machen, und dies aus zwei Gründen: Durch die Achtsamkeitspraxis treten die üblichen Wahrnehmungsfilter in den Hintergrund, was den Radius des Denkbaren deutlich erweitert. Und es stellt sich bei vie-

len Menschen ein Gefühl der Freiheit, auch von geltenden Konventionen, ein, so dass der Geist in Regionen des bis dahin Unvorstellbaren vordringen kann.

Wirkung im Arbeitsleben: Es gibt bereits zahlreiche Kreativitätsmethoden, die die im Gehirn automatisch sich konstituierende Denkbarrieren durchbrechen können. Wendet man diese im Rahmen von Seminaren und Workshops an, zeigen sich vielfach für alle Beteiligten überraschende Geistesblitze. Meist verfliegt diese bewusst stimulierte Fähigkeit zum Querdenken jedoch rasch, wenn die Mitarbeiter wieder in den gewohnten Geschäftsalltag zurückkehren. Verfügen sie über eine regelmäßige Achtsamkeitspraxis, reagieren sie erfahrungsgemäß schneller und intensiver auf die Anwendung kreativer Methoden, was Innovationsprozesse deutlich beschleunigen kann. Viel wichtiger erscheint jedoch, dass die durch Meditation auf ganz grundsätzliche Weise sich erweiternde Fähigkeit zu kreativem Denken sich nicht nur in Ausnahmesituationen wie Kreativ-Meetings abrufen lässt, sondern als grundlegende Alltagsfähigkeit zum jederzeit aktiven Handlungsrepertoire wird. Verkürzt könnte man also sagen, Meditation macht Menschen auf eine ganz grundsätzliche Weise kreativer, so dass Unternehmen auf diesem Weg ihre Innovationsfähigkeit in allen Bereichen stärken können.

Ein Beispiel aus der Unternehmenspraxis:
In vielen Unternehmen gibt es ein gut strukturiertes betriebliches Vorschlagswesen. Unzweifelhaft werden dort viele sinnvolle und praktisch nützliche Ideen gesammelt und häufig sogar in die Praxis umgesetzt. Dieses Potenzial lässt sich jedoch noch erheblich ausweiten, wie das Beispiel eines IT-Unternehmens zeigt, das Achtsamkeitsprozesse systematisch in die Unternehmenskultur integriert hat. Nach Einschätzung des Verantwortlichen hat sich seitdem sowohl die Zahl wie auch die Qualität der Vorschläge um fast 50 Prozent gesteigert.

- Ambiguitätstoleranz

Wie im Abschnitt über die Werteherausforderungen, mit denen sich Führungskräfte und Mitarbeiter konfrontiert sehen, deutlich wurde (vgl. S. 88), scheinen sich im Arbeitsalltag die bestehenden Anforderungen bisweilen zu widersprechen oder zumindest Divergenzen zu bestehen zwischen der Selbstwahrnehmung der Akteure und den von ihnen angenommenen Verpflichtungen. Das führt häufig zu inneren Widersprüchen, die von vielen Menschen dadurch aufgelöst werden, dass sie zwischen sich selbst als Privatperson mit privaten Interessen und ihrer Rolle im Beruf eine Trennung vollziehen. Da der innere Widerspruch auf diese Weise nicht aufgelöst, sondern allenfalls verdrängt wird, kann dies eine authentische Haltung hemmen. Viele Menschen machen indes in der Meditation die Erfahrung, dass das oft wahrgenommene und für unser Alltagsdenken typische Entweder-oder seine starren Grenzen zu verlieren scheint und der Möglichkeit eines Sowohl-als-auch Raum schafft. Die aus dieser Wahrnehmungsverschiebung resultierende Freiheit lässt manche Menschen erstmals erkennen, dass in vermeintlich ausweglosen Situationen, in denen sie glauben, sich nur zwischen Pest und Cholera entscheiden zu können, auch ein dritter Weg existiert: nämlich die bestehende Spannung zu halten, ohne sofort auf sie reagieren zu müssen.

Wirkung im Arbeitsleben: Das Vermögen, Spannungen nicht sofort auflösen zu müssen, ist unter den Vorzeichen der Komplexität des heutigen Geschäftslebens eine existenzielle Fähigkeit, denn letztlich können Entscheidungen, die aus einem Gefühl der Alternativlosigkeit heraus getroffen werden, in den meisten Fällen keine wirksamen Problemlösungen generieren. Alleine im Wahrnehmen und bewussten Aushalten bestehender Divergenzen kann sich – so überraschend das klingen mag – eine Lösung höherer Ordnung manifestieren, deren Qualität nicht allein aus den persönlichen Fähigkeiten der Beteiligten schöpft, sondern aus etwas Größerem, welches das Individuum übersteigt. Das mag »esoterisch« klingen, da diese Dimension dem konventionellen, dualen Alltagsdenken in den meisten Fällen nicht zugänglich ist, lässt sich aber im Selbstversuch jederzeit erfahren. Auch sei der Hinweis erlaubt, dass die Fähigkeit, Ambiguitäten zu halten, nicht zu verwechseln ist mit dem Aussitzen von Problemen oder gar einem In-Deckung-Gehen vor schwierigen Entwicklungen. Ganz im Gegenteil, ist sie ein in höchstem Maße aktiver Vorgang, der nur »funktioniert«, wenn das Aushalten dessen, was ist, sich aus einer Haltung der inneren Freiheit vollzieht.

> Ein Beispiel aus der Unternehmenspraxis:
> Es ist zwar nur ein kleines Unternehmen, aber hier hat man sich Großes vorgenommen. Das Programm heißt: »Entscheide dich«. Dahinter steckt die Erfahrung, dass schwierige Probleme oder ausweglos erscheinende Situationen häufig zu einer Denkblockade führen, weil sich niemand traut, eine Entscheidung zu fällen. Das führt zu einem Verhalten der Starre, das an das Kaninchen vor der Schlange erinnert (das schließlich doch gefressen wird). Um den damit verbundenen Energieverlust der Beteiligten zu vermeiden, beschließt die Geschäftsführung, dass künftig in jedem Fall eine Entscheidung herbeigeführt werden soll. Dabei gilt auch die Entscheidung, dass es besser ist, zum gegenwärtigen Zeitpunkt nichts zu entscheiden, als angemessene Option. Auf diese Weise wird es firmenintern möglich, nahezu alle Prozesse in einen neuen »Flow« zu bekommen, der von allen Beteiligten als angenehm und fördernd erlebt wird.

■ Resilienz
Selbstwirksamkeit gehört, nicht nur unter den Vorzeichen einer virulenten Burn-out-Diskussion, sondern auch mit Blick auf die grundlegenden Gestaltungsfähigkeiten, die Menschen in ihrem Arbeitsumfeld einbringen können, zu den wichtigsten Eigenschaften im heutigen Berufsleben. Erfahrungsgemäß neigen Menschen

dazu, ihre Wirksamkeit von äußeren Faktoren abhängig zu machen, also von den Freiräumen, die Organisationen ihren Mitarbeitern bei der Ausgestaltung ihrer Tätigkeit zugestehen, oder von verfügbaren materiellen und personellen Ressourcen (Zeit, Budget, Material, Projektmitarbeiter etc.). Diese Einstellung trägt jedoch eine Selbstbeschränkung in sich, denn sie formuliert unbewusst Bedingungen, die zunächst erfüllt sein müssen, um sich als wirksam zu erleben. Man stelle sich vor, welche Potenziale Menschen entfalten können, wenn es diese äußeren Voraussetzungen nicht zwingend braucht, um gestaltend tätig zu sein. Meditation führt genau an den Punkt der Wahrnehmung, dass vieles ohne Vorbedingung möglich ist – und damit auch die eigene Wirksamkeit.

Wirkung im Arbeitsleben: In Momenten der Gedankenstille eröffnet sich für die meisten Menschen ein Raum der Leere und sie erkennen, dass diese Leere im Prinzip allen Phänomenen der materiellen Welt innewohnt. Damit wird die Erkenntnis möglich, dass all das, von dem wir glauben, es sei zur Verwirklichung konkreter Vorhaben notwendig, in erster Linie unserem eigenen Verstand entspringt. (Eine Einsicht, die allerdings nicht dahingehend verabsolutiert werden sollte, es bedürfe überhaupt keiner materiellen Gegebenheiten, gleich was man in der Welt bewirken möchte.) Diese Relativierung lenkt erfahrungsgemäß die individuelle Aufmerksamkeit weg von dem, was noch fehlt, hin zu dem, was bereits (beziehungsweise jederzeit) möglich ist. Im Coaching nennt man dies den Schritt von der Bedürfnis- zur Ressourcenorientierung. Eine innere Haltung der Bedürftigkeit wirkt wie eine angezogene Handbremse: Es reicht dann nicht, einfach Gas zu geben, um ein Ziel zu erreichen. Ist die Handbremse hingegen gelöst, lässt sich jedes beliebige Ziel ansteuern (wenn genügend Sprit im Tank ist). Meditation trägt also auf subtile Weise dazu bei, Wirksamkeitspotenziale zu mobilisieren.

Ein Beispiel aus der Unternehmenspraxis:
»Beschreiben Sie mir nicht das Problem, sondern erklären Sie mir, welche Lösungsmöglichkeiten es gibt.« Dieses Zitat des Aufsichtsratsvorsitzenden wird zum Leitmotiv eines Change-Prozesses einer mittelständischen Bank. Mit Erfolg, denn die Bank ist inzwischen dabei, sich in ihrem Segment zum Marktführer zu entwickeln.

■ Leadership und innere Haltung
Einige zentrale Aspekte von Führungsfähigkeit wurden bereits im Abschnitt über Ambiguitätstoleranz dargestellt. Neben den klassischen Führungsskills, wie sie in konventionellen Managementschulungen vermittelt werden, bildet eine authentische und stabile innere Haltung eine unabdingbare Voraussetzung für überzeugende Leadership. In Zeiten, in denen sich die Vorzeichen für die Geschäftstätigkeit von Unternehmen beinahe tagtäglich verändern, erscheint es indes für Führungskräfte schwieriger denn je, eine solche Form der Stabilität zu verkörpern. Meditation eröffnet hier, ähnlich wie am vorhergehenden Beispiel der Resilienz beschrieben, einen neuen Ankerpunkt stabiler Selbstverortung, der unabhängig von äußeren Umständen ist. Aus der in Phasen der Stille zugänglichen Erfahrung, dass im Prinzip alle äußeren Voraussetzungen und vermeintlichen Zwänge in ihrem Kern relativ sind, kann nämlich die Einsicht erwachsen, dass Stabilität sich in der Fähigkeit zur permanenten Veränderung konstituiert, also eher ein Prozess ist als eine statische Größe. Für den rationalen Verstand ist dies nur schwer nachvollziehbar, doch in der Meditation wird für Praktizierende bisweilen ein unveränderlicher Wesenskern erfahrbar – Mystiker bezeichnen ihn auch als den Urgrund des Seins –, der das Werden und Vergehen der Alltagswelt übersteigt und überdauert. Genau dieses Wissen um einen Punkt der Stabilität erlaubt es Menschen, eine klare innere Haltung zu entwickeln, die in etwas Größerem verwurzelt, aber zugleich unabhängig von äußeren Umständen ist.

Wirkung im Arbeitsleben: Leadership bedeutet zu einem nicht unwesentlichen Teil, Orientierung zu vermitteln und Klarheit zu schaffen über das, was in einem Unternehmen von Belang ist. Im Business des 21. Jahrhunderts kann sich eine solche Klarheit allerdings nicht mehr aus fixen Orientierungspunkten speisen, sondern bedarf der flexiblen Reaktion auf sich permanent verändernde äußere Umstände. Damit diese Flexibilität nicht zur Beliebigkeit degeneriert, ist es hilfreich, wenn Führungskräfte (aber auch Mitarbeiter) in sich selbst einen Ankerpunkt der Klarheit kultivieren. Während im Geschäftsleben in den meisten Fällen materielle Gegebenheiten die wichtigsten Bezugspunkte darstellen, vollzieht sich hier ein grundlegender Perspektivwechsel. Dieser neue Blickwinkel ist es, der die divergierenden Pole des menschlichen Bedürfnisses nach Stabilität und der permanenten Fluidität des Lebens in eine neue Balance bringen kann.

Ein Beispiel aus der Unternehmenspraxis:
Er ist ein Unternehmer wie aus dem Bilderbuch: erfolgreich, verlässlich, von den Mitarbeitern geschätzt. Woher nimmt der Mann dieses Charisma? Er hat zwar noch nie meditiert, steht aber mit beiden Füßen fest auf dem Boden und kann über seine Ich-Bezogenheit auch lachen. Er liebt es, dass seine Produkte »gut« sind, und das offenkundig nicht nur, weil man damit Profit machen kann. Es ist seine innere Haltung. Er ist klar und zugleich verständnisvoll. Sein Unternehmen ist seit Jahren die Nummer eins am Markt und seine Mitarbeiter sind nur im Hinblick auf eine Sache beunruhigt, nämlich dass, wenn die Zeit kommt, die Nachfolgeregelung gelingen möge.

- Kommunikation und Verbundenheit
Kommunikation ist in gewisser Weise der Dreh- und Angelpunkt unternehmerischer Tätigkeit, denn über sie vermittelt sich alles wirtschaftliche Wirken. Seit einigen Jahren wird in Schulungen,

beispielsweise zur »Gewaltfreien Kommunikation«, verstärkt für den Aspekt der zwischenmenschlichen Beziehungen sensibilisiert, denn letztlich kann Kommunikation nur gelingen, wenn zwischen den Kommunizierenden eine wirkliche Begegnung stattfindet, in der das jeweilige Anliegen tatsächlich vermittelt wird. Menschen, die in Meditation geübt sind, machen gewöhnlich die Erfahrung, dass sich diese Verbundenheit mit dem Gegenüber im Gespräch auf ganz natürliche Weise einstellen kann. Das scheint daran zu liegen, dass viele Menschen in Phasen der tiefen Achtsamkeit einen Einblick in den Urgrund des menschlichen Wesens gewinnen, die Wahrnehmung, dass jenseits aller individueller Verschiedenheit ein einigendes Band existiert. Diese Einsicht schwingt in alltäglichen Begegnungen mit.

Wirkung im Arbeitsleben: Im Geschäftsleben ist es häufig notwendig, Menschen von neuen Ideen zu überzeugen, die entweder über das bisher Gewohnte hinausweisen oder sogar bestehenden Interessen entgegenzulaufen scheinen. Typische geschäftliche Verhandlungen laufen in der Regel darauf hinaus, das Für und Wider abzuwägen, auf Standpunkten zu beharren, vereinzelte Zugeständnisse zu machen und im Sinne des eigenen Anliegens möglichst viele Punkte zu sammeln. Damit gleichen Gespräche bisweilen dem Feilschen auf einem Basar, und in freundlichster Atmosphäre bemühen sich die Beteiligten nach Kräften, für sich das Beste herauszuholen. Das Gefühl einer natürlichen Verbundenheit (mit anderen Menschen, aber auch mit der Welt an sich), das sich durch eine regelmäßige Praxis der Achtsamkeit einstellen kann, lässt die realen Divergenzen in den Hintergrund treten, denn wo eine grundlegende Gemeinsamkeit zwischen Gesprächspartnern selbst für nur einen der Beteiligten spürbar wird, verändert dies die Voraussetzungen des Gesprächs auf tiefgreifende Weise. Dann geht es nicht mehr um ein Überzeugen, um Taktik und Strategie, sondern aus der Fähigkeit zur wirklichen Bezugnahme auf den anderen erwächst eine neue, verbindende Lösungsqualität, die im Geschäftsalltag deutlich tragfähiger sein wird als erfeilschte Kompromiss-lösungen. In Mitarbeitergesprächen wiederum kann die Authen-tizität des Gesprächs dazu führen, die wirklichen Potenziale von Menschen besser zu erkennen.

> Ein Beispiel aus der Unternehmenspraxis:
> Ein Produktionsbetrieb der deutschen Tochtergesellschaft eines internationalen pharmazeutischen Konzerns soll aus ökonomi-schen Gründen geschlossen werden. 180 Mitarbeiter verlieren ihren Arbeitsplatz. Die notwendige Belegschaftsversammlung verspricht, eine Trauerveranstaltung zu werden. Was soll man da sagen? Der Geschäftsführer lässt sich coachen. Auf diese Weise kann er leichter in die Gefühlswelt seiner Mitarbeiter schlüpfen. Damit kann er zwar das Dilemma nicht lösen, aber er kann seine kommunikative Rolle ändern: weg vom exekutiven Organ, das nur eine unangenehme Aufgabe erledigt, hin zu einer Art Media-tor, mit dem Ziel, das Beste aus der Situation zu machen. Die Mit-arbeiter wissen das am Ende der Veranstaltung zu würdigen, in-dem sie – bei aller Tristesse – nachhaltig applaudieren.

■ Intuition

Intuition ist ein Wahrnehmungsmodus, der inzwischen auch im Geschäftsleben zunehmend an Bedeutung gewinnt. Die stetig wachsende Komplexität der im Arbeitsleben wirksamen Dimensio-nen lässt sich nämlich nicht allein durch lineares Denken begreifen. Vielfach wird Intuition vereinfachend »Bauchgefühl« genannt, das die rationale Perspektive des Verstandes durch einen emotionalen Blickwinkel ergänzt. Diese Betrachtung bringt jedoch einen zentra-len Engpass mit sich, denn in der Regel laufen viele Gefühlsprozesse weitgehend unbewusst ab. Macht ein Mensch in einer bestimmten Situation eine Erfahrung, dann werden viele der beteiligten emo-tionalen Parameter unbewusst gespeichert und zeigen sich unter vergleichbaren Rahmenbedingungen als intuitiver Impuls. Die Kriterien, nach denen in diesem Prozess etwas als gut oder schlecht, richtig oder falsch beurteilt wird, sind eng verknüpft mit früher gemachten Wahrnehmungen und Erfahrungen, so dass der intuitive Weltbezug immer auch einen nicht zu unterschätzenden, insbesondere emotional gefärbten, reproduzierenden Anteil in sich trägt. Das »Bauchgefühl« kann zu erheblichen Fehleinschätzungen führen, da unbewusste Anteile in die Entscheidung unbemerkt einfließen. Menschen, die in Meditation geschult sind, können hingegen ein differenzierteres Wahrnehmungssystem entwickeln, das die Grenzen zwischen emotionaler und rationaler Informationsverarbeitung durchlässiger werden lässt. Eindrücke aus der Außenwelt werden dann nicht einfach ungefiltert als intuitive Erkenntnis abgespeichert, sondern, bevor sie zum Bauchgefühl werden, einer Art rationalen Beurteilung unterzogen. Das lässt den Prozess intuitiver Reaktion breitbandiger werden im Hinblick auf die Vielzahl an Informationen, die in Bewertungsprozesse einfließen. Die wachsende Bewusstheit erhöht erfahrungsgemäß die Qualität von Entscheidungsprozessen deutlich.

Wirkung im Arbeitsleben: Die Vielzahl an Informationen, die in typische geschäftliche Vorgänge einfließen, aber auch die Schnelligkeit des Business insgesamt, lassen es in der heutigen Zeit kaum möglich erscheinen, alle in einer Entscheidungssituation relevanten Daten und Fakten systematisch und mit Aufmerksamkeit zu bewerten. Der intuitive Faktor, also der unbewusste Rückgriff auf frühere Erfahrungen, kann deshalb das Erfassen von Situationen extrem beschleunigen und er geschieht in der Praxis viel häufiger, als uns bewusst ist. Menschen, die über ein waches, balanciertes Gefühlsleben verfügen, können von dieser Konstellation im Alltag sehr profitieren. Das Gegenteil ist jedoch auch möglich und führt im ungünstigen Falle zu sich selbst erfüllenden Prophezeiungen. Nehmen wir einmal an, ein Key Account Manager hat in Verhandlungen mehrfach schlechte Erfahrungen mit Geschäftspartnern gemacht, die Bartträger sind. Über kurz oder lang wird er ein intuitives Muster abspeichern, demzufolge Bartträger »schwierige Gesprächspartner« sind. Dieses Muster aktualisiert sich in weiteren Gesprächssituationen und prägt das Verhalten. Geht der Manager mit dem Gefühl: »Das wird wieder schwierig«, in ein Gespräch, ist es ihm unter Umständen überhaupt nicht mehr möglich, die positiven Potenziale einer Situation zu erkennen. In Achtsamkeit geübte Menschen hingegen entwickeln ein Gespür für eine differenziertere Informationsverarbeitung. Dann wird dem Key Accounter vielleicht bewusst, dass ein früheres Negativ-Erlebnis mit einem Bartträger, dessen Ursachen absolut nichts mit dessen Kinnbehaarung zu tun hatten, ihn immer wieder skeptisch auf ähnlich aussehende Männer zugehen lässt. Diese Einsicht verändert die Art und Weise, wie neue Begegnungen eingeordnet werden. Die intuitive Erkenntnis wird freier, der individuelle Handlungsspielraum vergrößert sich und die Qualität der intuitiven Reaktion insgesamt wächst.

Mögliche Umsetzungsszenarien Für Menschen, die noch keine direkte Erfahrung mit Meditation haben, mögen einige der hier beschriebenen Fähigkeiten, die aus einer Praxis der Achtsamkeit erwachsen können, vielleicht zu unkonventionell anmuten oder rational nicht nachvollziehbar sein. Dies liegt daran, dass das vorherrschende Denken in den meisten Fällen allein der Ratio folgt und linear verläuft, während sich durch Meditation eine Art multiperspektivischer Wahrnehmungsmodus zu entwickeln beginnt. Aus diesem Blickwinkel heraus verändert sich die grundsätzliche Qualität dessen, was wir gemeinhin unter »Fähigkeiten« verstehen. Im Unterschied zu den Fähigkeiten, die Menschen sich durch äußere Impulse (zum Beispiel fachlichen Input, methodisches Wissen, sachliche Informationen, persönliches Ausprobieren) aneignen, eröffnet Meditation einen inneren Zugang zu Potenzialen – die in der Quantenphysik als universelle Potenzialität beschrieben werden –, und verbindet zugleich mit dem überpersönlichen Urgrund des menschlichen Seins. Dieser überpersönliche

Aspekt ist es, der Fähigkeiten, die ursprünglich auf konventionellem Wege entwickelt wurden, eine größere Tiefe und Reichweite verleiht. Die hier dargestellten ganz konkreten Fähigkeiten wurzeln alle in diesem gleichbleibenden Prinzip. Für Schulungen und Seminare mit explizit fachlicher Ausrichtung bedeutet das eine doppelte Perspektive, die durch Meditation ins Spiel kommt. Rein fachliche Kontexte werden gewissermaßen durch die meditative Praxis angereichert, das heißt, im Hinblick auf Tiefe und Radius erweitert. Die neue Qualität stellt sich durch einen inneren Prozess des Reifens ein, nicht primär durch die äußeren Impulse. Bei der Konzeption von Weiterbildungen ist es deshalb hilfreich, ein Umfeld zu schaffen, innerhalb dessen fachlicher Input in wiederkehrenden Feedbackzyklen auf die meditative Erfahrung der Lernenden bezogen wird. Die Sachebene wird also um eine neue Erfahrungsdimension ergänzt. Wie sich dies im Detail bewerkstelligen lässt, wird anhand zahlreicher Best Practices am Ende des Buches exemplarisch dargestellt.

In diesem Sinne ist Meditation im Unternehmen nicht einfach ein Angebot, das für sich steht, sondern ein neuer Zugangsweg, der bestehende Aktivitäten ergänzt und um eine neue Dimension – die der überpersönlichen Erfahrung – erweitert. Wie sich Menschen durch ihre Achtsamkeitspraxis verändern und in welcher Tiefe sie sich dabei neue Potenziale erschließen, ist nicht vorhersagbar, sondern lediglich als mögliche Tendenz beschreibbar. Wenn Unternehmen damit beginnen möchten, Meditation in bereits bestehende Schulungskontexte zu integrieren, ist es deshalb oftmals hilfreich, in kleinen Schritten zu experimentieren und erste Erfahrungen zu sammeln. Die Richtung, in die der mögliche Erkenntnisgewinn reichen soll, lässt sich dabei zwar als Absicht vermitteln, jedoch sollte man sich darüber im Klaren sein, dass die Entwicklung der Beteiligten immer auch überraschende Aspekte beinhalten wird. Die grundsätzliche Offenheit gegenüber dem Ausgang scheint eine unabdingbare Voraussetzung dafür zu sein, dass sich der »Mehrwert« der Meditation entfalten kann, denn diese Dimension menschlicher Wirklichkeit entzieht sich jeglicher Planbarkeit. Dennoch ist Meditation im Unternehmen kein reines Glücksspiel. Im Hinblick auf konkrete Herausforderungen im Unternehmensalltag, die Stärken und Wachstumsbedürfnisse innerhalb spezifischer Unternehmenskulturen und die Veränderungen auf der persönlichen Ebene, die sich durch eine kontinuierliche Achtsamkeitspraxis ergeben können, gibt es bereits vielfältige Erfahrungswerte. Im Folgenden werden deshalb einige Wirkungsszenarien von Meditationsangeboten dargestellt und zu den bereits beschriebenen Werte- und Kulturkonstellationen, aber auch zu den organisatorischen Voraussetzungen von Unternehmen in Beziehung gesetzt.

Strukturen und Integration: Der Wirkungsradius von Meditation in Unternehmen

Obwohl sich die Wirkung von Meditation innerhalb von Unternehmen nicht bis in die letzten Details instrumentalisieren lässt, besteht selbstverständlich die Möglichkeit, konkrete Szenarien zu schaffen, die eine grundsätzliche Entwicklungsrichtung vorgeben und Orientierungspunkte vermitteln. Wenn Meditation sich über das Stadium interessanter Versuche hinausentwickeln soll, wofür sehr vieles spricht, erscheint es sogar unabdingbar, entsprechende Angebote mit bestehenden Strategien zur Personal- und Unternehmensentwicklung zu verzahnen. An dieser Stelle soll in Bezug auf die schon dargestellten Entwicklungsherausforderungen innerhalb verschiedener Unternehmenskulturen (vgl. S. 55) sowie auf die Werteherausforderungen (vgl. S. 88 ff.), die sich im heutigen Business im Spannungsfeld zwischen Unternehmen, Gesellschaft und Mitarbeitern ergeben, beispielhaft aufgezeigt werden, welche Perspektiven der Weiterentwicklung durch Achtsamkeitsangebote gezielt initiiert und unterstützt werden können und welche Wechselbeziehungen zur bestehenden Unternehmenskultur und zur Ausrichtung von Unternehmen bestehen.

Change-Management und Weiterentwicklung der Unternehmenskultur

Im Grunde kann man Change-Mangement als eine Paradedisziplin für den Einsatz von Meditationsmethoden betrachten, denn die größte Schwierigkeit bei der Initiierung von Veränderungsprozessen liegt erfahrungsgemäß darin, dass die menschliche Natur sich jeglichem Wandel beinahe reflexhaft zu widersetzen scheint. Der Zugang zu oft unbewussten Routinen wird am ehesten dann möglich, wenn es Menschen gelingt, ihre Überzeugungen und Verhaltensmuster zu erkennen und zu reflektieren. Methoden der Achtsamkeit können einen Weg ebnen für die notwendigen Reflexionsprozesse.

Von der Top-Down-Führung zu selbstorganisierenden Teams Unternehmen, die ihren Schwerpunkt in einem traditionellen Wertekontext haben, sehen sich in besonderem Maße mit der Herausforderung konfrontiert, nicht den Anschluss zu verlieren im globalen Wettbewerb, der zunehmend von einer Art »Höchstleistungskultur« und individuellem Kämpfertum geprägt ist. Bestes Beispiel für Entwicklungsprozesse hin zu einem schwerpunktmäßig modernen Selbstverständnis sind Deutsche Post, DHL und Telekom, die sich von zum Teil behäbigen Staatsunternehmen zu modernen Dienstleistern gewandelt haben. Wenngleich auch ein hypermodernistischer Habitus seine Schattenseiten mit sich bringt (auf diesen Aspekt wird im Rahmen der beiden folgenden Punkte noch näher eingegangen), erscheint es für Betriebe dennoch notwendig, sich von einem traditionellen Selbstverständnis ausgehend weiterzuentwickeln, denn alte Modelle der reinen Top-Down-Führung oder auch ein Statusprinzip, hinter dem die Leistung von Mitarbeitern in den Hintergrund tritt, scheinen zumindest im internationalen Wettbewerb auf Dauer nicht mehr tragfähig.

Führungskräften, die es gewohnt sind, die Legitimation ihrer Rolle hauptsächlich aus einem Auftrag »von oben« beziehungsweise aus ihrer Position innerhalb der Hierarchie abzuleiten, wird es aller Erfahrung nach schwerfallen, aus sich selbst heraus die in moderneren Kontexten notwendige Selbstlegitimation zu entwickeln. Auch wenn Manager in modernen Unternehmen selbstverständlich auch in hierarchische Weisungssysteme eingebunden sind, müssen sie ihre Machtrolle gegenüber den zu führenden Mitarbeitern deutlich stärker aus sich selbst heraus, untermauert durch ihre persönlichen Fähigkeiten begründen. Ein Wandel wie dieser erfordert nicht nur neue, ganz konkrete Führungsqualifikationen (die sich im Rahmen von Fachseminaren erlernen lassen), sondern auch eine Weiterentwicklung der Persönlichkeit hin zu dem, was gemeinhin Authentizität genannt wird. Wie am Beispiel der Ambiguitätstoleranz, von Resilienz, Leadership und innerer Haltung dargestellt wurde, kann eine Praxis der Meditation dazu beitragen, die notwendige Haltung nicht nur methodisch einzuüben, sondern – begleitet durch einen inneren Erfahrungs- und Wachstumsprozess –, gewissermaßen von innen heraus, in sie hineinzuwachsen.

Der Schritt hin zu sich selbst organisierenden Teams kann eine weitere Entwicklungsstufe innerhalb der Unternehmenskultur markieren. Hier sind dann nicht mehr nur die Mitarbeiter mit explizit definierter Führungsrolle aufgefordert, in Führung zu gehen, sondern auch die Fähigkeit aller zur Selbstführung rückt in den Fokus. Der damit verbundene individuelle Entwicklungsweg verläuft analog zur gerade beschriebenen Perspektive, eine sich quasi selbst begründende und legitimierende Führungsrolle zu etablieren. Und er beinhaltet eine zusätzliche zentrale Komponente, denn geht man von einem Prinzip der Selbstorganisation aus, müssen Mitarbeiter nicht nur permanent einen aktiven Bezug zu den Unternehmenszielen herstellen, sondern auch wechselseitig untereinander, um diese Ziele zu erreichen. Das zuvor eher lineare Führungsmodell erweitert sich also zu einer ständigen 360-Grad-Bewegung.

Als Schlagwort ist das Prinzip der Selbstorganisation bereits in vieler Munde. Die Komponente der meditativen Praxis verleiht dem Paradigma wirkliche Durchschlagskraft, denn sie fördert die Fähigkeit, Verbundenheit zu anderen Menschen herzustellen (vgl. S. 133). Dies stellt eine unabdingbare Basis dar, um im Geschäftsalltag die beschriebene kontinuierliche Bezugnahme in permanenter Bewegung herzustellen.

Entwicklung einer nachhaltigen Leistungskultur Schwerpunktmäßig moderne Unternehmenskulturen zeichnen sich in den meisten Fällen durch einen besonderen Leistungswillen der Mitarbeiterschaft aus. Schnelligkeit, Flexibilität und die Ambition, im Wettbewerb gegenüber den Konkurrenten die Nase vorn zu haben, sind wesentliche Attribute dieser Kultur, die nicht zuletzt auf dem Versprechen aufbaut, dass individuelle Leistung mit Aufstieg belohnt wird. Die starke Performanceorientierung begünstigt zwar wirtschaftliche Prosperität, doch zeigt sich seit einigen Jahren auch verstärkt eine Kehrseite dieses Habitus. Wo ein »Immer höher, schneller und weiter« zur unumstößlichen Devise im Tagesgeschäft wird, ist die Gefahr der Selbstüberschätzung und Überlastung nicht weit. Die stetig steigenden Zahlen psychischer Erkrankungen und Burn-outs sind ein Indiz für diese Entwicklung. Bereits etwa der Hälfte der Führungskräfte gelingt es nicht mehr, eine in ihren Augen gesunde Balance zwischen beruflichem Streben und den weiteren Aspekten ihres Lebens herzustellen (vgl. S. 95).

Für Zielgruppen wie diese kann sich Meditation in zweierlei Hinsicht als hilfreich erweisen. Einerseits trägt die durch regelmäßiges Meditieren einsetzende Entspannungsreaktion dazu bei, den individuell akkumulierten Stress abzubauen. Andererseits kann die durch Achtsamkeitspraktiken geschärfte Wahrnehmung im Berufsalltag Stressoren besser erkennen, so dass es dem Einzelnen leichter fällt, sich mit diesen gezielt auseinanderzusetzen und einseitigem Selbstverschleiß vorzubeugen. Die Entstehung einer wirklich nachhaltigen Leistungskultur setzt jedoch auch Veränderungen auf Seiten der Unternehmensorganisation voraus. Denn wenn Betriebe Rahmenbedingungen schaffen (beispielsweise der von Mitarbeitern geforderte Output oder Konventionen im Hinblick auf die zeitliche Verfügbarkeit), welche Tendenzen der Überforderung begünstigen, stößt das individuelle Bemühen um Balance schnell an Grenzen. Konkret bedeutet dies: Das, was im Unternehmen gefordert wird, muss auch leistbar sein.

Die Wechselbeziehung zwischen individueller Entwicklung der Mitarbeiter und einer Veränderung äußerer Rahmenbedingungen in Organisationen ist prinzipiell für alle Facetten von Meditation in Unternehmen von Belang. Achtsamkeitspraxis kann von innen heraus wesentliche Entwicklungsbewegungen auf der persönlichen Ebene anstoßen, doch damit diese innere Veränderung auch im Außen, also im Unternehmen, nachhaltige Spuren hinterlassen kann, ist immer auch das System aufgefordert, sich zu wandeln. Andernfalls kann das Bemühen um persönliches Wachstum in einer Sackgasse enden, weil systemische Rahmenbedingungen beziehungsweise die Grenzen oder der Druck, die aus ihnen resultieren, internalisiert werden und sich das um Verbesserungen bemühte Individuum letztlich in einer fast ausweglosen Lage wiederfindet.[38]

Vom Eigeninteresse zum Gemeinwohl Die Frage, wie Unternehmen und ihre Mitarbeiter das Handeln und die Geschäftstätigkeit insgesamt stärker an einem übergeordneten Gemeinwohl ausrichten können, schließt unmittelbar an die Erörterungen zu einer nachhaltigen Leistungskultur an. Nicht wenige Unternehmen mit modernem Schwerpunkt kreieren mit ihrem Leistungsethos ein Klima des permanenten Wettbewerbs. Das gipfelt, wenngleich unbewusst, dafür umso dramatischer, in einer von kriegerischen Vokabeln geprägten Sprache. Wenn Mitarbeiter in Vertriebsabteilungen im »Kampf« um die »siegreiche« Performance in steter Auseinandersetzung mit ihren Kollegen stehen oder bei der »Jagd« nach einem möglichst hohen

Bonus fast jedes Mittel Recht erscheint, kann dies gleich in mehrere Richtungen destruktive Wirkungen nach sich ziehen. Wo jeder nur noch für sich selbst zu kämpfen scheint, erodiert das Miteinander. Statt in wechselseitiger Unterstützung Synergieeffekte zum Nutzen des gesamten Unternehmens zu realisieren, ist, zugespitzt ausgedrückt, jeder seines eigenen Glückes Schmied. Diese Ellbogenmentalität schafft nicht nur Gräben innerhalb der Mitarbeiterschaft, sondern auch zwischen Mitarbeitern und dem Unternehmen. Einige der großen Fehlspekulationen der Wirtschafts- und Finanzkrise belegen eindrucksvoll, wie die Konzentration auf die Optimierung persönlicher Boni Firmen in den Abgrund gerissen hat. Der Versuch, solche Negativentwicklungen allein durch Direktiven von oben zu kompensieren, greift zu kurz; Diese können die in den Köpfen fest verankerten bisherigen Werte der Unternehmenskultur mit ihrer kriegsähnlichen Grundverfassung und daran gekoppelten Handlungsmaximen im Tagesgeschäft kaum nivellieren.

Meditation kann unter diesen Vorzeichen zu einer Neubesinnung führen, in dem ein Miteinander unmittelbar erlebbar wird. In der Erfahrung der Stille wird für viele Menschen nämlich die Dimension erfahrbar, die über die eigene Selbstbezogenheit hinausweist. Das Ich erkennt sich in seiner Relativität und spürt zugleich, dass es mit anderen verbunden ist. Wahrnehmungen wie diese können eine Basis dafür legen, dass Verantwortlichkeit für größere Zusammenhänge nicht mehr allein als kognitives Konzept betrachtet wird (dem man sich im Tagesgeschäft möglichst zu entziehen versucht), sondern zu einem inneren Bedürfnis wird. Diese Art der reiferen Haltung scheint notwendig zu sein, damit sich nicht zuletzt die von der Gesellschaft massiv geforderten Ansätze wie Corporate Governance und Compliance solide und fundiert aufbauen lassen.

Wenngleich der beschriebene innere Wandel von Mitarbeitern im Zuge einer kontinuierlichen Achtsamkeitspraxis einen wesentlichen Grundstein legen kann, darf jedoch nicht vergessen werden, auch die organisatorischen und strukturellen Voraussetzungen innerhalb des

Unternehmens entsprechend anzupassen. Denn jede Routine, die egoistisches Handeln erstrebenswerter erscheinen lässt als eine Orientierung an einem höheren Wohl (sei es durch Vergütungs- und Anreizsysteme, firmeninterne Mechanismen der Reputation oder die übergeordnete Unternehmenspolitik), kann eine höhere Form der Verantwortung untergraben.

Für konventionell geprägte Führungskräfte mögen diese Überlegungen und Erfahrungen wie ein Märchen aus 1001 Nacht klingen. Tatsache ist jedoch, dass immer mehr Unternehmen die eine oder andere meditative Praxis testen oder bereits in die Personalentwicklung integriert haben. Naturgemäß gilt dies vor allem für kleinere und mittelständische Unternehmen, die eine höhere Flexibilität und innovative Grundhaltung haben. Zunehmend sind es jedoch auch Großunternehmen und Konzerne der unterschiedlichsten Branchen, in denen meditative Praktiken der Mitarbeiter zumindest wohlwollend toleriert werden oder sogar als Teil der Unternehmensentwicklung integriert worden sind. Die Best Practices in diesem Buch (ab S. 167) sind deshalb stellvertretend zu sehen für einen sich beschleunigenden Trend.

Selbstentfaltung versus Interessenintegration Eine besondere Entwicklungsherausforderung, mit der bisweilen vor allem Firmen mit einer stark postmodernen Ausrichtung ringen, ist der konstruktive Abgleich zwischen dem Bedürfnis ihrer Mitarbeiter nach Selbstentfaltung und der Notwendigkeit, funktionale Führungsstrukturen zu etablieren beziehungsweise das höhere Interesse des Unternehmens im Auge zu behalten. Postmoderne Unternehmenskulturen zeichnen sich häufig durch einen ausgeprägten Teamgeist aus sowie durch einen hohen Stellenwert von Konsensentscheidungen. Diese Form des Miteinanders, die oft auf breitestmögliche gestalterische Partizipation ausgelegt ist, hat jedoch auch Schattenseiten, da sie zu getarnten Egoismen führen kann, die den Unternehmenserfolg negativ zu beeinflussen vermögen. Dieser subtile Engpass wird oft gar nicht wahrgenommen, weil die meisten Menschen mit dem Begriff Entfaltung eine eher positive und soziale Dynamik verbinden und damit den Aspekt des Eigeninteresses verkennen. Dann kann es leicht passieren, dass mehr Energie auf die Integration von sehr persönlichen Entwicklungsbedürfnissen gerichtet wird als auf die Geschäftstätigkeit selbst.

Führt man vor diesem Hintergrund Meditation in einem Unternehmen ein, sollte man darauf achten, dass dieser Vorstoß nicht zum reinen Selbstzweck wird, und einen Kontext schaffen, der eine Bezugnahme auf die Firmeninteressen ermöglicht. Ähnlich wie im vorigen Abschnitt am Beispiel der Fokussierung auf ein Gemeinwohl beschrieben, können Achtsamkeitspraktiken auch in diesem Zusammenhang als Hebel dienen, um einen weiteren Radius der geteilten Bezugnahme entstehen zu lassen. So kann sich ein Raum öffnen, in dem Führung, auch wenn sie nicht immer allen Einzelinteressen Rechnung trägt, nicht mehr als Einschränkung erfahren wird, sondern vielmehr als Voraussetzung, um die (finanzielle) Grundlage dafür zu schaffen, dass Mitarbeiter überhaupt einer bezahlten Tätigkeit nachgehen können, durch die wiederum ihre eigene Entfaltung gefördert wird.

In größeren Unternehmen und Konzernen werden solche negativen Mechanismen eher in Einzelfällen, also personenbezogen, auftreten, und weniger in Form einer übergreifenden Unternehmenskultur. Anfällig sind eher kleinere und besonders unter sozialen Gesichtspunkten positionierte Organisationen. Das Schwierige ist, dass der inhärente Schatten der vermeintlich sozialen Entfaltungsperspektive für viele Menschen nicht sichtbar ist oder dass sie mit Abwehr reagieren, wenn sie von Führungskräften darauf aufmerksam gemacht werden, die auf moderne Prinzipien wie Leistung und Zielerreichung drängen. Der Wunsch nach Entfaltung ist durchaus verständlich und kann auch gewinnbringend in die Gesamtstrategie von Unternehmen integriert werden. Er sollte jedoch nicht zum alleinigen Fokus eines Betriebs werden. Achtsamkeitspraxis, so sie entsprechend vermittelt und kontextualisiert wird, kann einen Beitrag dazu leisten, dass Mitarbeiter eher von sich aus in der Lage sind, einen Abgleich zwischen Wünschenswertem und Notwendigem herzustellen, ohne sich dadurch eingeschränkt zu fühlen.

Ein Beispiel aus der Unternehmenspraxis:
Das gesamte Unternehmen ist weiblich geprägt. Es ist groß geworden im Bereich der ambulanten Kranken- und Altenpflege. Die Gründerin hat selbst langjährige meditative Erfahrungen und versucht, die Unternehmenskultur mit Zen-Prinzipien zu fördern. Dazu gehören Klarheit, Selbst-Distanz und Zugewandtheit (Empathie). Nach anfänglichen und beeindruckenden Erfolgen schleicht sich jedoch eine gewisse Selbstzufriedenheit im Hinblick auf die eigene »Fortschrittlichkeit« bei den Mitarbeitern ein, die zu einer Gefahr für das ursprüngliche Erfolgsmodell zu werden droht. Hier zeigt sich, dass auch in einem »postmodernen Umfeld« ein permanentes Nachjustieren unerlässlich ist.

Strukturelle Spannungsfelder und Organisationstransformation

Meditation fördert, dies dürfte inzwischen deutlich geworden sein, die Wachheit von Menschen, gegenüber sich selbst und ihrem inneren Befinden sowie im Hinblick auf die äußeren Umstände, die sie umgeben. Der wachsende Grad der Bewusstheit, der erfahrungsgemäß mit einer regelmäßigen Achtsamkeitspraxis einhergeht, rückt häufig Reibungspunkte im eigenen Leben, aber auch mögliche Widersprüche im beruflichen Umfeld deutlicher in das Wahrnehmungsfeld. Damit ist es sehr wahrscheinlich, dass Mitarbeiter, die im Unternehmenskontext mit Meditation in Berührung kommen, beginnen, bisherige Gewissheiten in ihrem beruflichen Wirken zu hinterfragen.

Sind die Unternehmen selbst an einem Wandel interessiert und besteht genügend Offenheit, die von Mitarbeitern ausgehenden neuen Impulse zu integrieren, dann kann dies die Basis legen für eine nachhaltige Transformation innerhalb des Unternehmens. Sind Firmen hingegen auf diese positiven Nebenwirkungen nicht eingestellt oder betrachten sie sogar als Störung für das »business as usual«, kann dies zu Konflikten führen, weil sich Mitarbeiter innerlich von der bisherigen Unternehmenskultur zu verabschieden beginnen. Wenn im günstigen Fall eine grundsätzliche Veränderungsbereitschaft im Hinblick auf die bestehenden organisatorischen Gegebenheiten besteht, ist eine weitere Perspektive der Beachtung wert. Da gegenwärtig das unternehmerische Vorgehen, wie es im wirtschaftlichen Mainstream an der Tagesordnung ist, unter den Vorzeichen der Globalisierung zunehmend an Grenzen stößt (vgl. S. 80), mehren sich die Stimmen, die bestimmte vorherrschende Prinzipien in Frage stellen. Jedes Unternehmen ist Teil dieses Spannungsfelds auf der Makroebene. Das heißt: Mögliche unternehmensinterne Veränderungen stehen immer auch in einem Bezug zu diesem Umfeld und sollten auf dieses abgestimmt werden. Im Folgenden soll zur Illustration dieser Dynamik am Beispiel von verschiedenen strukturellen Spannungsfeldern, die eng miteinander verknüpft sind, erörtert werden, was diese doppelte Perspektive für Unternehmen bedeutet.

Gewissen, Ethik und spirituelle Leitideen Bereits jede dritte Führungskraft bekundet innere Konflikte, weil sie ihrem Gewissen und ihrer Vorstellung von Ethik im Unternehmensalltag nicht immer folgen kann (vgl. S. 93). In Anbetracht der Tatsache, dass zwei von drei Führungskräften im Arbeitsalltag immer wieder wahrnehmen, welch geringe Rolle ethische Grundsätze auf Seiten der Firmen offenbar spielen, verwundert dies wenig. Und da beinahe jede zweite Führungskraft nach eigenem Bekunden mit der Haltung arbeitet, die Rendite gehe im Zweifel über alles, scheint diese Einschätzung stark mit den tatsächlichen Gegebenheiten zu korrelieren (vgl. S. 91).

Im Hinblick auf das Thema »Meditation« wirft diese Situation verschiedene Fragen auf. Bereits heute beruft sich rund ein Drittel aller

Führungskräfte auf religiöse oder spirituelle Leitideen, die für das eigene Wirken maßgeblich seien (vgl. S. 91), und für jeden vierten Deutschen gehört spirituelles Bewusstsein zu einem guten Leben (vgl. S. 100). Diese über den für das konventionelle Geschäftsleben typischen Materialismus hinausweisenden Haltungen führen einerseits für immer mehr Menschen zu inneren Zerreißproben, wenn die in ihrem geschäftlichen Umfeld typischen Handlungsweisen ihrer eigenen Einstellung widersprechen. Andererseits besteht eine hohe Wahrscheinlichkeit, dass Mitarbeiter, die regelmäßig Übungen der Achtsamkeit praktizieren, verstärkt vergleichbare Bezüge entwickeln. Dies zeigen die berufsspezifischen Wirkungen von Meditation (vgl. S. 46). Damit spricht einiges dafür, dass die Lücke der Sinnhaftigkeit, die immer mehr Menschen im bisher üblichen Tagesgeschäft wahrnehmen, absehbar größer wird.

Für Unternehmen ergibt sich daraus die Herausforderung, die bereits bestehenden und die sich wandelnden Befindlichkeiten innerhalb der Belegschaft angemessen zu adressieren und mit den äußeren Rahmenbedingungen eines wettbewerbsintensiven Umfeldes in Einklang zu bringen. Eine gezielte Berücksichtigung dieser Thematik kann die eigene Konkurrenzfähigkeit explizit fördern. So hat eine bekannte Einzelhandelskette Programme eingeführt, die die innere Haltung von Mitarbeitern stärken sollen und die gelebte Authentizität und Integrität zu wesentlichen Bestandteilen der Unternehmenskultur machen.[39] Maßnahmen wie diese sind längst mehr als ein Feigenblatt, denn Untersuchungen zur Reputation von Unternehmen bestätigen, dass Firmen, in denen eine nach außen propagierte ethische Haltung für Kunden nachvollziehbar gelebt wird, deutlich mehr Ansehen genießen als Wettbewerber, die auf diese Faktoren keinen Wert legen.[40] Der Fall der gescheiterten Drogeriemarktkette Schlecker ist dafür ein Exempel. Da die Orientierung an Leitideen, die über ein einseitiges Profitdenken hinausweisen und sich stärker auf ein Gemeinwohl ausrichten, seitens der Bevölkerung, aber auch mit Blick auf die wachsenden globalen wirtschaftlichen Verwerfungen zunehmend an Relevanz gewinnt, können Unternehmen, die sich hier als Vorreiter engagieren, ihre Zukunftsfähigkeit eindeutig stärken.

Zwischen Anstand und Gewinnstreben Die Frage der Sozialverträglichkeit wirtschaftlichen Handelns ist in den Augen der Bevölkerung durch die sich hinziehende Wirtschafts- und Finanzkrise akuter denn je. Mehr als drei Viertel der Deutschen bemängeln übermäßige Gier, fehlenden Anstand und Unfairness in der öffentlichen Sphäre und insbesondere in der Wirtschaft (vgl. S. 97), wenngleich sie ihre eigene Rolle in diesem Spiel meist nicht reflektieren. Unternehmen, die sich um die Durchsetzung von Compliance-Richtlinien bemühen, stehen deshalb vor der Frage, ob und in welcher Form ein grundsätzlicher Einstellungswandel innerhalb der Belegschaft gefördert werden sollte. Meditationsprogramme lassen sich gezielt in diesen Kontext stellen, denn durch eine Praxis der Achtsamkeit können bestehende Bezugssysteme durchlässiger werden. Dies kann die Basis dafür bilden, auch die Strukturen von Organisationen zu verbessern.

Sich in diesem Bereich als Vorreiter zu positionieren, kann für Firmen Wettbewerbsvorteile mit sich bringen. Gleichwohl gilt es, auch die möglichen kurzfristigen Nachteile im Auge zu behalten, denn Fairness, Produkte mit angemessener Wertigkeit, die nachhaltig produziert werden, oder auch ein pfleglicherer Umgang mit Mitarbeitern führen in Teilbereichen zunächst zu höheren Kosten. Bei ganzheitlicher Betrachtung relativieren sich diese jedoch. Wenn Mitarbeiter aufgrund gesünderer Unternehmensstrukturen seltener krank sind, wenn Großprojekte reibungslos innerhalb der kalkulierten Zeit- und Kostenpläne umgesetzt werden können, weil alle Beteiligten zu vertretbaren Konditionen ihren Beitrag zum Gelingen leisten, oder wenn sich der Absatz von Produkten erhöht, weil diese umweltschonend und sozialverträglich hergestellt werden, wiegen die daraus resultierenden Vorteile das anfängliche Investment, zu dem auch zählt, dass ein Unternehmen möglicherweise kurzfristig weniger wettbewerbsfähig erscheint als die Konkurrenz, deutlich auf.

Verantwortung und die Herausforderungen durch permanente Unsicherheit Die wachsende Unsicherheit – in der Wirtschaft selbst, aber natürlich davon ausgehend auch in privaten Belangen – wird für immer mehr Menschen zu einer der drängendsten Herausforderungen der Zeit. So wundert es nicht, dass rund drei Viertel der Deutschen es als die wichtigsten Zukunftsfragen erachten, wie die Welt gerechter und die Gesellschaft menschlicher gestaltet werden kann und wie sich der Unsicherheit der Daseinsumstände konstruktiver begegnen lässt (vgl. S.98). Wie bereits gezeigt, kann regelmäßige Meditationspraxis die Fähigkeit fördern, mit unsicheren Umständen und widersprüchlichen Situationen besser umzugehen, was für Unternehmen in Führungsfragen, im Hinblick auf die strategische Ausrichtung der Organisation sowie die innere Befindlichkeit der Mitarbeiter sehr nützlich ist.

Die durch Meditation geförderte Fähigkeit zu mehr Selbstverantwortung kann dafür genutzt werden, im Unternehmen eine Kultur der wechselseitigen Verbindlichkeit zu etablieren. Da schnelle Marktveränderungen längst eher die Regel denn die Ausnahme sind und den Anpassungsdruck in allen Firmen erhöhen, ist es für die Flexibilität innerhalb der Unternehmen sehr dienlich, mit diesen unausweichlichen Herausforderungen auf der Makroebene transparent umzugehen und die Mitarbeiter zu Verbündeten zu machen. Gelingt es, eine Kultur des Gebens und Nehmens zu entwickeln, innerhalb derer Arbeitgeber und Arbeitnehmer Verbundenheit konsequent leben, können die auf Basis der Meditation von den Mitarbeitern entwickelten Fähigkeiten vorbehaltlos dem Unternehmen zugute kommen. Eine solche Kultur schafft die Rahmenbedingungen, um Angestellte zu Unternehmern im Unternehmen werden zu lassen, die nicht nur die eigenen Bedürfnisse im Blick haben, sondern permanent zum Wohle des Ganzen beitragen wollen. Auf der anderen Seite fordert sie die Firmenführung dazu heraus, diese Verbindlichkeit ebenfalls ernst zu nehmen.

Die hier beschriebene Mischung aus Flexibilität und Verantwortung dürfte zu den wichtigsten Bausteinen für die Zukunftsfähigkeit von Unternehmen gehören, so dass entsprechendes Engagement sich lohnt – auch wenn der damit verbundene Wandel zunächst gewisse Anstrengungen mit sich bringen mag.

Zwischenbilanz

Die praktischen Ausführungen zur Wirkungsweise von Meditation und zu den verschiedenen Wegen ihrer Integration in Unternehmen haben aufgezeigt, wie vielfältig Zugangswege sein können und in welchem Maße Achtsamkeitspraktiken die Fähigkeiten von Menschen fördern. Einzelne Veränderungen auf der individuellen Ebene können sich schon nach wenigen Wochen der Praxis einstellen. Die hier ebenfalls thematisierten Ausstrahlungseffekte auf die Unternehmenskultur und -organisation bedürfen hingegen gezielter Strategien und sind eher als längerfristige Perspektiven zu verstehen, die Monate oder gar Jahre in Anspruch nehmen können.

Für die meisten Unternehmen wird es am sinnvollsten sein, mit niedrigschwelligen Einstiegsangeboten bei einzelnen Zielgruppen innerhalb der Mitarbeiterschaft zu beginnen, deren Wirkung zu evaluieren und aufbauend auf diesen Erkenntnissen weitere Maßnahmen zu entwickeln. Es ist nicht zwingend erforderlich, rund um das Thema Meditation große Programme ins Leben zu rufen, denn letztlich stellt jede Minute, die ein Mitarbeiter meditiert, bereits einen Gewinn in sich dar. Da Unternehmen jedoch in immer stärkerem Maße mit äußeren Herausforderungen konfrontiert werden, die sich nicht kontrollieren lassen, sondern denen allein durch permanente Flexibilität, einen gesunden Realitätssinn und Innovationsfähigkeit begegnet werden kann, spricht vieles dafür, die positiven Wirkungen von Achtsamkeitspraktiken zu nutzen, um die Entwicklung genau dieser Potenziale zu fördern.

Personelle Rahmenbedingungen für die Einführung von Meditation in Unternehmen

Ist die Entscheidung gefallen, im Unternehmen Meditationsangebote zu lancieren, stellt sich die Frage, welcher personellen Voraussetzungen es bedarf, um tragfähige Schulungen umzusetzen. Da Meditation in den letzten Jahren weit über die rein spirituelle Szene hinaus an Bedeutung gewonnen hat, sind verschiedene Ausbildungswege entstanden, die über das früher übliche Setting, eine Achtsamkeitspraxis im Rahmen einer jahrelangen Übung mit einem spirituellen Lehrer zu erlernen, hinausgehen. So gibt es bereits eine ganze Reihe von Aus- und Weiterbildungen, die Meditation eher als Methode unter weltanschaulich neutralen Gesichtspunkten vermitteln, anstelle auf spirituelle Entwicklung zu fokussieren. Im Businesskontext ist darüber hinaus nicht nur die meditative Kompetenz eines Lehrers, Trainers oder Coaches von Bedeutung, sondern auch seine Fähigkeit, sich auf die Belange der Geschäftswelt einzulassen.

Gängige Qualifikationskriterien und Ausbildungswege

Im Folgenden werden die wichtigsten Ausbildungsangebote zum Thema »Meditation« dargestellt. Da mittlerweile verschiedene Institutionen entsprechende Curricula entwickelt haben, lässt sich auf dieser Basis eine erste Einschätzung treffen, welches Know-how von den Absolventen solcher Ausbildungen zu erwarten ist. Im Gegensatz zu reinen Fachausbildungen ergeben sich beim Thema Meditation allerdings subtile Unterschiede. Der rein methodische Aspekt, also die Fähigkeit zu vermitteln, wie man meditiert, legt nur eine Grundlage, um anderen Menschen zu zeigen, welche formalen Voraussetzungen für den Prozess der Achtsamkeitsfokussierung hilfreich sind. Man könnte dies auch die äußere Perspektive der Vermittlung von Meditation nennen.

Mindestens genau so wichtig, wenn nicht gar wichtiger ist hingegen die Erfahrungsseite. Da Meditation ein Prozess der inneren Erfahrung ist, hängt die Qualität von Meditationslehrern nicht unwesentlich davon ab, welchen Erfahrungsweg sie selbst durchlaufen haben, denn um die zum Teil sehr subtilen Phasen der Erkenntnis und Veränderung erkennen und beurteilen zu können, die sich bei Menschen einstellen, die Meditation erlernen, bedarf es eines tieferen Verständnisses dieser inneren Vorgänge. Und diese Fähigkeit erwächst nur aus einer langjährigen eigenen Meditationspraxis. In diesem Sinne ist Meditation nicht etwas, das man einmal erlernt und dann »kann«, sondern ein permanenter Prozess, so dass der Umfang der persönlichen Praxis, die ein Meditationslehrer einbringen kann, mit ein Gradmesser seiner Kompetenz sein kann.

MBSR-Ausbildung Die vom MBSR-MBCT-Verband[41] standardisierte Ausbildung zum Lehrer für Mindfulness-Based Stress Reduction (MBSR) beziehungsweise für Mindfulness-Based Cognitive Therapy (MBCT) versucht, den methodischen und den Erfahrungsaspekt miteinander zu verbinden. Ausbildungsteilnehmer sollten ein Mindestalter von 30 Jahren haben sowie über eine wenigstens zweijährige Meditationspraxis und Erfahrungen in meditativer Körperarbeit verfügen. Die Ausbildung selbst erstreckt sich über zumindest ein Jahr und umfasst auf jeden Fall 245 Stunden theoretischen Unterricht. Die Teilnehmer nehmen zusätzlich selbst an einem achtwöchigen MBSR-Standardkurs teil und führen einen weiteren Kurs selbstständig durch. Den Teilnehmenden werden verschiedene Zugangswege zur Meditation in Stille vermittelt, die Achtsamkeitsschulung über die unmittelbare Körperwahrnehmung am Beispiel des Body Scans (bei dem die Aufmerksamkeit auf verschiedene Körperregionen gerichtet wird) sowie eine Folge einfacher Yoga-Übungen.

Die Ausbildung für Mindfulness-Based Cognitive Therapy (MBCT) baut auf dem MBSR-Kurs auf und bietet eine Weiterführung der dort gelehrten Achtsamkeitsmethoden im therapeutischen Kontext an.

Deshalb gehören zu den Voraussetzungen für die Teilnahme eine ärztliche, psychosoziale, psychotherapeutische oder spezifische Heilpraktiker- oder Fachpflegeausbildung (Psychiatrie) sowie beraterische, betreuerische oder psychotherapeutische Erfahrung in der Arbeit mit depressiv erkrankten Menschen. MBCT kombiniert die Kernelemente aus dem MBSR-Programm mit Techniken der kognitiven Verhaltenstherapie in einem achtwöchigen Trainingsprogramm und beinhaltet neben formalen Achtsamkeitsübungen und der Schulung der Achtsamkeit im Alltag Informationen zum Thema Depressionen.

Ein weiteres Derivat im MBSR-Kontext ist das so genannte Mindfulness-Based Compassionate Living (MBCL), das auf dem MBSR-Kurs beziehungsweise der MBSR-Ausbildung aufbaut und die Entwicklung und die Erfahrung von Mitgefühl und damit die psychische und physische Gesundheit fördert. Es unterstützt die Teilnehmenden darin, eine freundliche und mitfühlende Haltung sich selbst und anderen gegenüber zu entwickeln. Dazu werden Übungen vermittelt, die speziell dazu beitragen, Selbst-Mitgefühl und Mitgefühl mit anderen zu fördern und Geborgenheit, Sicherheit, Akzeptanz und Verbundenheit mit sich selbst und anderen zu erfahren. Der Kurs zielt auf einen konstruktiven Umgang mit schwierigen Gefühlen und herausfordernden Lebenssituationen ab und vermittelt Fähigkeiten beim Umgang mit Depressionen, Ängsten, körperlichen Krankheiten, chronischen Schmerzen oder traumatischen Erfahrungen.

Ausbildung zum Yoga-Lehrer Auch im Yoga-Bereich haben sich, basierend auf dem Engagement verschiedener Berufsverbände, über die Jahre verschiedene standardisierte Ausbildungscurricula entwickelt. Die folgende Darstellung der Ausbildungsvoraussetzungen und -inhalte bezieht sich auf die Rahmenbedingungen, die vom Berufsverband der Yogalehrenden in Deutschland e.V. (BDY) entwickelt wurden, wobei die Richtlinien anderer Yoga-Berufsvereinigungen mit diesen vergleichbar sind. Der BDY betrachtet als Voraussetzung für die Teilnahme an einer Yoga-Lehrer-Ausbildung ein Mindestalter von

25 Jahren, damit die angehenden Lehrer bereits über eine gewisse persönliche Reife und gefestigte Persönlichkeit verfügen. Auf der fachlichen Seite wird eine mindestens dreijährige eigene Yoga-Praxis unter Anleitung eines Yoga-Lehrenden erwartet. Hinzu kommen Erfahrungen im Umgang mit Menschen und die Fähigkeit, sich auf deren Anliegen und individuelle Situation beziehen zu können.

Insgesamt belaufen sich die Ausbildungen nach den Richtlinien des BDY auf rund 2300 Zeitstunden, die sich in theoretischen und praktischen Unterricht, eigene Übungs- und Unterrichtspraxis und Selbststudium aufteilen. Vermittelt werden grundlegende theoretische Einblicke in Medizin, Philosophie, Ethik, Pädagogik, Didaktik und Methodik. Neben intensiver eigener Praxis zum Erlernen der Übungsfolgen sind Unterrichtspraktika und Lehrproben verbindlicher Teil der Ausbildung. Auf das Thema Meditation entfallen etwa 40 Stunden der Ausbildung, wobei in grundlegende Aspekte der Konzentration eingeführt, ein Verständnis von Meditation auf Basis klassischer Yoga-Texte vermittelt und eine Einführung in verschiedene Meditationsmethoden gegeben wird. Manche Yoga-Schulen bieten inzwischen sogar separate Weiterbildungen an, die sich allein auf die Ausbildung zum Meditationskursleiter konzentrieren und beispielsweise komprimiert in einem zweiwöchigen Curriculum die entsprechenden Basiskenntnisse vermitteln.

Ausbildung zum Lehrer für Qigong oder Tai Chi Bei der Ausbildung in Qigong und Tai Chi stehen in den meisten Fällen die bewegten Formen im Vordergrund, doch sind selbstverständlich auch Übungen in Stille, also verschiedene Formen der Meditation beziehungsweise der inneren Energiearbeit, fester Bestandteil entsprechender Weiterbildungen. Diese beinhalten üblicherweise Einführungen in die Kontexte der Traditionellen Chinesischen Medizin, in Aspekte der Haltungs-, Bewegungs- und Atemprinzipien und die grundlegenden Theorien der jeweiligen Disziplin sowie die Vermittlung verschiedener bewegter Übungssequenzen und flankierender, innerer Übungen.

Anhand der verschiedenen Ausbildungsumfänge, die zwischen der Qualifikation zum Kursleiter, zum Lehrer und zum Ausbilder unterscheiden, wird deutlich, welch hohen Stellenwert eine langjährige Übungspraxis hat, um die Methoden angemessen vermitteln zu können. So setzt der Deutsche Dachverband für Qigong und Taijiquan e.V. (DDQT) beispielsweise für Kursleiterausbildungen eine zweijährige Übungspraxis voraus. Das Curriculum selbst sollte mindestens 250 Unterrichtseinheiten umfassen, verteilt auf bestenfalls zwei Jahre, um die gewünschte Basisqualifikation sicherzustellen. Die Ausbildung zum Qigong-Lehrer erfordert weitere 250 Studieneinheiten sowie 180 Einheiten, in denen unterrichtet wird. Für einen Tai-Chi-Ausbilder wird eine Ausbildungszeit von insgesamt 15 Jahren als sinnvoll erachtet, bei einem Ausbildungsumfang von etwa 1000 Unterrichtseinheiten und zehn Jahren eigener Unterrichtserfahrung. Diese Zahlen veranschaulichen, dass das Lehren in diesem Bereich nicht nur eine Frage der formalen Ausbildung ist, sondern im Wesentlichen von der eigenen Praxis der Lehrenden lebt. Bei der Auswahl von Trainern ist es deshalb hilfreich, neben den üblichen Formalien auch diesem Gesichtspunkt die gebührende Aufmerksamkeit zu schenken.

Die meditativen Aspekte von Tai Chi und Qigong werden zum Teil auch in eigenständigen Kursen zum »Stillen Qigong«[42] gelehrt, wobei die Ausbildungsdauer sich je nach Stil und Schule erheblich unterscheiden kann. So gibt es Weiterbildungen, die zentrale Aspekte des »Stillen Qigong« innerhalb von Kursen, die lediglich neun volle Tage dauern, vermitteln,[43] bis hin zu Angeboten von Qigong-Meistern, bei denen die Ausbildung 30 Tage in Anspruch nimmt.[44]

Ausbildung zum Entspannungs- oder Meditationslehrer Aufgrund der wachsenden Popularität von Meditation im Gesundheitswesen sind in den vergangenen Jahren zahlreiche Weiterbildungsangebote entstanden, welche die Ausbildung zum Entspannungs- oder Meditationslehrer zum Ziel haben. Diese beinhalten die verschiedensten

Inhalte, von der Vermittlung einfacher Entspannungsprogramme wie Progressiver Muskelentspannung oder Autogenem Training über imaginative Verfahren bis hin zu diversen Meditationsformen. Häufig sind es professionelle Anbieter von Schulungen im Gesundheitswesen, zunehmend allerdings auch aus der Wellness-Branche, die ihr Lehrportfolio um Meditationsangebote erweitern. Die Kurse sind im Hinblick auf ihre inhaltliche Ausgestaltung und Tiefe sowie die zeitliche Dauer sehr unterschiedlich. So verleihen manche Institute ein Zertifikat, das die Ausbildung zum Meditationslehrer bescheinigt, an Teilnehmer von zweitägigen Kursen, während andere Wochenkurse oder noch längere Weiterbildungen voraussetzen.

Vor allem vergleichsweise kurze Kurse, die wenig oder gar keine Vorerfahrungen seitens der Teilnehmenden voraussetzen, sind eher kritisch zu sehen. Zwar können diese für Personen, die bereits in den Bereichen Coaching und Beratung oder durch eine Berufspraxis im Gesundheitswesen über entsprechende Grundlagen verfügen, eine hilfreiche Ergänzung darstellen, doch erscheint es fraglich, ob innerhalb weniger Tage ein ausreichendes Wissen und vor allem die notwendige praktische Kompetenz aufgebaut werden kann, um Meditation zielführend zu unterrichten. Bei der Auswahl von Trainern ist es sicher hilfreich, detaillierte Informationen über deren Ausbildungswege einzuholen, um die Qualität ihrer Angebote einschätzen zu können.

Um zumindest in Teilbereichen dem Wildwuchs in diesem Segment nachvollziehbare Qualifikationskriterien entgegenzusetzen, bieten die Industrie- und Handelskammern eine Prüfung zum zertifizierten Wellnessberater an, deren Anforderungen eine solide Ausbildung voraussetzen. Medizinische Grundkenntnisse sowie die Themenbereiche Stressmanagement und Entspannung gehören hier explizit zum Curriculum. Andere Ansätze innerhalb der Wellness-Branche, die unter dem Label »Medical Wellness« zunehmend Verbreitung finden, sollten kritisch betrachtet werden. So mahnt selbst der Deutsche Wellnessverband, einer der wichtigsten Fachverbände der Branche, bei Angeboten, die über eine Verbesserung des rein subjektiven Wohlbefindens bei gesunden Menschen hinausgehen, die medizinische Qualität sorgsam zu prüfen.[45]

Ausbildung bei einem spirituellen Lehrer In den spirituellen Traditionen der Weltkulturen folgt die »Ausbildung« von Meditationslehrern vielfach völlig anderen Perspektiven als dies bei den bisher beschriebenen Aus- und Weiterbildungen der Fall ist. Hier steht zunächst die reine Schülerschaft im Zentrum, und ob aus einem Schüler jemals ein Lehrer wird, hängt nicht zuletzt von seinen »spirituellen Fortschritten«, also dem Grad seiner »Verwirklichung« ab. Da diese Entwicklungsfähigkeit nicht vorhersehbar ist, sondern sich erfahrungsgemäß erst im Laufe vieler Jahre der Praxis unter Anleitung des Lehrers herausbildet, existierte in den traditionellen spirituellen Schulen früherer Jahrhunderte keine Lehrerausbildung im heutigen Sinne. Wollte sich ein Lehrer zur Ruhe setzen, suchte er unter seinen fortgeschrittensten Schülern einen Nachfolger, der die Lehre in seinem Sinne weiterführen konnte. Das wohl berühmteste historische Beispiel für diese Form der Übertragung dürfte die Nachfolge des Buddha Shakyamuni sein, der kurz vor seinem Tod seinen Mönchen Gelegenheit gab, den Grad ihrer Weisheit unter Beweis zu stellen. Im Zuge dieser »Prüfung« wurde Mahakashyapa zum ersten buddhistischen Patriarchen und führte das Werk des Buddha fort.[46]

Bis zum heutigen Tag sind diese Grundprinzipien in vielen spirituellen Traditionen erhalten geblieben. Aufgrund der spätestens seit den 1960er Jahren im Westen steigenden Nachfrage nach professioneller spiritueller Unterweisung gehen allerdings immer mehr spirituelle Schulen und Lehrer dazu über, nicht allein spirituelle Nachfolger zu benennen, sondern langjährigen Schülern in größerer Zahl eine Lehrerlaubnis zu erteilen, die sie berechtigt, Meditation zu unterrichten. Erfahrungsgemäß verfügen diese Lehrer über eine sehr langjährige eigene Meditationspraxis, die sich zum Teil sogar über Jahrzehnte erstrecken kann. Diese lange Ausbildungs- und Reifephase legt einerseits eine hohe Kompetenz im Hinblick auf die Praxiskomponente der Meditation nahe, ist aber nicht immer auch Garant für die didaktischen Fähigkeiten des Lehrenden, denn in diesem Bereich stehen die bestehenden spirituellen Schulen allenfalls erst am Anfang der Formulierung und Etablierung von Qualifikationskriterien.[47]

Inwiefern Lehrende, die in einer spirituellen Tradition ausgebildet wurden, als Partner für Meditation im Businesskontext in Frage kommen, hängt nicht zuletzt von den inhaltlichen Anforderungen an ein solches Angebot ab. Ihre vordergründig spirituelle Verortung kann sich als hilfreich erweisen, wenn es darum geht, Meditation losgelöst von funktionalen Gesichtspunkten zu vermitteln, denn die Absichtslosigkeit, die mit der Achtsamkeitspraxis in den spirituellen Traditionen verbunden ist, kann hier besonders zum Tragen kommen. Allerdings sollte man bei spirituellen Lehrern darauf achten, ob sie darin geübt sind, mit den Zielgruppen, die Unternehmenskurse besuchen, adäquat zu arbeiten. Für Menschen mit eher traditioneller Verortung, aber auch für Mitarbeiter, die durch eine postmoderne Perspektive der Sinnsuche motiviert sind, kann der spirituelle Kontext eines Lehrers wesentliche Inspirationen liefern. Eher modern-wissenschaftlich orientierte Menschen hingegen bringen spirituellen Bezügen erfahrungsgemäß eine gewisse Skepsis entgegen, so dass diese oft besser mit einem sachlichen und weltanschaulich neutralen Kurssetting und durch Lehrer mit entsprechendem Ausbildungshintergrund angesprochen werden. Lehrende, die beispielsweise in der Tradition des Zen ausgebildet wurden, erweisen sich im Businesskontext für sehr leistungsorientierte Kursteilnehmer immer wieder als Türöffner für das Thema »Meditation«, da die Schnörkellosigkeit des Zen, aber auch der Habitus der sehr auf persönliche Stärke fokussierten Samurai-Kultur hervorragende Anknüpfungspunkte für das in der Geschäftswelt vorherrschende Selbstverständnis liefern.

Businessspezifische Kompetenzen

Für Einführungskurse in die Meditation sind in erster Linie die rein methodische Qualifikation der Lehrenden sowie ihre Fähigkeit maßgeblich, die Kursinhalte so zu vermitteln, dass die jeweilige Zielgruppe sich in ihrer Befindlichkeit angesprochen fühlt. Soll das Thema Achtsamkeit hingegen innerhalb des Unternehmens einen weiteren Radius entfalten, indem auch fachliche Bezüge berücksichtigt oder sogar zentrale Aspekte der Organisationsentwicklung integriert werden, dann kommen auch die hier relevanten konventionellen Qualifikationskriterien zum Tragen. Wenngleich immer mehr Trainer, Coaches und Berater ihr fachliches Repertoire um Zusatzausbildungen im Bereich Meditation ergänzen, dürfte es je nach Themenfeld bisweilen noch schwierig sein, geeignete Anbieter mit der gewünschten Doppelqualifikation zu rekrutieren. In solchen Fällen bietet es sich an, den Rahmen von Kursen oder Projekten unternehmensintern zu definieren und in Eigenregie Teams zusammenzustellen, deren Mitglieder in Kooperation die benötigte Expertise einbringen.

Einzel- und Gruppencoachings Verbindet man Coachings mit Elementen der Achtsamkeitspraxis, gewinnt die Zielgruppenaffinität des Beratenden eine noch stärkere Relevanz, als dies bei persönlichen Face-to-Face-Beratungen ohnehin schon der Fall ist. Jede Form der Meditation stellt früher oder später die Kernidentität des Übenden in Frage, da sich so manche bisherige Gewissheit im Zuge der Praxis dekonstruieren kann. Um in diese neue Form der Unsicherheit hineinwachsen zu können, sind Ansprechpartner auf Augenhöhe, die einen Bezug zur persönlichen Selbstverortung des Coachees haben, sehr hilfreich. Für das Executive Coaching bedeutet dies beispielsweise, dass Berater, die selbst schon in der freien Wirtschaft tätig waren und dort bestenfalls sogar Führungspositionen bekleidet haben, für Führungskräfte der obersten Ebene am ehesten einen adäquaten Resonanzraum herstellen können.

Vergleichbares gilt für Mitarbeiter niedrigerer Hierarchiestufen. Hier können die fachlichen Erfahrungen eines Coaches sich als Türöffner erweisen, wenn sie dazu geeignet sind, einen gemeinsamen kulturellen Rahmen zu schaffen. So wird ein sehr leistungsorientierter Vertriebsmitarbeiter sich beispielsweise bei einem Trainer, der selbst schon in einem sehr wettbewerbsintensiven Umfeld tätig war, besser aufgehoben fühlen als bei einer Beraterin mit primär spiritueller Qualifikation.

Bei Gruppencoachings oder -trainings, beispielsweise um Prozesse des Teambuildings zu fördern, sind die gleichen Kriterien relevant. Ist das Teilnehmerfeld einigermaßen homogen, dann finden Berater am ehesten einen Zugang, wenn ihr Habitus zur kulturellen Identität der Gruppe passt. Bei eher heterogener Zusammensetzung, beispielsweise in Projektteams, die Experten unterschiedlicher Fachbereiche und damit erfahrungsgemäß auch mit unterschiedlichen Perspektiven der Selbstverortung vereinen, stellt dies an Berater die Anforderung, eine größere Spannweite von persönlichen Bezügen anzusprechen, die sogar in Widerspruch zueinander stehen können. Das damit verbundene Spannungsfeld kann für alle Beteiligten zu einem hervorragenden Lern- und Erfahrungsraum werden, wenn es dem Beratenden gelingt, zwischen den unterschiedlichen Perspektiven zu vermitteln. Im Zuge der Achtsamkeitspraxis wird für die meisten Übenden früher oder später spürbar, dass manche Aspekte ihres Selbstbildes, über das sie sich nicht nur selbst definieren, sondern auch von anderen abgrenzen, vergleichsweise willkürlich und relativ gesetzt sind. Der methodische Rahmen kann auf einer neuen Ebene die Basis für eine neue Beziehungsqualität zwischen den Teammitgliedern legen. Allerdings hängt dieses Entwicklungsszenario wesentlich davon ab, dass der Berater – aufgrund seiner Erfahrungen im Umgang mit Meditation – den bestehenden zwischenmenschlichen Unterschieden gerecht wird und auf einer höheren Ebene eine Synthese herstellen kann.

Fachkurse Wie bereits beschrieben, kann Meditation im Kontext der Vermittlung fachlicher Qualifikationen einen erheblichen Mehrwert schaffen, da Achtsamkeitspraktiken grundlegende Fähigkeiten wie Aufmerksamkeit, Kreativität oder auch Selbstbehauptung stärken. Immer mehr Anbieter machen sich diese Synergieeffekte zunutze, indem sie ihre fachliche Kernkompetenz, von Kommunikations-Workshops über Konfliktmanagement bis hin zu Leadership-Trainings, um die Komponente Meditation ergänzen.[48] Findet sich für die Vermittlung eines Fachthemas kein Anbieter, der auch den Aspekt der Achtsamkeit durch eigenes Know-how abdecken kann, bietet es sich an, eine Zusammenarbeit von mehreren Experten zu initiieren. So ist denkbar, dass ein Meditationslehrer zunächst eine Einführung in verschiedene Methoden der Achtsamkeitsschulung gibt und für den weiteren Kursverlauf gemeinsam mit einem Experten für das jeweilige Fach ein Curriculum entwickelt, welches die Einübung von Fachwissen mit den erlernten Meditationspraktiken verzahnt.

Wie auch bei Coachings, ist hier die Zielgruppenaffinität der involvierten Trainer entscheidend. Hinzu kommt, dass der Fachexperte zumindest ein Gespür dafür braucht, in welcher Form Meditation die fachlichen Aspekte bereichern beziehungsweise wie die Achtsamkeitskomponente den Gegenstand der Schulung verändern kann. In Bereichen wie Vertrieb und Marketing beispielsweise, die stark durch Wettbewerbs- und Konkurrenzdruck geprägt sind, manifestiert sich die in diesem Kontext notwendig erscheinende Kämpfermentalität vielfach auch in den konventionell vermittelten Fachkenntnissen. Dann erklären Trainer, wie man Produkte noch besser »in den Markt drückt«, wie man mit unbeliebten Werbemailings allein durch Masse Neugeschäft generiert, weil sich statistisch betrachtet immer »ein paar Dumme« finden, die kaufen, oder wie man mit strategischer Gesprächsführung selbst das kritischste Gegenüber zu einem Abschluss drängen kann. Es geht gar nicht darum zu beurteilen, ob Vorgehensweisen wie diese per se gut oder schlecht sind – sie sind zentrale Bestandteile moderner, leistungsorientierter Unternehmenskultur, und sie »funktionieren« bei Menschen, die die Methoden nicht durchschauen oder nicht in der Lage sind, sich von ihnen zu emanzipieren. Da Meditation jedoch den Sinn für Details schärft, für das, was wir tun und wie wir es tun, wirkt sie auch als Katalysator für die Veränderung fachlicher Perspektiven. Eine Marketing-Schulung, die Achtsamkeitspraktiken integriert, wird vielleicht nicht mehr die besten »Überrumpelungstaktiken« vermitteln, sondern eher Fähigkeiten, mit denen sich eine authentische Beziehung zu Kunden aufbauen lässt.

Diesen subtilen Perspektivwechsel, dem sich etablierte Praktiken durch Elemente der Meditation im besten Falle ausgesetzt sehen, müssen Fachtrainer nachvollziehen und verkörpern können, wenn Achtsamkeitspraxis einen Mehrwert für Fachschulungen generieren soll. Im Bereich Marketing und Vertrieb sind die möglichen Gegensätze zwischen konventionellem Vorgehen und »meditativ-inspirierten« Alternativen vielleicht vergleichsweise stark ausgeprägt. Doch auch in Bereichen wie Kommunikation oder Leadership, in denen Achtsamkeitsmethoden relativ reibungsfrei den Wirkungsgrad konventioneller Methoden verbessern können, steht und fällt das durch Meditation ausgelöste Plus mit der Fähigkeit von Trainern, diese weitere Perspektive selbst zu verstehen und vorzuleben.

Strategie- und Organisationsentwicklung Beim Thema Strategie- und Organisationsentwicklung spielt der Erfahrungsaspekt eine noch größere Rolle als bei der Initiierung von Fachkursen. Klassische Consulting-Unternehmen, die für größere Change-Projekte gerne zu Rate gezogen werden – und dies häufig in Situationen, in denen bereits ein akuter Veränderungsdruck besteht –, gehen meistens von der Perspektive typisch moderner Leistungskulturen aus. Ihre Berater sind darin geschult, Unternehmen und ihre Mitarbeiter auf Effizienz zu trimmen, vor allem unter monetären Gesichtspunkten. Wie am Beispiel der Entwicklung einer nachhaltigen Leistungskultur jedoch gezeigt wurde, verändert das Vorzeichen der Achtsamkeitspraxis die zugrundel iegende Perspektive im Kern, was entsprechende Beratungskompetenz voraussetzt.

Erfahrungsgemäß werden Firmen sich nicht aus heiterem Himmel und ohne jedwede praktische Erfahrung mit Meditationsmethoden dazu entscheiden, wichtige Strategie- und Entwicklungsaufgaben in diesen neuen Kontext zu stellen. Oft werden Führungskräfte veranlasst, über weitere Einsatzgebiete von Achtsamkeitspraktiken nachzudenken, weil sie an Mitarbeitern, die an Meditationsprogrammen teilnehmen, positive Veränderungen beobachten. Oder sie haben sogar bereits selbst, im Rahmen eines Leadership-Trainings oder eines Executive Coachings, entsprechende Erfahrungen gemacht, die ihren Blick auf das Unternehmen und seine Strategien und Organisationsformen zu verändern beginnen. Dieses auf Erfahrung beruhende Verständnis von Meditation dürfte für größere Projekte, deren Radius das gesamte Unternehmen umfasst, zentral sein. Deshalb sollten entsprechende Leitlinien aus konkreten Erfahrungen der Führungsspitze heraus entwickelt werden, bestenfalls in enger Zusammenarbeit mit Mitarbeitern der Fachabteilungen, die selbst bereits über Meditationserfahrung verfügen. Dieses intern getragene Involvement ist von großer Bedeutung, da entsprechende Vorstöße im günstigen Fall auf das gesamte Unternehmen ausstrahlen und deshalb in enger Anbindung an die bestehende Kultur beziehungsweise aus dieser heraus entwickelt werden sollten.

Was die konkrete Umsetzung angeht, sind Fachberater, die eher für mittelständische Unternehmen tätig sind, sicher eine gute Wahl. Anders als bei den großen Consulting-Firmen, spielt in diesem Segment der persönliche Bezug eine deutlich stärkere Rolle, so dass Berater, die in diesem Kontext agieren, darauf eingerichtet sind, auch sehr individuellen Wünschen ihrer Auftraggeber im Hinblick auf Details der Umsetzung Gehör zu schenken und nachzukommen. Einzelne Projekte mit überschaubarem Umfang können aus einer zuvor im Rahmen von Fachkursen gewonnenen Expertise heraus entwickelt werden, unter Einsatz der Trainer und Berater, mit denen das Unternehmen bereits erfolgreich zusammengearbeitet hat. Da Meditation sich ohnehin nicht nach konventioneller Unternehmensberater-Manier »verordnen« lässt, ist dieses schrittweise Vorgehen empfehlenswert.

Zwar wird Meditation immer mehr zu einem Trendthema in der Unternehmenswelt, doch liegt gegenwärtig der zentrale Einsatzbereich vor allem im klassischen Stressmanagement, so dass vor allem hier bereits eine Erfahrungsbasis existiert. Fachkurse mit meditativen Elementen sind bisher eher eine Domäne von freien Trainern und Beratern, die von sich aus, getragen von eigenen positiven Erfahrungen, damit beginnen, Achtsamkeitsmethoden in ihr Kursrepertoire zu integrieren. Bisweilen fließt dieser Mehrwert sogar »undercover« in Firmenschulungen ein, ohne dass Auftraggeber sich dessen bewusst sind. Deshalb kann es sehr aufschlussreich sein, die Trainer, mit denen ein Unternehmen bereits zusammenarbeitet, nach entsprechenden Qualifikationen und auch nach neuen Ideen zu fragen. Da die Consulting-Branche gegenwärtig noch schwerpunktmäßig einem völlig anderen Nachhaltigkeitsverständnis folgt, als es eine durch Meditation inspirierte Perspektive nahelegt, gibt es in diesem Feld noch keinen wirklichen Anbietermarkt. Unternehmen sind gegenwärtig darauf angewiesen, eine eigene Erfahrungsbasis aufzubauen. Gerade dieses Experimentieren in Eigenregie trägt in besonderem Maße dazu bei, dass das Thema Achtsamkeit nicht als kosmetische Maßnahme betrieben wird, sondern sich längerfristig zu einem wirklichen Anker innerhalb der Unternehmenskultur entwickeln kann.

TEIL II

Best Practices

Wege zur konkreten Umsetzung – Praxiserfahrungen

In den vergangenen Jahren hat sich bereits ein professioneller Markt für die vielfältigen Einsatzmöglichkeiten von Meditation im Businesskontext entwickelt. Unternehmen, die sich der praktischen Umsetzung widmen möchten, haben deshalb inzwischen eine ganze Bandbreite an Wahlmöglichkeiten, welcher konkrete Rahmen im Hinblick auf ihre Unternehmenskultur passend ist und in welcher Form ein Einstieg gelingen kann. Beispielsweise lässt sich eine eigene Erfahrungsbasis aufbauen, indem Mitarbeiter des Personalwesens Kurse externer Anbieter testen, ausgewählte Mitarbeitergruppen an Angeboten teilnehmen lassen, die Ergebnisse evaluieren und basierend auf diesen Erfahrungen Strategien entwickeln, welchen Stellenwert das Thema »Achtsamkeit« mittel- und längerfristig innerhalb der Personalentwicklung einnehmen kann. Genauso denkbar ist auch ein strategischer Einstieg, bei dem Meditation und Achtsamkeit von vornherein zu einem wesentlichen Baustein der Personalentwicklung und des Change Managements gemacht werden.

Es existieren in der Unternehmenswelt bereits zahlreiche Best Practices, insbesondere aus der Führungskräfteentwicklung und hier speziell mit Blick auf das Thema Leadership aber auch im Gesundheitsmanagement, im Hinblick auf die individuelle Prävention und die Burn-out-Behandlung, die bewährte Vorgehensweisen illustrieren. Diese können als Quelle der Inspiration und als Blaupause dienen, um eigene Angebote, die speziell auf die Bedürfnisse eines Unternehmens ausgerichtet sind, zu entwickeln. In diesem Sinne verstehen sich die folgenden Beispiele als erste Anregungen für den eigenen Entscheidungsprozess.

A. Führungskräfteentwicklung, Leadership, Potenzialentfaltung

Wie im ersten Teil des Buches bereits ausführlich beschrieben, können Methoden der Achtsamkeit Menschen dabei unterstützen, ihre persönlichen Potenziale zu erkennen und zu entwickeln. Darüber hinaus eröffnet diese individuell kultivierte Achtsamkeit neue Räume, in denen wir uns mit anderen Menschen und der Welt im Ganzen auf tiefere Weise verbinden. Diese doppelte Perspektive der Selbstverantwortung und des sich verantwortlich auf andere Beziehens ist ein Nährboden für die Führungskräfte- und Leadership-Entwicklung in Unternehmen und die Entfaltung der besonderen Potenziale ihrer Mitarbeiter. Sie ermöglicht es, den individuellen Beitrag, den Individuen für ein größeres Ganzes einbringen können, für sie selbst erkennbar werden zu lassen, und versetzt sie in die Lage, diesen konstruktiv in größere Kontexte, im Dienste des Unternehmens, wirksam werden zu lassen.

Die hier vorgestellten Best practices folgen alle dieser doppelten Bewegung. Die Kursangebote, firmeninternen Entwicklungsprojekte und Coachings weiten mit gezielten Meditationsübungen den Raum der Selbstwahrnehmung und eröffnen, indem sie diese Erfahrungsdimension auf die Herausforderungen innerhalb von Unternehmen beziehen, neue Wege, um im Tagesgeschäft kreativer und aus einer Position der wachsenden Freiheit heraus aktiv zu werden. Da die Rahmenbedingungen und Ressourcen von Unternehmen sehr unterschiedlich sind, wurden bewusst verschiedene Szenarien ausgewählt, um die Bandbreite möglicher Umsetzungen zu illustrieren. Für kleine und mittelständische Betriebe mag es zu aufwändig sein, eigene Achtsamkeitsprogramme zu etablieren. Die hier beschriebenen Angebote spiritueller Zentren und ausgewählter Dienstleister veranschaulichen, wie groß die Bandbreite möglicher Umsetzungsszenarien ist. Die hier vorgestellten firmeninternen Entwicklungsprojekte wiederum geben Anhaltspunkte, wie unternehmensintern mit vergleichsweise geringem Schulungsaufwand erhebliche und unmittelbar messbare Verbesserungen im Hinblick auf die Befindlichkeit der Mitarbeiter und deren Wirksamkeit im Tagesgeschäft erreichen lassen.

Zen for Leadership – Ein Einstiegsprogramm für Führungskräfte

Ziele

»Zen for Leadership« ist ein Einführungsprogramm in die Zen-Praxis für Führungskräfte und Menschen, die das Meditieren erlernen und auf ihr berufliches Wirken beziehen möchten. Es trägt der Tatsache Rechnung, dass immer mehr Menschen in verantwortlichen Positionen ein Spannungsfeld zwischen ihrem beruflichen Engagement und ihrer persönlichen Entfaltung wahrnehmen. Anliegen des Kurses ist es, Wege aufzuzeigen, wie sich eine *Balance zwischen beruflichen Aktivitäten und eigenen Bedürfnissen,* zwischen Stress und Entspannung finden lässt.

Eckdaten

»Zen for Leadership« wurde 2007 von den Management-Beratern Brigitte van Baren und Paul J. Kohtes ins Leben gerufen. Den Hintergrund bilden mehrere Jahrzehnte Erfahrung der Kursleiter als Unternehmer, in der Begleitung von Führungskräften sowie langjährige Ausbildungen als Zen-Lehrer.

Die öffentlichen Kurse finden dreimal jährlich im Benediktushof – Zentrum für spirituelle Wege in Holzkirchen bei Würzburg statt und dauern drei oder fünf Tage. Im Mittelpunkt steht jeweils eine *Einführung in das Sitzen in Stille (Zazen),* das während des gesamten

Workshops mehrere Stunden täglich gemeinsam praktiziert wird. Die *Begleitung durch eine Physiotherapeutin* während des Kurses stellt sicher, dass die Teilnehmenden für ihre Meditationspraxis eine Haltung entwickeln, die ihren individuellen körperlichen Voraussetzungen gerecht wird. Außerdem werden die Meditationsphasen in regelmäßigen Abständen durch Ausgleichsübungen in Bewegung unterbrochen.

Lehrvorträge führen in die Geschichte und Entwicklung des Zen ein und illustrieren, welche Relevanz die Meditationspraxis für Führungskräfte und Berufstätige in der heutigen Zeit haben kann. Darüber hinaus thematisieren die Lehrenden konkrete *Fragestellungen aus dem Arbeitsalltag,* so dass ein Praxistransfer von den Teilnehmenden leichter zu bewerkstelligen ist.

Bedeutung der Achtsamkeit und Herstellung von praktischen Businessbezügen im Rahmen des Angebots

Der Kurs folgt dem Anliegen, Interessierte, die noch keine oder wenig Erfahrung mit Meditation gesammelt haben, in das Sitzen in Stille einzuführen. Für Menschen, die vor allem aus ihrem beruflichen Kontext heraus beginnen, sich mit Meditation zu beschäftigen, ist die Zen-Praxis ein guter Einstieg, da sie in einem schnörkellosen Ambiente stattfindet und die Methode, wenngleich sie der buddhistischen Tradition entstammt, *weltanschaulich neutral* ist und im Kurs auch entsprechend vermittelt wird. Damit sich im Kursverlauf für die Teilnehmenden der »Geschmack« der Meditation nachhaltig entfalten kann, findet der Workshop größtenteils in Schweigen statt.

In Lehrvorträgen stellen die Kursleiter konkrete *Bezüge zu Fragen der Führung* und des beruflichen Alltags her, beispielsweise wie man als Führungskraft mehr Präsenz, Mitgefühl und geistige Unabhängigkeit in herausfordernden Situationen entwickeln kann, wie man durch eine verbesserte Selbstwahrnehmung zu individueller Balance und einem tragfähigen Stressmanagement findet und wie man im Alltag eine regelmäßige Meditationspraxis entwickelt. Grundlegende

Haltung dieses Praxistransfers ist es, Meditation nicht als Methode zu verstehen, durch deren Einsatz sich direkt konkrete Ziele erreichen lassen, sondern eine *übergeordnete Lösungskompetenz* zu vermitteln, die aus den positiven Wirkungen von Meditation (darunter eine verbesserte Konzentration, geistige Klarheit, Geduld, Mitgefühl, mehr Kreativität und Kraft) schöpft. In Einzelgesprächen mit den Kursleitern haben die Teilnehmer die Möglichkeit, auch individuelle Fragestellungen zu thematisieren.

Wirkungen des Programms im Business-Kontext

Die »Zen for Leadership«-Kurse wurden inzwischen von rund 400 Teilnehmenden durchlaufen, darunter auch Wiederholer, die den regelmäßigen Zyklus des Angebots zur Vertiefung ihrer Meditationserfahrungen nutzen. Hauptmotivation der Teilnehmer ist es, die eigene *Work-Life-Balance* zu verbessern, neue Fähigkeiten im Umgang mit ihren Mitarbeitern zu entwickeln und sich grundsätzlich in Fragen der Leadership weiterzubilden. Die große Mehrheit findet im Kurs Anregungen zur Selbstreflexion, zum Überdenken typischer Paradigmen des Business und zur Entwicklung von Handlungsalternativen gegenüber den in der Arbeitswelt wahrgenommenen Sachzwängen. Ein Großteil der Führungskräfte nutzt, dies zeigen die regelmäßig durchgeführten Evaluationen, die Impulse des Workshops dazu, im Alltag eine kontinuierliche Meditationspraxis zu entwickeln und durch die im Kurs gewonnenen Einsichten das eigene Führungsverhalten und das Selbstmanagement konstruktiv zu verändern. Als zentrale Anknüpfungspunkte dienen dabei die stärkere Ruhe und Gelassenheit, die sich im Zuge der Zen-Praxis einstellen, ein vertieftes Gespür für persönliche Bedürfnisse sowie eine *achtsame Wahrnehmung der eigenen Führungsrolle* und der Anforderungen innerhalb des beruflichen Umfeldes. Die Achtsamkeitsübung fördert die Wahrnehmung sowohl der eigenen Gefühle als auch das Verständnis für die Belange der Mitarbeiter, was unter anderem darauf zurückzuführen ist, dass viele der Meditierenden sich nicht mehr so stark auf sich alleine gestellt fühlen, sondern sich als lebendiger Teil eines größeren Ganzen empfinden. Das auf diese Weise wachsende Vertrauen in die Umwelt erleichtert es, den im Business häufig verbreiteten Selbstzwang zur Kontrolle zu lockern und somit den äußeren Rahmenbedingungen des Berufslebens freier zu begegnen.

Die Kursleiter

Paul J. Kohtes (*1945) gilt als einer der führenden Berater für Unternehmenskommunikation in Deutschland. 2006 wurde er als erster Deutscher in die »Hall of Fame« des Internationalen PR-Agenturen-Verbandes aufgenommen. Auf der Suche nach innerem Gleichgewicht entdeckte er vor 30 Jahren die Zen-Meditation für sich. Heute leitet Paul J. Kohtes Seminare in Zen-Meditation und hat sich auf das Coachen von Führungskräften spezialisiert. 1998 gründete er die Identity Foundation, eine gemeinnützige Stiftung für Philosophie, die das Thema Identität wissenschaftlich erforscht, Studien und Projekte zur Elite-Entwicklung in Wirtschaft und Gesellschaft (Old und New Economy, Politik, »Novelite – Vorreiter des Wandels«), zum Selbstverständnis der Deutschen (Repräsentativ-Studien »Deutsch sein« und »Philosophie in Deutschland«) sowie zur Identitätsentwicklung im Kontext von Spiritualität, Gesundheit und Persönlichkeitsentwicklung realisiert und seit 2010 Ko-Veranstalter des Kongresses »Meditation & Wissenschaft« ist.
www.identityfoundation.de, kohtes.klewes.com,
www.meditation-wissenschaft.org

Brigitte van Baren (*1957) studierte niederländisches Recht in Amsterdam. 1992 gründete sie die Inner Sense GmbH, ein Beratungsunternehmen, das auf Management Development und Executive Coaching spezialisiert ist. Inner Sense unterstützt Manager und Teams dabei, auf der Basis eines Prozesses der Selbsterfahrung ihre Talente und Fähigkeiten zu erkennen und zu optimieren. Brigitte van Baren Seikô-An ist langjährige Schülerin des Zen-Meisters Willigis Jäger und erhielt von ihm 2005 die Lehrerlaubnis in der Zen-Tradition der Sanbo Kyodan-Schule. Gemeinsam mit ihm und Paul J. Kohtes gibt sie Zen-Trainings für Führungskräfte.

www.innersense.nl

Ergänzende Angebote

Auf Wunsch kann »Zen for Leadership« als Einführung in die Zen-Meditation auch im Rahmen individuell ausgearbeiteter Inhouse-Workshops für geschlossene Zielgruppen angeboten und mit weiterführendem Themenfokus (z. B. Meditation und Führung, Meditation und Kreativität, Meditation und Stressmanagement) konzipiert werden. Die Kursleiter stehen außerdem für Vorträge in Unternehmen sowie für individuelle Executive Coachings zur Verfügung.

Weitere Informationen und Kontakt

Identity Foundation – Gemeinnützige Stiftung für Philosophie
Paul J. Kohtes
Arnulfstraße 35A
40545 Düsseldorf
Telefon: +49 (0)2 11 95 41 27 07
E-Mail: paul.kohtes@identity-foundation.de

Inner Sense
Brigitte van Baren
Klaaskampen 1
Postbus 10
1250 A A Laren
Telefon: +31 (0)35 5 38 85 08
E-Mail: bmvanbaren@innersense.nl
www.zenforleadership.com

Performance, Impulsdistanz, Leadership – Internationales Programm mit Achtsamkeitsmethoden für Vertriebsmanager

Ziele

Das »Sales Leader Programm« für Vertriebsmanager hat zum Ziel, zentrale emotionale Kompetenzen als Basis von Führung im Verkauf zu vermitteln. Geschult werden spezifische Fähigkeiten wie der Umgang mit schwierigen Gesprächssituationen, Coaching-Kompetenzen (»die Führungskraft als Coach im Verkaufsprozess«) sowie die Führung von virtuellen Teams. Die Entwicklung dieser Fähigkeiten wird durch das Einbringen ausgewählter Übungen und Perspektiven der Achtsamkeit wesentlich unterstützt.

Eckdaten

Entwickelt wurde das Programm im Auftrag eines Weltmarktführers der Chemiebranche mit 110 000 Mitarbeitern, sechs Verbund- und 380 Produktionsstandorten weltweit. Es richtet sich an die Top-5000-Vertriebsmanager in den Regionen Nafta (Nordamerika, Kanada, Mexico), Südamerika, Asien-Pazifik und EMEA (Europa, Naher Osten, Afrika). Aufgrund des globalen Kontextes wurde das Kernsetting des Kurses an die jeweiligen kulturellen Gegebenheiten der einzelnen Regionen angepasst. Insgesamt nahmen bisher ca. 450 Mitarbeiter in den vier Regionen an der Schulung teil.

Im Zentrum der viertägigen Weiterbildung steht die *Vertiefung der vier emotionalen Kernkompetenzen Selbst-Bewusstheit, Selbst-Management, soziale Bewusstheit und Beziehungs-Management.* Diese sollen von den beteiligten Vertriebs-Managern reflektiert und in einem größeren Führungskontext verstanden und eingeübt werden, um das Fähigkeitsrepertoire der Mitarbeiter in Verkaufs- wie in Führungsprozessen zu erweitern. Gemäß der pragmatischen und zielorientierten Leistungskultur des Unternehmens, wird bei der Vermittlung der Kursinhalte Wert gelegt auf eine sachliche Präsentation der Inhalte, so dass in Konzepte der emotionalen Intelligenz und der Bewusstheit

durch Bezüge zu wissenschaftlichen Ansätzen und Studien eingeführt wird.

Achtsamkeit als Methode wird im Kurskontext als implizit wirksames und unterstützendes Tool eingebracht. Der durch das Programm
Mindfulness-Based Stress Reduction (MBSR) bekannt gewordene
Body Scan erleichtert dabei über eine objektive Körperwahrnehmung
die *Stärkung der Selbst-Bewusstheit* und die Fokussierung der Aufmerksamkeit. Die Stärkung der »achtsamen Beobachter-Instanz« öffnet den individuellen Fokus von der Selbstwahrnehmung zur empa-
thischen Wahrnehmung des Gegenübers.

**Bedeutung der Achtsamkeit und Herstellung von praktischen
Businessbezügen im Rahmen des Angebots**
Das Programm folgt wesentlich der unternehmensstrategischen Ziel-
setzung, die Verkaufs- und Führungsfähigkeiten der Vertriebsmitarbeiter durch die Erweiterung ihrer emotionalen Kompetenzen zu
stärken. Die Weiterbildung führt vor diesem Hintergrund zum Auf-
takt in die Grundzüge des von Daniel Goleman entwickelten Kon-
zepts der emotionalen Intelligenz ein. Basierend auf der Einführung,
werden anschließend die Themenfelder Selbst-Bewusstheit, Selbst-
Management, soziale Bewusstheit und Beziehungs-Management behandelt.

Der Schwerpunkt Selbst-Bewusstheit liefert neurowissenschaftliche Impulse zur Entstehung limitierender Glaubenssätze und führt
Impulsdistanz als Möglichkeit ein, zu einem größeren Maß an *Freiheit
im Führungshandeln* zu finden. Es wird der Frage nachgegangen, wie
Wahrnehmungsfilter auf die Führungspraxis wirken und wie sich
der Fokus der eigenen Aufmerksamkeit steuern lässt. Beim Thema
Soziale Bewusstheit wird in das Konzept der Empathie eingeführt,
vermittelt, wie sich eingeübte Verhaltensmuster wandeln lassen und
trainiert, wie Führungskräfte ihre Intuition schärfen können. Die
Übungseinheit zum *Selbst-Management* beschäftigt sich mit Zeit-
Management, dem Setzen von Prioritäten und persönlichen Zielen,

authentischen Führungsqualitäten und der Fähigkeit, Nein sagen zu können. Der Schwerpunkt Beziehungs-Management erklärt Macht als relationales Phänomen und widmet sich der Fähigkeit, schwierige Gespräche zu führen. In allen Schulungseinheiten bildet die Praxis des Body Scans einen Achtsamkeitsanker, der die Selbstwahrnehmung der Beteiligten und nicht-rationale Wahrnehmungs-Modi wie Gefühle und Intuition fördert. Der mit der Entfaltung der Beobachter-Instanz verbundene *Perspektivwechsel* wird ebenfalls durch das Achtsamkeits-Tool gestützt. Während der Schulung helfen Rollenspiele und Simulationen beim Einüben der neuen Verhaltensweisen. In Fallarbeiten, Übungen mit Lernpartnern, Feedbackrunden und der Arbeit an einer »Implementierungsbrücke« wird der Praxistransfer vorbereitet.

Wirkungen des Programms im Business-Kontext

Da das Thema Meditation für viele Menschen immer noch mit Vorurteilen belegt ist, verzichtet das Programm auf eine spirituelle Wortgebung und spricht stattdessen von einer »Praxis der Selbst-Bewusstheit«. Die Einbettung der Achtsamkeitsmethodik in wissenschaftliche Kontexte und das Beziehen der praktischen Übungen auf konkrete Businesssituationen erleichtert es den Teilnehmern, sich auf eine *neue Erfahrungsdimension* einzulassen. Wenngleich es in der Schulung explizit um sachlich motiviertes Know-how für den Führungsalltag geht, ist die subtile Dimension des Angebots für viele Teilnehmende als Bereicherung deutlich erkennbar. Sie nehmen eine tiefere Ebene der spirituellen Inspiration wahr, spüren, dass der Kurs in gewisser Weise ihr Leben verändert oder erkennen Analogien zu einer bereits vorhandenen persönlichen Meditationspraxis. Um diese Resonanzen zu adressieren, wird am Ende des Kurses noch einmal auf Details und Wurzeln der Achtsamkeitspraxis eingegangen, so dass Interessierte die Möglichkeit erhalten, diese Erfahrungsdimension weiter zu vertiefen und in ihrem Alltag zu verankern. Außerdem wird den Teilnehmenden nach Abschluss der Schulung ein Audio-

Mitschnitt des geführten Body Scans zum weiteren Üben zur Verfügung gestellt.

Auf der pragmatischen Fähigkeitsebene stellen die Teilnehmer einen *Zuwachs an Empathie* fest, die es ihnen ermöglicht, sich selbst in schwierigen Gesprächssituationen besser auf ihr Gegenüber einzustellen. Die Schulung der Intuition bewirkt ein wachsendes Vertrauen in diese subtile *innere Stimme*, die oft mehr Informationen liefert als die allein rationale Betrachtung einer Situation. Auch berichten viele Teilnehmer, dass es ihnen leichter fällt, Prioritäten zu setzen und bestehende Anforderungen klarer zu ordnen, um ihnen gerecht zu werden. Der Body Scan führt zu einer verbesserten Körperwahrnehmung und zur Erkenntnis, dass der eigene Körper im Hinblick auf das erfolgreiche berufliche Wirken ebenso ein »Stakeholder« ist wie beispielsweise die Kunden. Auch wird die entspannende Wirkung der Methode wahrgenommen, da sich viele Teilnehmer des Programms anschließend deutlich gelassener fühlen. Als besonderen Pluspunkt der Weiterbildung werten die Teilnehmenden den ressourcenorientierten Ansatz, der auf die *Entfaltung von Führungspotenzialen* setzt anstatt mögliche Mängel im Hinblick auf Führungskompetenz zu thematisieren. Insgesamt zeigt das Programm, dass Achtsamkeitsmethoden im Business die Wirkung bereits gängiger Tools gezielt verbessern können und darüber hinaus die Selbstwahrnehmung und damit den Aspekt der Persönlichkeit in der Führung nachvollziehbar machen.

Der Kursleiter

Torsten Jung ist geschäftsführender Gesellschafter der Beratergruppe Neuwaldegg. Schwerpunkte seiner systemischen Arbeit sind Führung, Strategie, Organisation und Unternehmensentwicklung. Er verfügt über langjährige Führungserfahrung bei C&L, Pricewaterhouse-Coopers und IBM. Er ist Meditationslehrer an der Akademie für Führungskompetenz des Benediktushof Holzkirchen, wo er die Kurse »Heilsam wirken« (mit Peter Wild) und »Achtsamkeit im Führungshandeln« unterrichtet, und Gründer des Innovationscenters »SISSY« (Spiritualität in sozialen Systemen). Er verfügt über Ausbildungen in Therapeutic Touch und Energiearbeit.

Die im Projekt eingesetzten Berater und Trainer der Beratergruppe Neuwaldegg zeichnen sich durch Leadership- und Vertriebs-Knowhow aus, schöpfen aus einer eigenen Achtsamkeitspraxis und emotionalen Kompetenz, bringen internationale und interkulturelle Erfahrungen ein und sind in der Lage, Kompetenzen in erfahrungsorientierten Settings zu vermitteln.

Ergänzende Angebote

Analog zum hier vorgestellten Programm bietet die Beratergruppe Neuwaldegg für firmeninterne Schulungen Adaptionen mit auf Wunsch angepasstem Themen- und Zielgruppenfokus an. Das »Neuwaldegger Curriculum« umfasst eine überbetriebliche, eineinhalbjährige systemische Berater- und Managerausbildung. Unter dem Label »Systemisch bewegen intensiv« wird eine überbetriebliche, eineinhalbjährige Ausbildung zum systemischen Berater angeboten. »Change Campus« wiederum ermöglicht eine kompakte Change-Ausbildung für interne und externe Berater, und das Neuwaldegger Coaching-Programm bietet eine Ausbildung mit dem Fokus auf Coaching in Veränderungsprozessen.

Weitere Informationen und Kontakt

Beratergruppe Neuwaldegg GmbH
Torsten Jung
Geschäftsführender Gesellschafter
Gregor-Mendel-Straße 35
A-1190 Wien/Vienna
Telefon: +43 (0)1 36 88 07 00
E-Mail: torsten.jung@neuwaldegg.at
Internet: www.neuwaldegg.at

»Achtsamkeit im Arbeitsalltag« – Modulares Allround-Training für Führungskräfte und Mitarbeiter

Ziele

Das Modellprojekt »Achtsamkeit im Arbeitsalltag« vermittelt verschiedene Methoden der Achtsamkeit im Kontext businesspraktischer Bezüge. Ziel ist es, Führungskräften und Mitarbeitern Wege aufzuzeigen, wie sie *durch meditative Elemente konkrete Aufgaben im Geschäftsleben besser bewältigen* können. Die Kombination aus der Präsentation aktueller Erkenntnisse der Meditationsforschung und der Neurowissenschaften, situativen Bezügen zu realen Businesssituationen und der Vermittlung von Achtsamkeitsmethoden, die sich auf den besseren Umgang mit diesen Herausforderungen richten, ermöglicht es Menschen, die in typisch modernen Leistungskulturen arbeiten, ihre Arbeitssituation unter neuen Blickwinkeln zu betrachten und konstruktive Verhaltensweisen zu entwickeln, um diesen aus einer Haltung der inneren Balance proaktiv zu begegnen.

Eckdaten

Das Programm, an dem im Zeitraum 2013/14 insgesamt 250 bis 300 Teilnehmer aus maximal zwanzig Unternehmen teilnehmen, verbindet die Vermittlung meditativer Methoden mit einer wissenschaftlichen Auswertung zur Wirksamkeit des Programms, die vom Generation Research Program der Ludwig-Maximilians-Universität München unter der Leitung von Professor Dr. Niko Kohls realisiert wird. In der ersten Projektphase, die 2013 umgesetzt und analysiert wurde, beteiligten sich insgesamt 110 Teilnehmer im Alter zwischen 25 und 60 Jahren (Durchschnittsalter 41 Jahre), die überwiegend in kaufmännischen beziehungsweise technischen Berufen tätig sind. Der Anteil der Führungskräfte in den Gruppen lag bei mehr als der Hälfte. Zu den teilnehmenden Firmen gehörten eine Handelskette mit mehr als 40 000 Mitarbeitern, ein Technologiekonzern mit mehr als 200 000 Mitarbeitern, ein Softwarekonzern mit 1600 Mitarbeitern, eine Beratungsfirma und ein Architekturbüro mit jeweils 100 Mitarbeitern, ein Technologie-Start-up mit 250 Mitarbeitern sowie ein Automobilzulieferer mit 1400 Mitarbeitern.

Das Programm, dessen Lehrinhalte von der Kalapa Leadership Academy ausgearbeitet wurden, einem Beratungs- und Schulungsunternehmen im Bereich Führungskräfteentwicklung, beinhaltet eine 2,5-stündige Kick-off-Veranstaltung zur Einführung, einen sechs- bis achtstündigen Vertiefungstag, *acht themenspezifische Module mit jeweils 2,5 Stunden Dauer,* die in den Unternehmen unterrichtet werden, und einen sechs- bis achtstündigen Abschlusstag. Inhaltlich bündelt das Training Erkenntnisse der Stress- und Achtsamkeitsforschung sowie der Neurophysiologie und Neuroleadership, bezieht Inhalte des bekannten Programms »Google Search Inside Yourself« ein und greift auf eine Vielzahl an Ansätzen, Konzepten und Methoden zurück, die von der Kalapa Leadership Academy entwickelt wurden. Jedes Modul stellt eine direkte Beziehung zwischen wissenschaftlichen Sachverhalten, konkreten Anforderungen der Arbeitswelt und methodischen Lösungsansätzen her, so dass die einzelnen Themenkomplexe sowohl sachlich-reflektierend als auch durch persönliche Übungspraxis erschlossen werden. Der starke Bezug zum unmittelbaren Berufsalltag erleichtert es Teilnehmenden, die noch über keine praktischen Kenntnisse von Meditation und Achtsamkeit verfügen, sich auf die teils ungewohnten Übungen einzulassen und deren Wirksamkeit durch eigene Erfahrungen zu erproben.

Bedeutung der Achtsamkeit und Herstellung von praktischen Businessbezügen im Rahmen des Angebots
Im Anschluss an den Kick-off des Programms führt ein Vertiefungstag in Achtsamkeitsmeditation und die Praxis des achtsamen Gehens ein. Erklärungen zur neurophysiologischen Entstehung von Stress und der Wirkung von Achtsamkeit schaffen einen Rahmen, innerhalb dessen die Achtsamkeitsmethoden kognitiv nachvollziehbar werden. Basierend auf dieser grundlegenden Einführung in Achtsamkeit, fokussie-

ren die acht jeweils 2,5-stündigen Module konkrete *Situationen und Arbeitskontexte aus dem Berufsalltag,* bieten Übungen zum achtsamen Umgang mit diesen und schaffen einen wissenschaftlichen Kontext, der die Wirkungsweisen der jeweiligen Methoden rational verständlich macht. Dieser multiperspektivische Zugang stellt sicher, dass theoretisches Verständnis und praktische Anwendung sich gegenseitig befruchten und ein Übertrag dieser Erkenntnisse und Erfahrungen in den individuellen Arbeitsalltag möglich wird.

Die einzelnen Module im Überblick:

	Wissenschaftliche Hintergründe	Praktische Methoden/Tools
Modul 1	Neurophysiologie des Multitaskings	Achtsamkeit im Alltag achtsame E-Mails
Modul 2	Spiegelneuronen und soziale Resonanz	achtsame Dialoge
Modul 3	Neurophysiologie von Emotionen	achtsamer Umgang mit Emotionen
Modul 4	Probleme zeitgenössischer Ansätze zum Zeitmanagement	achtsames Zeitmanagement
Modul 5	Zwischenbilanz und Reflexion der bisherigen Kursinhalte und Tools	
Modul 6	Neurophysiologie von Freude	Glücksreflexion Mitgefühlsmeditation
Modul 7	Vertrauen und Arbeitsklima	achtsames Feedback achtsame Meetings
Modul 8	Selbst-Führung und Führung	achtsame Entscheidungen Authentizität und Präsenz

Ein Vertiefungstag zum Abschluss des über rund drei Monate laufenden Curriculums ermöglicht es den Teilnehmenden, ihre Erfahrungen während des Programms zu reflektieren und zu vertiefen und sich eigene Ziele für den weiteren Praxistransfer zu setzen.

Wirkungen des Programms im Business-Kontext

Im Hinblick auf die Ergebnisse des Programms im Arbeitsalltag konnten im Zuge der ersten wissenschaftlichen Untersuchung in verschiedenen Bereichen signifikante bis *sehr signifikante positive Veränderun-*

gen gemessen werden, die von den Teilnehmenden durch ihre subjektiven Bewertungen bestätigt wurden. Insgesamt animierte das Programm die Firmenmitarbeiter zu einer regelmäßigen Übung auch außerhalb der Kurszeiten. Im Durchschnitt meditierte jeder Teilnehmende jeden zweiten Tag mit einer durchschnittlichen Zeit von zwölf Minuten pro Session. *90 Prozent der Mitmachenden bewerten das Projekt als sehr wertvoll* für das eigene Unternehmen, 80 Prozent finden, dass es eines der interessantesten Trainings ist, das sie je besucht haben. Die Hälfte der Kursteilnehmer hat vor, auch nach dem Kurs regelmäßig Achtsamkeitsübungen zu praktizieren, mehr als 40 Prozent können sich dies gelegentlich vorstellen. In den wissenschaftlichen Tests zeigt sich, dass sich bei den Übenden im Kursverlauf die persönliche Anspannung und *Stressbelastung deutlich gesenkt* haben, ihre *Konzentrationsfähigkeit gestiegen* und ihre Fehlerrate beim kognitionspsychologischen Test um 25 Prozent zurückgegangen ist. Die Teilnehmenden erleben im Alltag deutlich weniger Sorgen und betrachten die täglichen Anforderungen ihres Berufs gelassener als vor dem Kurs. Diese Haltung der Offenheit und Akzeptanz wirkt nach Ansicht vieler Teilnehmenden auch ins Unternehmen, da Kollegen, die nicht am Programm teilgenommen haben, im Wirken der Übenden im Berufsalltag positive Veränderungen wahrnehmen.

Die Kursleiter

Chris Tamdjidi (*1970) studierte Physik am Imperial College of Science, Technology and Medicine in London und absolvierte einen MBA an der University of Texas in Austin. Er arbeitete mehrere Jahre als Unternehmensberater bei The Boston Consulting Group und als Geschäftsführer von Shambhala Europa, einer Organisation, die 70 Meditationszentren und Gruppen in Europa und ein Château in Frankreich unterhält. Als Gründer und Geschäftsführer baute er das Kalapa Hotel (Hotel Schloss Heinsheim) auf, das erste Hotel in Deutschland, das kontemplative Methoden in das Angebot und die Mitarbeiterführung integriert. Seit fünf Jahren konzipiert Chris Tamdjidi Seminare zu authentischer Führung und zur Integration von kontemplativen Methoden in den Führungsalltag und leitet diese innerhalb von Organisationen sowie als öffentliche Seminare. Er verfügt über zwanzig Jahre Erfahrung im Studium und der Praxis kontemplativer Methoden.

Alle Mitglieder des Lehr- und Beratungsteams der Kalapa Leadership Academy zeichnen sich durch langjährige Tätigkeiten in Führungspositionen aus, sind in verschiedenen psychologischen, organisationalen und Coaching-Methoden ausgebildet und verfügen über mehrjährige Meditationserfahrung.

Ergänzende Angebote

Neben dem modularen Modellprojekt »Achtsamkeit im Arbeitsalltag«, das für Firmen inhouse angeboten wird, richtet die Kalapa Leadership Academy regelmäßig mehrtägige öffentliche Seminare zu den Themen »Achtsamkeit im Führungsalltag«, »Authentisch Führen«, »Embodied Leadership« sowie zur Burn-out-Prävention aus und organisiert Reflexionstage. Im Rahmen von Coachings und Ausbildungen haben Führungskräfte und Arbeitnehmer die Möglichkeit, verschiedene Methoden der Achtsamkeit zu erlernen und für ihre persönliche und berufliche Weiterentwicklung zu nutzen oder als Multiplikatoren in den Unternehmensalltag einzubringen.

Weitere Informationen und Kontakt

Kalapa Leadership Academy
Chris Tamdjidi
Ferdinand-Schmitz-Straße 28
51429 Bergisch Gladbach
Telefon: +49 (0)22 04 96 70 79 20
E-Mail: info@kalapaacademy.de
kalapaacademy.de

Gehmeditation als Schlüssel zu Leadership und Strategieentwicklung – Natur-Programme für Führungskräfte

Ziele

Im achtsamen Gehen löst sich der Geist von Altbekanntem und öffnet sich für Neues. Dieses Prinzip machen sich die von Earnest & Algernon entwickelten *Strategieparcours und Stadtwanderungen* zunutze, indem sie Führungskräfte im wörtlichen wie im übertragenen Sinne in Bewegung bringen. Die mehrtägigen Natur-Programme verbinden die grundlegende Perspektive der Gehmeditation, die Ich, Welt und Bewegung in ein neues Verhältnis zueinander setzt, mit konkreten inhaltlichen Impulsen aus den Bereichen Innovation, Strategie und Leadership. Im Wechselspiel aus Loslassen, dem *Sichöffnen für eine unbekannte Umgebung und ungewohnten Fragestellungen* eröffnen sich neue Denk- und Wahrnehmungsräume, die den Blickwinkel der Beteiligten über das business as usual hinaus erweitern. Auf diese Weise können die üblichen Sachzwänge des Geschäftsalltags vorübergehend ausgeblendet werden, um sich selbst in der Rolle der Führungskraft neu zu entdecken und sich konkreten fachlichen Fragen aus einer Haltung der Unvoreingenommenheit heraus zu stellen.

Eckdaten

Inspiriert durch seine persönlichen Erfahrungen bei längeren Wanderungen in der Wüste, entwickelte Christian Jacobs von Earnest & Algernon verschiedene Konzepte, um die *meditative Komponente des Gehens* systematisch mit zentralen Fragen aus dem Business zu verzahnen, die den Alltag von Führungskräften bestimmen. Die Wanderungen und Parcours sind jeweils unter ein Oberthema gestellt, das *fachliche und persönliche Fragen aus dem Businessalltag* verbindet. Der bildende Künstler Paul Huf, der die Parcours mitgestaltet, bringt darüber hinaus künstlerische Perspektiven ins Spiel, die neue Wahrnehmungsräume öffnen.

Während des dreitägigen Formats »Hauptstadtwanderung«, die Berlin als Wüste zum Ort der Selbst- und Welterkundung macht, legen die Teilnehmer insgesamt 60 Kilometer zu Fuß zurück. Als Vorbereitung auf den Tag gehört eine Morgenmeditation zum Programm, die einen gedanklichen Reset initiiert, so dass die Teilnehmer wie auf einer weißen Leinwand die äußeren Eindrücke, denen sie später während der Wanderung ausgesetzt sind, und ihre inneren Assoziationen in größtmöglicher Achtsamkeit wahrnehmen können. Über den Tag wechseln sich Phasen des Gehens in Schweigen ab mit Etappen, in denen die Wandernden über konkrete Fragen aus ihrem beruflichen Kontext reflektieren. An verschiedenen Stationen der Einkehr, beispielsweise in kulturellen Institutionen oder wissenschaftlichen Einrichtungen, werden *gezielte inhaltliche Impulse* gesetzt, die den inneren Reflexionsprozess fördern und neue Anregungen liefern, welche über konventionelle Businessperspektiven hinausweisen. Der persönliche *Erfahrungsprozess* der Beteiligten wird unterstützt durch den Austausch in der Gruppe, der die Bandbreite möglicher Perspektiven auf das Oberthema der Wanderung erweitert und auch einen Rahmen für die fachliche Einordnung des Erlebten schafft.

Der Strategieparcours vermittelt den Teilnehmenden in überschaubarem zweitägigem Rahmen einen Geschmack des Jakobswegs, denn die 50 Kilometer dauernde Wanderung führt vom Kloster Andechs bis zum Kloster Wessobrunn, beide Stationen auf dem Weg, der bis nach Santiago de Compostela, dem Ziel des Jakobswegs führt. Auch hier wechseln sich Phasen des Gehens in Schweigen mit durch vorgegebene Leitfragen unterstützten Prozessen der Selbstreflexion ab, die vom regelmäßigen Austausch in der Gruppe und Partnerübungen zur Vertiefung der Erfahrungen flankiert werden. Ein Stadtparcours in Leipzig wiederum greift das Thema »Subversive Strategien« auf und ebnet über die Förderung der Achtsamkeit der Wandernden den Weg zur Erkenntnis, dass Umbrüche nicht allein Veränderungen von außen benötigen, sondern auch einen *Wandel der inneren Haltung*.

Bedeutung der Achtsamkeit und Herstellung von praktischen Businessbezügen im Rahmen des Angebots

Die räumliche Distanz von der üblichen Arbeitsumgebung sowie das Element der Bewegung lassen durch die Abwesenheit der gewohnten Bezugspunkte neue Freiräume entstehen, die eine Wahrnehmung jenseits der im Business üblichen Muster fördern. Das achtsame Gehen schärft das Bewusstsein für die eigene Person und Persönlichkeit und öffnet ein Tor zu Möglichkeiten, die aufgrund eingeschliffener Verhaltensweise im Arbeitsalltag häufig nicht wahrnehmbar sind.

Jede Wanderung bezieht systematisch entwickelte Leitfragen ein, durch die die Teilnehmer sich in ihrem persönlichen Erfahrungsprozess die fachliche Perspektive des Oberthemas erschließen. *Phasen des freien Assoziierens*, beispielsweise zu persönlichen Motivationen oder grundsätzlichen Gedanken über das Leben und Arbeiten wechseln ab mit konkreten Aufgabenstellungen, die sich auf die *Unternehmensführung, Zukunftspotenziale in konkreten Geschäftsfeldern und Ressourcenmanagement* beziehen. Meta-Fragen bringen eine zusätzliche philosophische und gesellschaftliche Dimension ins Spiel, beispielsweise indem sie zum Nachdenken über die Bedeutung von Mut und Kraft, Herzensqualitäten, Menschenbildern, Freude und Schmerz, Scheitern und Erfolg anregen. Diese multiperspektivische Herangehensweise aktiviert *geistige Ressourcen*, die im Tagesgeschäft aufgrund eines zielorientierten Denkens häufig ausgeblendet werden.

Wirkungen des Programms im Business-Kontext

Die Natur-Programme werden vor allem von Führungskräften des oberen Managements wahrgenommen, seien es CEOs, Geschäftsführer großer mittelständischer Betriebe oder Inhaber von Familienunternehmen. Um einen persönlichen Rahmen und einen intensiven Austausch zwischen den Teilnehmenden zu gewährleisten, wird mit Kleingruppen bis maximal zehn Personen gegangen. Bislang haben mehr als hundert Entscheider an den Parcours teilgenommen. Eine wesentliche Wirkung des Programms ist, dass die Führungskräfte oft erstmals nach langer Zeit wieder mit ihrem Körper in Kontakt kommen. Die *Konzentration auf die eigene Atmung,* auf den eigenen Rhythmus legt die Basis für eine ganzheitliche Wahrnehmung, die es erleichtert, sich den während einer Wanderung thematisierten geschäftlichen Fragen mit geweitetem Blick zuzuwenden. Im Vergleich zu konventionellen Strategie- oder Kreativtrainings wird diese Perspektive, alle *Sinneseindrücke in den Lernprozess einzubeziehen,* während des Programms in permanenter Achtsamkeit geübt und gehalten, so dass die Teilnehmer sie sich in ihrer Tiefe aneignen und später im Berufsalltag auf diese fundierte Erfahrung leichter zurückgreifen können.

Die stetige körperliche Bewegung führt dazu, dass neue Erkenntnisse nicht alleine zur Kopfsache werden, sondern mit dem gesamten Körper und Wesen erfasst werden können. Dieser kontinuierliche Prozess der Verinnerlichung erleichtert es, zurück im Geschäftsalltag das Gelernte und Erfahrene nicht nur zu reproduzieren, sondern bewusst vorzuleben, eine Fähigkeit, die letztlich alle grundsätzlichen Führungsaufgaben betrifft.

Viele Teilnehmer gewinnen durch die Natur-Erfahrung ein neues Gefühl von Freiheit, das im Tagesgeschäft bisweilen verloren geht. Im Laufen lernen sie, wieder mehr sich selbst zuzuhören und die eigene *Intuition zu schärfen.* Der Wechsel zwischen Phasen des stillen Gehens, in denen sich Ideen im eigenen Geist entfalten können, und den offenen Gruppengesprächen, in denen diese Gedanken mit anderen reflektiert werden können, schafft eine Atmosphäre der Inspiration. Darüber hinaus stellt sich im Laufe der Touren ein *neues Körperbewusstsein* ein, denn die körperliche Anstrengung wird oft als wohltuender Ausgleich zum im Sitzen verbrachten Office-Alltag erlebt und bringt zugleich die Gedanken in Bewegung, so dass Lösungen mit einer neuen Qualität entstehen können. Für viele Führungskräfte sind die Wirkungen so überzeugend, dass sie sich diese Form der bewegten Auszeit regelmäßig gönnen und zum systematischen Bestandteil ihrer Strategieentwicklung machen.

Der Kursleiter

Christian Jacobs, geboren im Ruhrgebiet, lebt mit seiner Frau und vier Kindern in München und Venedig. Er studierte Diplom-Psychologie, Pädagogik und Ethnologie und ist geschäftsführender Gesellschafter der J&P GmbH, Ideenfabrikant, Kulturentwickler, Geschichtenerzähler, Spieleerfinder und Freigeist. Mit seiner Beratungsgesellschaft unterstützt er Führungsverantwortliche und Organisationen auf dem Weg zu einem gelungenen Leben. Zu seinen aktuellen Projekten im Rahmen des Leadership Developments gehören Coachings für Vorstände, Geschäftsführer und Unternehmer in den Branchen Automobil, Energie, Finanzen, Medien, IT und Pharma. Weiterhin etabliert Christian Jacobs professionelle Management- und Leadershipstrukturen in Unternehmen unterschiedlicher Größen und führt für Managementteams Supervisionen durch.

Ergänzende Angebote

Earnest & Algernon bietet außerdem Geh-Tage an, die die Coachees lösungsfokussiert und im Gehen dabei unterstützen, ihren persönlichen Weg zu erneuern oder zu festigen. In Retreats können Führungskräfte ihre Wahrnehmungsfähigkeit schulen und verbessern, wobei in den Erfahrungsprozess die neuesten Erkenntnisse der Quantenphysik einfließen. Schwerpunktthemen wie Innovation oder Macht spannen dabei den inhaltlichen Bogen zu den konkreten Herausforderungen im Führungsalltag.

Weitere Informationen und Kontakt

Earnest & Algernon
Christian Jacobs
Königinstraße 11 a Rgb.
80539 München
Telefon: +49 (0)89 21 21 84 60
E-Mail: info@earnestalgernon.de
Internet: www.earnestalgernon.de

Achtsamkeit im Einzelcoaching mit dem Schwerpunkt »Leadership und Potenzialentfaltung«

Ziele

Methoden der Meditation und Achtsamkeit im Einzelcoaching von Führungskräften tragen wesentlich zur *Förderung der Bewusstseinsbildung* über die jeweiligen Coachinganliegen bei. Sackgassen oder Engpässe in der beruflichen Entwicklung einerseits, besonders aber die persönlichen Potenziale, die zu einer Weiterentwicklung beitragen, können durch Übungen der Achtsamkeit besser überwunden bzw. erkannt und erschlossen werden. Bei Fragen der Leadership-Entwicklung, bei denen die Persönlichkeit des Coachees einen grundlegenden Ankerpunkt darstellt, können Achtsamkeitsmethoden die Reifung zur ganzheitlich agierenden Führungspersönlichkeit wesentlich fördern.

Eckdaten

Die Dauer von Führungskräftecoachings kann je nach Anliegen und Entwicklungswünschen stark variieren. Erfahrungsgemäß ist für gängige Fragestellungen ein Zeitraum der Begleitung von etwa neun Monaten mit insgesamt *etwa zwanzig Coaching-Stunden* ausreichend. Zur Reflexion und Festigung des Erreichten kann es hilfreich sein, anschließend im Jahr zwei bis drei weitere Sitzungen anzuberaumen.

Die Reinhard Billmeier Entwicklungsberatung begleitet vor allem High Potentials, die zur fokussierten Bewältigung der nächsten Karriereschritte Beratung in Anspruch nehmen, sowie Top-Führungskräfte mit bereits fortgeschrittener Karriere. Letztere möchten nicht selten nach mehreren erfolgreichen Jahrzehnten im Beruf grundsätzliche Sinnfragen im Hinblick auf ihr Arbeitsleben oder die weitere Gestaltung ihres Berufslebens klären. Die von den Coachees konkret formulierten Anliegen lassen sich größtenteils in zwei Bereiche unterscheiden: die *Entwicklung von zusätzlichen Führungsfähigkeiten* als Basis für den beruflichen Aufstieg oder die Entfaltung eher persönlichkeitsorientierter Potenziale im Hinblick auf eine bessere Work-Life-Balance beziehungsweise eine *stärkere Sinnhaftigkeit* der eigenen Tätigkeit. Darüber hinaus lässt sich seit wenigen Jahren auch ein deutlicher Anstieg von Beratungsanfragen im Kontext einer Burn-out-Gefährdung verzeichnen.

Methodisch kommen im Beratungsprozess vor allem *Ansätze der humanistischen Psychologie* und hier insbesondere der gestalttherapeutische Ansatz zum Einsatz, ein Zugangsweg, der sich für die Potenzialentwicklung als sehr förderlich erweist und stets durch das Gespräch mit dem Coachee getragen ist. Da diese Interventionen mit einem starken Fokus auf Prozessen der Bewusstwerdung arbeiten, lassen sie sich durch Methoden der *Meditation und Achtsamkeit* hervorragend ergänzen, um die Wahrnehmbarkeit von expliziten und impliziten Anliegen wie auch der persönlichen Ressourcen zu verstärken, die zu deren Verwirklichung hilfreich sind.

Bedeutung der Achtsamkeit und Herstellung von praktischen Businessbezügen im Rahmen des Angebots

Beratungen, die im Kontext einer Aufstiegsorientierung der Coachees initiiert werden, richten sich in vielen Fällen auf die Weiterentwicklung der persönlichen Führungsqualitäten. Auch das Thema »Konfliktmanagement« – zur Bewältigung konkreter Aufgabenstellungen im Business-Alltag – spielt eine Rolle. In beiden Bereichen geht es darum, dass der Coachee einerseits seine schon entwickelten Potenziale realistisch erkennt und kontextbezogen einzusetzen lernt, und andererseits spielt die *Förderung eines die gesamte Persönlichkeit umfassenden Reifungsprozesses* eine Rolle, um Führung angemessen zu verkörpern. Methoden der Achtsamkeit sind hier ein Schlüssel zur Förderung der Selbstwahrnehmung, etwa wenn es um die (selbst-) kritische Analyse beruflicher Situationen geht. Die Übung richtet sich hier ebenso auf eine vorurteilsfreie, klare Wahrnehmung der beruflichen Herausforderung wie auf die Innenwahrnehmung des Coachees, auf das *Spüren des eigenen Gefühlslebens*, der eigenen kör-

perlichen und geistigen Reaktionen. Das Einüben dieser Beobachter-
rolle legt sowohl die Basis für eine innere Distanz zum Geschehen, die
vor allem bei der Bearbeitung beruflicher Konfliktthemen notwendig
ist, als auch für eine verbesserte Klarheit in der Wahrnehmung anderer
Menschen. Die durch die Achtsamkeitsmethoden geschulte Wachheit
erleichtert es, die im Coachingprozess als wünschenswert erachte-
ten Verhaltensänderungen leichter in den beruflichen Alltag zu integrieren.

Führungskräfte, die eher aus Gründen der Sinn- oder beruflichen
Neuorientierung ein Coaching wahrnehmen oder die Ausgewogen-
heit zwischen beruflichem und privatem Leben verbessern möchten, erfahren es häufig als Erleichterung, durch den mit meditativen
Methoden geförderten Prozess der Distanzierung von vermeintlichen
äußeren Zwängen einen *unvoreingenommeneren Blick* auf ihr Leben
werfen zu können. Sinnfragen beispielsweise lassen sich im Achtsamkeitskontext in der Tiefe ergründen, da die geförderte Wahrnehmung der persönlichen Bedürfnisse häufig Motivationen zum
Vorschein bringt, die sich durch das im Geschäftsleben betonte prag-
matisch-zielorientierte Denken kaum erkennen lassen.

Wirkungen des Programms im Business-Kontext

Die weit über hundert allein in den letzten fünf Jahren begleiteten
Führungskräfte aus dem mittleren, oberen und Top-Management
von Dax-Konzernen, aber auch aus großen Familienunternehmen
schätzen den durch die Achtsamkeitspraxis induzierten Perspektivwechsel. Die jeweiligen Methoden werden im Coaching als »Experiment« eingeführt, das *neue Wahrnehmungsmodi aktiviert* und damit
über die rein rationale Analyse hinausgehende Informationen liefert. Die kurzen Übungen, die in der Regel eine Zeitdauer von fünf
Minuten nicht überschreiten, werden von den Coachees als hilfreich
erachtet, um ihre Perspektive insgesamt zu erweitern sowie neue
Zusammenhänge zwischen äußeren Situationen und ihren inneren
emotionalen, körperlichen und geistigen Reaktionen zu erkennen. Da

im Business zumeist eine funktionalistische Betrachtung im Vordergrund steht, verschafft der durch Achtsamkeit fokussierte Blick den Klienten ein grundlegendes Aha-Erlebnis und eröffnet ihnen die Fähigkeit, im Berufsalltag über das Beratungsanliegen hinaus Situationen mit einer weiteren Perspektive wahrzunehmen und zu bewerten. Im Coaching selbst werden die durch die Achtsamkeitsübungen zutage geförderten Erkenntnisse direkt auf das formulierte Anliegen bezogen und zur Basis für *Lösungsstrategien*. Im Berufsalltag unterstützen sie die Etablierung von gewünschten Verhaltensänderungen.

Üben die Coachees kontinuierlich zwischen den Beratungssitzungen mit Methoden wie der Erfahrung des eigenen Atemraums, lernen sie häufig die Innenschau als neue Lebensqualität im Alltag zu schätzen. Viele Führungskräfte fühlen sich bereits nach wenigen Wochen gelassener und nehmen eine *wachsende Klarheit im Denken* wahr. Etwa zwanzig Prozent der Klienten beginnen, sich aufgrund der Coaching-Erfahrung für das Thema Achtsamkeit insgesamt zu interessieren und nutzen die Möglichkeit zur Teilnahme an Management-Retreats oder offenen Meditationsangeboten, um ihre persönliche Übungspraxis auszubauen.

Anbieter

Dr. Reinhard Billmeier (*1949) studierte Sprache und Kommunikation an der Ludwig-Maximilians-Universität München und promovierte berufsbegleitend in Sprachdatenverarbeitung an der Universität Regensburg. Er sammelte Berufserfahrung in der Forschung bei Siemens, in der Lehre im Bereich Information Retrieval an der Universität München und arbeitete als interner Berater für Organisationsentwicklung mehrere Jahre für die Continental AG Hannover. Seit 1983 ist er in freier Beratungspraxis tätig, u. a. als Leiter berufsbegleitender Weiterbildungen und Ausbildungen zur Organisationsentwicklung mit dem Schwerpunkt Persönlichkeitsentwicklung, in der Supervision für Psychologen/Pädagogen und soziale Organisationen. Seit der Gründung der Entwicklungsberatung Reinhard Billmeier 1993 ist die Tätigkeit als Business-Coach und Coach-Ausbilder der wichtigste Schwerpunkt. Seine beraterische Tätigkeit beruht auf verschiedenen Disziplinen der Humanistischen Psychologie, in der er Ausbildungen absolvierte, und auf Formen der Meditation und Achtsamkeitspraxis, die er selbst seit 1980, ausgebildet bei verschiedenen spirituellen Lehrern, praktiziert, darunter Zazen (Sitzen in Stille), Yoga, Bewegungsmeditation des Sufismus und die von Ursa Paul entwickelte Chakren-Meditation.

Ergänzende Angebote

Für Menschen, die Formen der Meditation und Achtsamkeit unverbindlich kennenlernen möchten, bietet Reinhard Billmeier in Hannover und Hildesheim offene Pre-Work- und Abendmeditationen an. Für den Businesskontext hat er Retreats zum Thema Selbstführung (Heilhaus Kassel), Managementretreats (Management Akademie Weimar) und einen Jahreszyklus Achtsamkeitspraxis (mit Achtsamkeitsabenden, Workshops, einem Meditationsretreat, persönlichen Gesprächen und offenen Meditationsangeboten) entwickelt.

Weitere Informationen und Kontakt

Entwicklungsberatung Reinhard Billmeier
Dr. Reinhard Billmeier
Schlesier Str. 12
31139 Hildesheim
Telefon: +49 (0)51 21 13 07 07
E-Mail: email@r-billmeier.de
Internet: www.r-billmeier.de

**Förderung einer besseren Meeting-Kultur
mit Achtsamkeits-Settings**

Ziele

Meetings sind eigentlich ein zentrales Element der Geschäftstätigkeit, doch allzu oft verwenden Unternehmen kaum Energie darauf, die Qualität der Besprechungen sicherzustellen. Eine Kultur des Abgelenktseins, überzogenes Effizienzdenken, fehlende Fokussierung und Konzentration – die Liste der Engpässe ist lang. Bewährte Meeting-Formate für verschiedene Gruppengrößen, die den Aspekt der Achtsamkeit berücksichtigen, können zu deutlichen Verbesserungen führen. Ein gezielt langsames Sprechen und Agieren, die *achtsame Bezogenheit der Teilnehmenden aufeinander* und Ruhe zum Nachdenken können nicht nur neue Einsichten fördern, sondern kreative Durchbrüche initiieren. Im Begriff »Versammlung« steckt auch die »Sammlung«, die Fokussierung auf Wesentliches, und genau diese wird durch Achtsamkeit im Gespräch geschult und gefördert.

Eckdaten

Damit Meetings zu »Inseln der Achtsamkeit« werden, braucht es Handwerkszeug. In den letzten zwanzig Jahren sind in den USA sehr praktische Methoden entstanden, die sich seit einiger Zeit auch im deutschen Sprachraum verbreiten.

Circle: Hier sitzen die (3 bis 40+) Teilnehmer eines Meetings (das zwischen 30 Minuten und mehreren Tagen dauern kann) in einem Kreis. Denn dieser ist die geometrische Form, die mehr als jede andere Achtsamkeit evoziert. Die Methode umfasst etliche Elemente, die eine achtsame, entspannte Atmosphäre fördern. Dazu zählen beispielsweise ein Einstieg, der den Übergang vom informellen Raum in den Raum der Achtsamkeit markiert, die Rolle des »Achtgebers«, der auf die Energie- und Dialogqualität achtet, und Mikro-Rituale der Gesprächsverlangsamung, der Reflexion und der »gesetzten« Stille.

Dynamic Facilitation (DF): Auch diese Methode kann eine außerordentlich hohe Dialogqualität generieren. Das beinhaltet beispielsweise ein sehr *achtsames Zuhören* und eine ungewöhnliche Qualität von Gehört-Werden, eine Verlangsamung des Gesprächs gerade dann, wenn es angespannt zu werden droht, ein Lauschen auch nach innen und ein *gutes In-Kontakt-Sein* mit sich und den anderen in der Gruppe. Im Unterschied zu *Circle* handelt es sich hierbei um eine moderatorzentrierte Methode, die man deshalb auch mit Menschen anwenden kann, die sich nicht zuvor auf ein achtsames Arbeiten geeinigt haben. An den Meetings können drei bis mehr als vierzig Menschen über zwei Stunden bis zwei Tage teilnehmen.

Open Space Technology: Dies ist eine schon recht bekannte Methode, um mit einer Gruppe von zwölf bis über 500 Menschen über einen halben bis zweieinhalb Tage an einem komplexen Thema zu arbeiten. Die Achtsamkeit wird vor allem zu Beginn durch die etwa 15-minütige Anmoderation erzeugt, die einerseits eine Erläuterung des Vorgehens und andererseits ein Ritual zum *Aufbau von Energie in der Gruppe* ist. Dieses Ritual wirkt, wenn es von einem Moderator mit hoher Präsenz durchgeführt wird, auf das gesamte Meeting. Die weiteren Elemente der Methode tragen dazu bei, dass sich die Beteiligten *im »Flow«* fühlen und das Meeting trotz intensiven Arbeitens zugleich als eine Insel der Regeneration erleben.

Die genannten Methoden werden von Matthias zur Bonsen, Jutta Herzog und Myriam Mathys in offenen und In-House-Seminaren gelehrt und als Facilitatoren angewendet.

Bedeutung der Achtsamkeit und Herstellung von praktischen Businessbezügen im Rahmen des Angebots

Bewusste Gesprächsführung integriert Achtsamkeit unmittelbar in den Kernprozess des Führens, Managens, Organisierens und Veränderns, denn Gespräche bilden das Rückgrat jedes Unternehmens. Meetings, die das Gefäß für fokussierte Gespräche darstellen, lassen sich gut mit Fußballspielen vergleichen. Beim Fußball hat diejenige

Mannschaft die beste Voraussetzung zu gewinnen, die die fokussierteste Präsenz hat, und zwar vom Beginn der ersten bis zum Ende der neunzigsten Minute. Im Sport nennt man das auch Kampfgeist, doch dieser ist nichts anderes als eine hohe Achtsamkeit, die sich durch nichts brechen lässt, und eine Qualität, die ein *gemeinsames Wirken im Dienste einer größeren Aufgabe* fördert. In Meetings braucht es ebenfalls diese fokussierte Präsenz von der ersten bis zur letzten Minute. Für Führungskräfte sowie für alle Mitarbeiter ist es deshalb hilfreich zu lernen, den Kernprozess »Gespräch« so zu gestalten, dass er ein von der Achtsamkeit aller Beteiligten geprägter Prozess ist. Die beschriebenen drei Methoden tragen dazu bei, indem sie die Aufmerksamkeit aller Beteiligten auf die verschiedenen Einzelaspekte richten, die das Gelingen von Gesprächen fördern. *Achtsam zu sprechen, achtsam zuzuhören, sich achtsam aufeinander zu beziehen* – wenngleich sich dies einfach anhört, ist es doch eine nicht zu unterschätzende Aufgabe, es zu erlernen, denn mental erleben viele Menschen ihren Arbeitsalltag eher im Autopilot-Modus. Die durch Moderatoren immer wieder eingebrachten und gehaltenen Achtsamkeitsmomente sensibilisieren alle an einem Gespräch Beteiligten dafür, diese Fähigkeiten in sich selbst zu kultivieren, so dass diese, zur inneren Haltung entwickelt, sich auch jenseits formaler oder angeleiteter Gesprächssituationen im Dienste konstruktiver Gespräche entfalten können.

Wirkungen des Programms im Business-Kontext

Die Methoden Circle, Dynamic Facilitation und Open Space Technology wirken auf verschiedenen Ebenen. Auf einer ganz praktischen Ebene entstehen aus ihnen konkrete Ergebnisse wie gemeinsam vereinbarte Ziele und Maßnahmen. Aufgrund der *hohen Dialogqualität* sind diese oft auffallend kreativ und werden von den Beteiligten in hohem Maße mitgetragen, so dass sie auch wirklich umgesetzt werden. Daneben entstehen eine Reihe »weicher« Ergebnisse. Das Gefühl von *Gemeinschaft und Verbundenheit* unter den Beteiligten nimmt zu; das Selbstvertrauen in die Fähigkeit, auch schwierige Probleme zu lösen, steigt; wo erforderlich, werden Emotionen geheilt; *die Beteiligten wachsen* persönlich, weil sie Dinge tun und sagen, die sie von sich selbst nicht erwartet hätten. Und in Unternehmen und Organisationen, in denen mehrere Führungskräfte regelmäßig mit auch nur einer dieser Methoden arbeiten, ändert sich merklich die Unternehmenskultur. Firmen wie der Telekommunikationsdienstleister Swisscom, der Spezialchemieanbieter Kuraray, die Bundesagentur für Arbeit, die Finanzdienstleister UBS und Standard Life, der Softwarekonzern SAP sowie der Pharmahersteller Novartis haben diese achtsamkeitsorientierten Meetingformate bereits erfolgreich eingesetzt.

Die Kursleiter

Dr. *Matthias zur Bonsen* (*1958) ist seit 1992 als Unternehmensberater selbstständig und gründete 1999 die Beratergruppe *all in one spirit*. Sie begleitet Veränderungs- und Entwicklungsprozesse in Organisationen und unterstützt sie darin, ihr gesamtes Potenzial freizusetzen und auf gemeinsame Ziele auszurichten. Matthias zur Bonsen hat wegweisende Methoden des Arbeitens mit kleinen, mittleren und großen Gruppen in den deutschen Sprachraum gebracht und hier bekannt gemacht. Neben mehr als 30 Fachartikeln hat er vier Bücher veröffentlicht, zuletzt: *Leading with Life. Lebendigkeit in Unternehmen freisetzen und nutzen* (Gabler 2009). Matthias zur Bonsen ist seit Mitte der 1980er Jahre auf dem Weg, selbst immer achtsamer zu werden.

Jutta Herzog (*1955) kam nach ihrer Tätigkeit als Rundfunk-Journalistin und nach ersten Jahren intensiver Weiterbildung in den Bereichen Persönlichkeitsentwicklung und Selbsterforschung 1997 mit der Arbeit von Matthias zur Bonsen in Kontakt. 1999 gründete sie mit ihm *all in one spirit*. Sie setzte sich intensiv mit Großgruppen und anderen partizipativen Methoden auseinander und half mit, wegweisende Methoden des Arbeitens mit kleinen Gruppen wie Circle und Dynamic Facilitation im deutschen Sprachraum bekannt zu machen. Sie begleitet Unternehmen und Organisationen aus dem Anliegen heraus, Bewusstheit, Inspiration und authentische Gemeinschaft in den Organisationen und den dort arbeitenden Menschen zu stärken.

Myriam Mathys (*1960) war als Führungskraft in der Medienbranche tätig, zuletzt als Mitglied des Vorstands der Basler Mediengruppe. Von Anfang an suchte sie auch unkonventionelle Wege, damit Mitarbeitende ihr Potenzial entfalten konnten. Nach einigen Jahren in der Beratung gründete sie 2005 *all dimensions* – ein Beratungsunternehmen, das Führungsverantwortliche mit einem holistischen Ansatz begleitet und interne Organisationsentwickler/innen durch »Training-on-the-job« in Veränderungs- und Entwicklungsprojekten unterstützt. Sie vermittelt dabei die Anwendung der oben beschriebenen und weiterer Methoden des Arbeitens mit kleinen und großen Gruppen und deren Einbindung in eine agile Projektführung. Ihre Achtsamkeitslehrerin ist die Natur.

Ergänzende Angebote

Für hochrangige Führungskräfte bieten Matthias zur Bonsen, Jutta Herzog und Myriam Mathys jedes Jahr im Juni die *Leading with Life – Top Executive Week* an, die am Lago d'Iseo in Italien stattfindet. Das fünftägige Seminar ist eine Einladung an Führungskräfte, das gesamte Potenzial ihrer Organisation und ihrer Mitarbeiter freizusetzen, so dass hochleistungsfähige Organisationen voller Inspiration und Lebenskraft entstehen. Es fördert Entschleunigung, Reflexion, Achtsamkeit und authentischen Austausch. Für ehemalige Teilnehmer findet jährlich in der Nähe von München ein *ReConnect* statt, um die Inspiration zu erneuern, die Reflexion zu vertiefen und gemeinsam weiter zu wachsen.

www.leadingwithlife.com/topexecutiveweek

Weitere Informationen und Kontakt

all in one spirit

Dr. Matthias zur Bonsen und Jutta Herzog

Mittelweg 5

61440 Oberursel

Telefon: +49 (0)6171 5 62 51

E-Mail: info@all-in-one-spirit.de

Internet: www.all-in-one-spirit.de

all dimensions GmbH

Myriam Mathys, EMBA-HSG

Bösch 82

CH-6331 Hünenberg

Telefon: +41 (0)79 3 68 29 71

E-Mail: info@all-dimensions.com

Internet: www.all-dimensions.com

Veränderungsmanagement, Kommunikation und Ethik wirksamer machen – Kurse an der Akademie für Führungskompetenz

Ziele

Grundgedanke der Akademie für Führungskompetenz ist es, in Zeiten hoher Ansprüche an eine *nachhaltige Führung* neue Zugangswege zu den im Business gängigen Herausforderungen zu eröffnen und Führungshandeln in seiner gesellschaftlichen Bezogenheit zu erschließen. Die Akademie-Kurse verbinden das Schöpfen aus einer Tiefe der Achtsamkeit, die Sinn, Orientierung und innere Kraft vermittelt, mit den in unternehmerischen Kontexten benötigten praktischen Fähigkeiten, so dass diese einen höheren Wirkungsgrad entfalten können.

Eckdaten

Die Akademie für Führungskompetenz wurde 2012 am Benediktushof – Zentrum für spirituelle Wege – in Holzkirchen bei Würzburg gegründet. Das Seminar- und Tagungszentrum besteht seit 2002 und stand bis 2007 unter der Leitung des Benediktiners und Zen-Meisters Willigis Jäger, der die spirituelle Gesamtleitung für das Zentrum an seine Schüler Doris Zölls und Dr. Alexander Poraj übertragen hat. Für die Leitung der Akademie für Führungskompetenz zeichnet Prof. Dr. Claus Eurich, Hochschullehrer für Kommunikationswissenschaft und Ethik am Institut für Journalistik der Technischen Universität Dortmund und Kontemplationslehrer, verantwortlich.

An der Akademie werden jedes Jahr *Kurse zu Themen wie Führung, Selbstführung, Krisen- und Veränderungsmanagement, Ethik, Kommunikation und Coaching* angeboten. Diese richten sich an Einzelpersonen, die privat ihre Businesskompetenzen verbessern möchten, sowie an Firmen und Organisationen, die Bedarf an externen Weiterbildungs- und Schulungsangeboten für ihre Mitarbeiter haben.

Bedeutung der Achtsamkeit und Herstellung von praktischen Businessbezügen im Rahmen des Angebots

Unabhängig vom jeweiligen fachlichen Schwerpunkt beinhalten alle Kurse Einführungen in verschiedene Methoden der Meditation und Achtsamkeit, so dass die Teilnehmenden diesbezüglich keinerlei Vorkenntnisse benötigen. Im gemeinsamen Einüben dieser Methoden erlernen sie, eine persönliche Übungspraxis zu entwickeln, die sich einstellenden Erfahrungen der Achtsamkeit auf ihr berufliches Wirken zu beziehen und dort inhaltlich und fachlich zielführend einzubringen. Allen Weiterbildungen liegt der Gedanke zugrunde, dass Achtsamkeit eine zentrale Ressource menschlichen Handelns darstellt. Sie erleichtert es, die Stärken der eigenen Persönlichkeit zu erkennen und zu entwickeln, eine größere *Unabhängigkeit und Handlungsfreiheit* gegenüber den im Geschäftsleben typischen äußeren Rahmenbedingungen und Zwängen zu kultivieren sowie konzentriert, fokussiert und in zwischenmenschlicher Verbundenheit berufliche Anforderungen zu meistern.

Der Basiskurs *Führungskompetenz* legt Grundlagen für eine anspruchsvolle Führung und vermittelt Themen wie Ethik, zielorientierte Kommunikation, Motivation der Mitarbeiter, *intuitives Entscheidungshandeln und Selbstführung*. Achtsamkeit ebnet hier den Weg zu einer ganzheitlichen Wahrnehmung und prüft diese fallbezogen für das Führungshandeln. Die Teilnehmenden haben Gelegenheit, eigene Erfahrungen und anstehende Herausforderungen einzubringen und im Sinne eines integralen Führungsverständnisses zu prüfen.

Der Kurs *Führungskommunikation* folgt dem Anliegen, in Gesprächssituationen zu einer inneren Haltung der Achtsamkeit sich selbst und anderen gegenüber zu führen. Auf Basis verschiedener Achtsamkeitsmethoden werden Kriterien für eine Kommunikation erarbeitet, die wahrhaftig, empathisch, nicht verletzend, ethisch fundiert und zugleich zielführend ist. Anhand von *Fallbeispielen aus der beruflichen Praxis* haben die Teilnehmenden die Möglichkeit, sich diese Grundlagen praktisch zu erschließen und in konkreten Gesprächen zu erkunden.

Ein Workshop zur *Stärkung internationaler Führungskompetenzen* nutzt Methoden der Achtsamkeit, um die persönliche *Wahrnehmungsfähigkeit für kulturelle Unterschiede* zu fördern und auf diese einzugehen. Dabei werden die Bereitschaft zur Veränderung, Beziehungsfähigkeit, Empathie und die Fähigkeit, unsichere Situationen aushalten zu können, als Kernkompetenzen für das internationale Parkett eingeübt. Die Übungen der Achtsamkeit und weitere interaktive Elemente zeigen Führungskräften, wie sie ihren persönlichen Führungsstil »globalisieren« können. Sie lernen zu erkennen, wie sich kulturelle Kontextfaktoren auf Entscheidungsfindungen, Feedbackregeln und Konfliktlösungen auswirken und bearbeiten Fallbeispiele aus der eigenen internationalen Führungspraxis.

Im Kurs *Führen in Veränderungen* legen Methoden der Achtsamkeit und Meditation die Basis für eine bessere *Orientierung in komplexen Situationen des Wandels*. Die Teilnehmenden erkunden die Logik des Gelingens und Scheiterns von Veränderungsvorhaben, erforschen die Bedeutung von Gefühlen in Veränderungsprozessen und erlernen einen angemessenen Umgang mit emotionaler Intensität. Die durch Achtsamkeit verbesserte Fähigkeit zum Wahrnehmen, Reflektieren, Kommunizieren und Experimentieren wird dabei zum Schlüssel, mit Unvorhergesehenem, Unsicherheit, Widerstand und Widersprüchen konstruktiv umgehen zu können.

Im Workshop *Ethisch denken, ethisch fühlen, ethisch handeln* haben die Teilnehmenden die Möglichkeit, sich Fragen der unternehmerischen Ethik auf neue Weise anzunähern. Wie der Titel bereits ausdrückt, ist Ethik mehr als ein Set von Regeln, die es im Tagesgeschäft einzuhalten gilt. Verschiedene Formen der Meditation und Achtsamkeit legen im Kurs die Basis, ethische Ansätze nicht nur kognitiv zu durchdringen, sondern sie auf der Ebene der Erfahrung ganzheitlich zu erschließen. Damit wird ein *Perspektivwechsel auf das Thema Ethik* möglich, denn es geht dann nicht mehr alleine um ein von außen auferlegtes Muss, sondern auch um ein innerlich erfahrbares Wollen im geschäftlichen und menschlichen Miteinander. Die Teilnehmenden haben die Möglichkeit, eigene Erfahrungen und Herausforderungen einzubringen und sowohl diese als auch sich selbst auf den Prüfstand zu stellen, um auf zukünftige Entscheidungssituationen vorbereitet zu sein.

Der Kurs *Erfolgreich Mitarbeiter führen mit Klarheit und Empathie* richtet den Fokus auf Authentizität als Schlüssel einer wirksamen Führungspraxis. Übungen zur Achtsamkeit erlauben es Führungskräften, auch in herausfordernden Situationen und unter stressigen Rahmenbedingungen ihr *inneres Gleichgewicht aufrechtzuerhalten* und, auf diese Weise gestärkt, angemessen und zielführend auf ihre Mitarbeiter einzugehen. Der Kurs bietet Raum zur Bearbeitung konkreter Führungssituationen der Teilnehmer und zum Erfahrungsaustausch, um die erlernten Schlüsselkompetenzen zu vertiefen und einzuüben.

Diese exemplarischen Beispiele aus dem Programm der Akademie für Führungskompetenz illustrieren, wie Meditation und Achtsamkeit in verschiedenen geschäftlichen Kontexten eine Basis legen, um die eigene innere Haltung als Führungskraft zu entwickeln und gängige berufliche Fähigkeiten in ihrer möglichen Wirksamkeit zu erweitern und zu vertiefen.

Wirkungen des Programms im Business-Kontext

Alle Kurse der Akademie für Führungskompetenz werden im Hinblick auf ihre Wirkung wissenschaftlich evaluiert durch das Evaluationsbüro Leipzig. Die Auswertungen zeigen, dass der Bedarf, zentrale Fragen der guten Führung unter weiteren Blickwinkeln zu erkunden, unter Führungskräften sehr hoch ist. Drei Viertel der Kursteilnehmer tragen Führungsverantwortung, mehrheitlich in kleinen und mittleren Firmen. Knapp 80 Prozent verfügen bereits über Vorerfahrungen in Meditation und nutzen die Kursteilnahme zur Vertiefung ihrer Praxis unter fachspezifischen Gesichtspunkten; In dieser Teilnehmergruppe sehen 80 Prozent nachhaltige Auswirkungen des Programms auf ihren Arbeitsalltag, bei den »Achtsamkeitseinsteigern«, die mit der Praxis noch nicht vertraut sind, erwarten dies 60 Prozent. Als die wichtigsten positiven Veränderungen, die durch die Kurse ausgelöst werden, nennt ein Großteil der Akademie-Besucher die *verbesserte Wahrnehmung der eigenen Gefühle und Bedürfnisse*, mehr Entspanntheit und Gelassenheit im beruflichen Alltag, eine *klarere Wahrnehmung der äußeren Rahmenbedingungen im Geschäftsleben* und eine größere Widerstandsfähigkeit im Hinblick auf die Anforderungen des Berufslebens. Zentral ist auch die Wahrnehmung, sich als Teil eines größeren Ganzen zu empfinden. Diese Form der Verbundenheit schafft im Business neue Grundlagen für ein verbessertes und verbindliches Miteinander in Teams und bei der Ausrichtung auf gemeinsame Aufgaben. Drei Viertel der Kursteilnehmer stellen fest, dass die Schulungen *konstruktive Wirkungen in ihrem beruflichen wie in ihrem privaten Leben* nach sich ziehen, für jeden sechsten Teilnehmer liegen die Wirkungen vor allem im beruflichen Bereich. Dieser hohe Wirkungsgrad führt dazu, dass 85 Prozent der Kursbesucher in ihrem Alltag Übungen beibehalten, die sie erlernt haben.

Die Kursleiter

Die Kursleiter der Akademie für Führungskompetenz sind Experten aus Business- und Beratungspraxis sowie Coaching und besitzen größtenteils einschlägige, zum Teil langjährige Führungserfahrung in Konzernen, mittelständischen Unternehmen und Organisationen, so dass sie mit den Herausforderungen des Tagesgeschäfts vertraut sind. Darüber hinaus sind sie in verschiedenen Methoden der Achtsamkeit und Meditation geschult und verfügen über eine meist mehrjährige persönliche Übungspraxis. Diese Verbindung aus Achtsamkeits-Expertise und Business-Know-how befähigt sie, eine Brücke zu bauen zwischen den fachlichen Anforderungen des Berufslebens und der Entwicklung innerer Kompetenzen, die es erlauben, dieses Fachwissen gezielter und wirksamer einzusetzen.

Ergänzende Angebote

Der Benediktushof Holzkirchen bietet neben dem Programm für Führungskräfte Einführungen und Vertiefungsseminare in verschiedene Methoden der Achtsamkeit, Meditation und Kontemplation, darunter auch Zen, Yoga, Qigong, Tai Chi und MBSR. Das jährliche Symposium Führungskompetenz bietet einen Überblick über Trends und neue Methoden an der Schnittstelle von Achtsamkeit und Business.

Weitere Informationen und Kontakt
Akademie für Führungskompetenz
Leitung: Prof. Dr. Claus Eurich
Stellv. Leitung: Torsten Schrör
Benediktushof Seminar- und Tagungszentrum GmbH
Klosterstraße 10
97292 Holzkirchen/Unterfranken
Telefon: +49 (0)93 69 9 83 80
E-Mail: info@benediktushof-holzkirchen.de
Internet: www.benediktushof-akademie.de

Zen, Ethik, Leadership aus einer Haltung der Achtsamkeit heraus entwickeln – Weiterbildungen des Lassalle-Instituts

Ziele

Das Schweizer Lassalle-Institut gehört im deutschsprachigen Raum zu den Vorreitern beim Angebot von Weiterbildungen, die eine achtsame Grundhaltung zur Basis für die *Entwicklung grundlegender Führungskompetenzen* machen. Im Rahmen von Symposien, Einzelkursen und mehrjährigen Weiterbildungen erhalten Führungskräfte, Berater, Coaches und andere im Berufsleben stehende Menschen eine solide Grundausbildung in verschiedenen Methoden der Achtsamkeit und Meditation. Die auf dieser Basis angestoßenen Prozesse der persönlichen Entwicklung werden durch konkrete Bezüge zu Arbeitsweisen und Praktiken aus der Wirtschaft ergänzt, so dass eine lebendige wechselseitige Beziehung zwischen Innen- und Außenwelt entsteht.

Eckdaten

Das Lassalle-Institut richtet sich an Führungskräfte in Wirtschaft, Politik und anderen Bereichen der Gesellschaft. Schwerpunkt der Seminare, Vorträge, Coachings, Lehrgänge und der institutseigenen Forschung ist eine Ethik, die aus einem ganzheitlichen Bewusstsein erwächst. Das Institut wurde 1995 von dem Jesuiten, Priester und Zen-Meister Niklaus Brantschen und der Heilpädagogin, Psychologin und Zen-Meisterin Pia Gyger gegründet. Es hat seinen Sitz im Lassalle Haus, Bad Schönbrunn, Edlibach, Schweiz. Der Bezug auf den Jesuitenpater und Zen-Lehrer Hugo Enomiya Lassalle (1898–1990) spiegelt die Grundhaltung der Institutsarbeit wider – Brücken zu bauen zwischen östlichem und westlichem Denken und eine den Vorzeichen des modernen Lebens angemessene *Verbindung von Spiritualität und beruflichem Engagement* herzustellen. Von 2003 bis 2012 wurde das Institut von der Psychologin und Zen-Meisterin Dr. Anna Gamma geleitet, die sich inzwischen auf die Leitung der Lehrgänge »Spirituelles Coaching« und »Zen und Profession« konzentriert. Seit 2013 wird das Institut von dem Publizisten und Philosophen Marco Meier geführt.

Basis für das Verständnis von Ethik und Leadership, das am Lassalle-Institut kultiviert wird, ist ein wissenschaftlich fundierter und zugleich praktizierter Ethik-Diskurs. Seit 2001 betreibt das Institut Forschungen zu Ethik in Wirtschaft und Politik sowie im Bildungs- und Gesundheitswesen und bringt die auf diese Weise gewonnenen Erkenntnisse in die Weiterbildungsarbeit ein.

Bedeutung der Achtsamkeit und Herstellung von praktischen Businessbezügen im Rahmen des Angebots

Die Weiterbildungsangebote des Lassalle-Instituts sind von dem Grundgedanken getragen, dass *Ethik und Leadership* fachliche Fähigkeiten voraussetzen, aber im Kern von der inneren Haltung der Führenden und ihrer Fähigkeit leben, diese Haltung in Arbeitskontexten zum Ausdruck zu bringen. Vor diesem Hintergrund wurde das so genannte »Lassalle-Institut-Modell« geprägt, das einen Orientierungs- und Lehrrahmen mit drei mal drei Elementen an die Hand gibt: drei Formen der Intelligenz, drei Weisen des Seins und drei Ebenen des Handelns. Neben der kognitiven Intelligenz (IQ) und der emotionalen Intelligenz (EQ) spielt in den Lassalle-Angeboten die *spirituelle Intelligenz* (SQ) eine tragende Rolle. Diese Perspektive führt zur Erfahrung verschiedener Seinsstrukturen von Mensch und Welt, so dass Einheit, Verschiedenheit und Einzigartigkeit als gleichermaßen relevante und adressierbare Dimensionen erlebbar werden. Ganzheitliches, nachhaltiges Handeln wiederum umfasst die individuelle Mikro-, die institutionelle Meso- und die globale Makro-Ebene. Die Vielschichtigkeit und Konkretheit des Modells erlaubt es, die Dimension der spirituellen Erfahrung, die in den Kursen durch Übungen der Meditation und Achtsamkeit angeregt und vertieft wird, zielgerichtet auf die verschiedenen im Business zum Tragen kommenden Bezugssysteme anzuwenden.

Für Führungskräfte bietet das Lassalle-Institut ein dreiteiliges *Einführungsprogramm in die Praxis des Zen*, das die Grundlagen der Zen-Meditation, das Sitzen in Stille und die Gehmeditation, vermittelt sowie in den weiteren Kursteilen den Bezug der meditativen Erfahrungen auf das Alltagsleben und die *berufliche (Führungs-)Praxis* herstellt. Seit der Einrichtung des Angebots im Jahr 2005 wurde es bereits von mehreren Hundert Teilnehmern wahrgenommen.

Der Lehrgang *Zen und Profession* richtet sich in erster Linie an Führungskräfte und beinhaltet, verteilt auf zwei Jahre, insgesamt sechs Kursmodule mit jeweils drei Unterrichtstagen, eines davon angelegt als Reise nach New York, verbunden mit einem Besuch der Vereinten Nationen. Basis der gesamten Weiterbildung bildet die Praxis der Zen-Meditation. Die einzelnen Module erkunden *konkrete Fragen des Unternehmensalltags* und setzen diese in einen Kontext zur spirituellen Erfahrungsdimension. Das Curriculum umfasst Themen wie den Weg von der Konkurrenz zur Kooperation und Ko-Kreation, die spirituelle Dimension einer Kultur des Dialogs, Teamführung und Unternehmenskultur, Selbst- und Führungskompetenz, Global Compact im Sinne einer weltweiten Unternehmensstrategie, das *Verhältnis von Spiritualität und Globalisierung*, Selbstorganisation, individuelle Einflussmöglichkeiten auf die Organisation, Teamdynamik und kollegiales Teamcoaching, die Verankerung von Leitbildern in der Unternehmensstruktur und die Entwicklung einer authentischen Persönlichkeit. Der erste Kurszyklus wurde von knapp zwanzig Teilnehmenden durchlaufen.

Die Weiterbildung *Spirituelles Coaching* ist auf drei Jahre angelegt und beinhaltet pro Jahr ein mehrtägiges Kompaktseminar sowie drei je dreitägige Kursmodule. Sie richtet sich an Berater und Coaches ebenso wie an Arbeitnehmer in Führungsverantwortung, die daran interessiert sind, ihre Kompetenzen bei der Begleitung von Menschen vor einem spirituellen Hintergrund zu erweitern. Der Lehrgang integriert zusätzlich zum Aspekt der reinen Persönlichkeitsentwicklung das spirituelle Potenzial des Menschen. Er orientiert sich an *Erkennt-*

nissen aus der personalen, systemischen und transpersonalen Psychologie, aus der modernen Managementlehre sowie aus Coachingkonzepten und verbindet diese mit traditionellen Weisheitslehren aus Ost und West. Das erste Jahr fokussiert das Themenfeld *Geist und Bewusstsein* mit den Schwerpunkten Bewusstseinsentwicklung, Sinnerfahrung und dem Eröffnen neuer Räume. Im zweiten Jahr geht es um *Kultur und Organisationen*, wobei konkrete Führungsaufgaben im Hinblick auf die Begleitung von Menschen und Institutionen erörtert und geübt werden, darunter auch Konfliktmanagement. Das dritte Jahr unter dem Motto »Zukunft und Verantwortung« ebnet den Weg zu gelebter Wertschätzung und integralem Denken und Handeln. Bisher haben dieses Angebot 60 Teilnehmer durchlaufen.

Insgesamt nehmen an den Weiterbildungen mit Führungsbezug hauptsächlich Führungskräfte der mittleren Ebene teil sowie selbstständige Berater und Coaches. Ein Großteil der Teilnehmer stammt aus der Schweiz, wobei je nach Kurs zwischen 10 und 25 Prozent Interessierte aus Deutschland vertreten sind.

Wirkungen des Programms im Business-Kontext

Die Wirkung der Weiterbildungen in konkreten beruflichen Situationen lebt von der individuellen Erfahrungstiefe, die die Teilnehmenden im Rahmen der Kurse in sich selbst entwickeln. Die im Zuge der Meditationspraxis erfahrbare *Ganzheit* eröffnet tiefe Einblicke in die Verfasstheit von Menschen und Organisationen und die Beziehungssysteme, die zwischen und in ihnen wirksam sind. Sowohl die wachsende Komplexität der heutigen Geschäftswelt als auch die vielfältigen Mikrodynamiken im innermenschlichen und zwischenmenschlichen Bereich können so auf umfassendere Weise gesehen und adressiert werden. Die Kurse eröffnen für die Teilnehmenden *Erfahrungsräume*, in denen sie diesen neuen Blickwinkel im geschützten Raum erproben können, um sich so auf den Praxistransfer im Business vorzubereiten.

Diese erfahrungsorientierte Vorgehensweise scheint auf ein wachsendes Bedürfnis der Zeit zu treffen, denn die Führungskräfte, die am Lassalle-Institut nach Inspiration suchen, sind zumeist beruflich wie privat sehr erfolgreich, haben renommierte Business Schools besucht und im Geschäftsleben ihre Ziele längst erreicht. Gerade mit diesem Erfolg stellt sich jedoch bei vielen auch eine subtile Unzufriedenheit ein, die der Frage geschuldet ist, ob die äußeren Errungenschaften bereits alles sind, was das Leben zu bieten hat, oder ob es nicht noch andere Dimensionen des menschlichen Wachstums geben könne. Das offenherzige Stellen dieser Sinnfrage kann im Rahmen der Kurse *grundlegende Transformationsprozesse* auslösen. Viele Teilnehmer finden durch die Meditationspraxis zu einer neuen Form der Gelassenheit, die sie unabhängiger von äußeren Umständen werden lässt. Sie entdecken in sich neue Dimensionen der Liebenswürdig- und Liebesfähigkeit als Basis ihrer *persönlichen Authentizität*. Und sie wachsen in eine neue Lebensfreude hinein, die aus der kultivierten Anbindung an etwas Größeres erwächst, das das Individuum übersteigt. Und gerade diese subtilen Wahrnehmungsdimensionen, die sich auf diese Weise eröffnen, sind es, die die Kursteilnehmer gestärkt in ihren Berufsalltag zurückkehren lässt. In der neu gewonnenen Gewissheit, mit ihrem Wirken unabhängig von äußeren Herausforderungen oder auch Fehlschlägen einen Beitrag zur Menschheitsentwicklung leisten zu können, entfalten ihre fachlichen Fähigkeiten einen noch weiteren Wirkungsradius.

Die Kursleiter

Die Kursleiter des Lassalle-Instituts verfügen mehrheitlich über eine langjährige, fundierte spirituelle Ausbildung, wobei es sich bei einigen der Lehrkräfte um autorisierte Zen-Meister handelt. Viele Lehrende weisen universitäre Ausbildungen in den Bereichen Psychologie, Kommunikation und/oder Therapie auf und bringen langjährige Erfahrungen als Coaches und Trainer in Unternehmen in ihre Arbeit ein.

Ergänzende Angebote

Ein neuer Schwerpunkt im Programm des Lassalle-Instituts ist um den Begriff der »Lebenswelten« angelegt, der bewusst in Anlehnung an Edmund Husserls phänomenologische Methode verwendet wird. Die Seminare widmen sich Themen wie dem Generationenwechsel in Unternehmungen, dem Umgang mit Medien, Resilienz, Bewusstheit oder der Dringlichkeit gesellschaftlicher Reformen. Die Aufmerksamkeit liegt dabei auf der Ebene von Erfahrung und Wahrnehmung und fokussiert das geistige, emotionale und praktische Involviertsein. Führungskräfte können hier ihre Rolle als handelnde Individuum im Hinblick auf sinnhaftes wirksam Werden erkunden und ihre Intention schärfen. Des Weiteren bietet das Lassalle-Institut Einzelcoachings an und Inhouse-Seminare, die auf die besonderen Wünsche von Unternehmen zugeschnitten werden, beispielsweise zu Selbstkompetenz und Unternehmenskultur oder Persönlichkeitsentwicklung und Kommunikationskultur.

Weitere Informationen und Kontakt

Lassalle-Institut
Leitung: Marco Meier
Bad Schönbrunn
6313 Edlibach
Schweiz
Telefon: +41 (0)41 7 57 14 78
E-Mail: info@lassalle-institut.org
Internet: www.lassalle-institut.org

B. Gesundheitsmanagement, individuelle Prävention, Burn-out-Behandlung

Die Gesundheit der Mitarbeiter aufrechtzuerhalten und dabei gleichzeitig den Leistungserfordernissen in einer globalisierten Wirtschaftswelt gerecht zu werden, dürfte in der heutigen Zeit zu den größten Spannungsfeldern innerhalb von Unternehmen zählen. Da die Statistiken der Krankenkassen seit Jahren einen enormen Anstieg von stressbedingten Erkrankungen und psychosozialen Beeinträchtigungen aufzeigen, die durch die wachsenden Herausforderungen in der Arbeitswelt bedingt sind, wird augenscheinlich, dass gesundheitliche Balance nicht einfach gegeben ist, sondern dass es einer aktiven Fürsorge bedarf, damit Mitarbeiter sich bei ihrer Arbeit nicht verschleißen.

Aus unternehmerischer Sicht kann Prävention leicht zu einem zweischneidigen Thema werden, erfordern Programme zur gesundheitlichen Prophylaxe doch Investitionen in einen Zustand der Verbesserung, der in der Zukunft liegt, so dass die Notwendigkeit dieses Investments zum Zeitpunkt, an dem es getätigt wird, sich nicht einfach messen und in Zahlen nachweisen lässt. Um Firmen die Entscheidung zu erleichtern, ob und in welcher Form Präventionsangebote für sie sinnvoll sein können, wurden hier deshalb vor allem Beispiele aus der betrieblichen Praxis ausgewählt, deren Wirkung systematisch evaluiert wurde. Dabei zeigt sich, dass Meditation und Achtsamkeit nicht nur das subjektive gesundheitliche Wohlbefinden von Mitarbeitern signifikant verbessern, sondern sich auch konstruktiv auf objektive Faktoren wie die Arbeitseffizienz und -effektivität auswirken.

Diese »positiven Nebenwirkungen« lassen sich allerdings nicht erzwingen, denn die Maßgabe, durch einen betrieblich geförderten Entspannungskurs bestimmte Ziele erreichen zu müssen, würde neue Stressfaktoren ins Spiel bringen und die eigentliche Absicht, Menschen zu befähigen, besser mit Stress umzugehen, konterkarieren. In diesem Sinne steht und fällt der Erfolg des betrieblichen Gesundheitsmanagements oder der Burn-out-Prophylaxe mit der Haltung, aus der heraus sie initiiert werden.

Achtsamkeit durch Progressive Muskelentspannung als Pfeiler des Gesundheitsmanagements in der Öffentlichen Verwaltung

Ziele

Steigende Krankheitszahlen, ein verstärktes frühzeitiges Ausscheiden von Mitarbeitern in den Ruhestand sowie die wachsenden Anforderungen an die Mitarbeiterschaft im Tagesgeschäft veranlassten die hessische Verwaltung 2004 zur Einrichtung einer Arbeitsgruppe Gesundheitsmanagement, in der alle Bereiche der Flächenverwaltung vertreten sind.

Bereits bestehende Einzelangebote zur Gesundheitsförderung am Arbeitsplatz sollten in ein flächendeckendes Gesamtkonzept überführt werden, um ein *konsistentes Programm zur gesundheitlichen Prophylaxe* zu entwickeln, das flächendeckend allen Behördenmitarbeitern innerbetrieblich zugänglich ist. Was die Methode anbelangt, so fiel die Wahl auf die Progressive Muskelentspannung (PME) nach Edmund Jacobson, da es sich dabei um eine leicht erlernbare und effektive Methode zur Stressbewältigung handelt, die seit 1987 Bestandteil der psychosomatischen Grundversorgung in allen gesetzlichen und privaten Kassen ist.

Eckdaten

Im Rahmen eines Prozesses der Ideenfindung wurde Ende 2006 das von Dr. Cornelia Löhmer und Rüdiger Standhardt gegründete Giessener Forum eingeladen, das von ihm entwickelte *»Multiplikatorenmodell Progressive Muskelentspannung«* vorzustellen. Das Schulungsprogramm umfasst fünf zusammenhängende Kurstage und zwei Supervisionstage, die etwa sechs und zehn Monate nach Beendigung der Ausbildung durchgeführt werden. In einem Pilotprojekt Anfang 2007 wurden 15 Verwaltungsmitarbeiter aus ausgewählten hessischen Dienststellen geschult. Die Auswertung dieses Probelaufs dokumentierte überdurchschnittlich positive Wirkungen. In einer zweiten Phase ab 2008 wurde das Programm schließlich auf alle Dienststellen der Flächenverwaltung in Hessen ausgedehnt, mit dem Ziel, an jedem Standort mindestens zwei Bedienstete professionell zur Kursleitung für Progressive Muskelentspannung auszubilden. Bis 2013 wurden auf diesem Wege mehr als 200 Mitarbeiterinnen und Mitarbeiter der Verwaltung geschult. Sie bieten inzwischen Informationsveranstaltungen und Einführungsstunden an, fortlaufende Kurse mit sechs bis acht Treffen in wöchentlichem Rhythmus und offene Gruppen, die unbefristet laufen.

Bedeutung der Achtsamkeit und Herstellung von praktischen Businessbezügen im Rahmen des Angebots

Ein wesentlicher Bezug der Angebote zu den Herausforderungen der Arbeitswelt liegt darin, dass die Vorträge und Kurse in den jeweiligen Dienststellen und während der regulären Arbeitszeit durchgeführt werden. Diese räumliche und zeitliche Integration in das direkte Arbeitsumfeld trägt dazu bei, dass *Stresserfahrungen nicht als persönliche Unzulänglichkeit bagatellisiert* werden. Für die Teilnehmenden wird so zweierlei erfahrbar: dass Stress aufgrund der Umstände der heutigen Zeit bisweilen nicht vermeidbar ist, aber auch, dass es konstruktive Wege gibt, mit ihm umzugehen.

Die spezifische Dynamik der Progressiven Muskelentspannung – man konzentriert sich auf einzelne Körperregionen, spannt diese bewusst an, um dann achtsam der im Loslassen dieser Anspannung entstehenden Entspannungsreaktion mit der eigenen Aufmerksamkeit zu folgen – ist in gewisser Weise Abbild eines natürlichen Lebens- und Arbeitsrhythmus. Die Schulung der individuellen *Wahrnehmungsfähigkeit* erleichtert es, über die Übungssituation hinaus im Arbeitsalltag besser zu erkennen, wann man in einen Zustand der übermäßigen Anspannung gerät. Wenn in solchen Momenten aktiv Muskelentspannung praktiziert wird, findet nicht nur der Körper zu einer neuen Balance, sondern auch der Geist folgt der inneren Bewegung.

Erkenntnisse aus den Neurowissenschaften und der Arbeitspsychologie wiederum belegen, dass es gerade das *ausgeglichene Wechselspiel zwischen Anspannung und Entspannung* ist, das Menschen nicht nur körperlich gesund und seelisch stabil bleiben lässt. Die Elastizität zwischen den beiden Polen Handeln und Loslassen führt zu besseren Arbeitsergebnissen und kreativeren, innovativeren Verhaltensweisen im Berufsleben.

Wirkungen des Programms im Business-Kontext

Bei den geschulten Kursleitern sowie bei den Teilnehmenden der in den Ämtern durchgeführten Kurse zeigt sich eine größere Gelassenheit in Stresssituationen. Die Mitarbeiter fühlen sich eher in der Lage, selbstverantwortlich im beruflichen wie privaten Alltag ihre *gesundheitliche Balance* aufrechtzuerhalten. Das Kursangebot während der Arbeitszeit integriert sich gut in die regulären Arbeitsabläufe, denn die Teilnehmenden erledigen ihre Arbeit anschließend überwiegend mit mehr Freude und Elan. Dienstvorgesetzte profitieren von stärker selbstverantwortlich handelnden Mitarbeitern und rufen deren neu erworbene Kompetenzen sogar aktiv ab, indem sie Sequenzen der Progressiven Muskelentspannung in Schulungs- oder Besprechungssituationen integrieren.

Die Angebote kommen zudem dem Image der beteiligten Dienststellen zugute, ein Umstand, der im Zuge des demographischen Wandels immer bedeutsamer wird. Da ein aktives Gesundheitsmanagement von immer mehr Arbeitnehmern wertgeschätzt oder sogar erwartet wird, profitiert die hessische Verwaltung durch eine Steigerung ihrer Attraktivität als Arbeitgeber. Die Umsetzung des Multiplikatoren-Modells hat dazu beigetragen, eine *Inhouse-Expertise aufzubauen*. Von eigenen Mitarbeitern angeleitete Kurse sind bereits mittelfristig deutlich kostengünstiger als eine längerfristige Zusammenarbeit mit externen Dienstleistern. Hinzu kommt, dass die Mitarbeiter mit den spezifischen Erfordernissen innerhalb ihrer Dienststellen vertraut und bei ihren Kolleginnen und Kollegen bereits bekannt sind, so dass sich die Angebote nahtlos in den Arbeitsalltag integrieren lassen.

Die Kursleiter

Dr. Cornelia Löhmer (*1961) ist Erziehungswissenschaftlerin und war von 1986 bis 1997 wissenschaftliche Mitarbeiterin und wissenschaftliche Assistentin am Fachbereich Erziehungswissenschaften der Universität Gießen. Sie ist seit 1990 wissenschaftliche Leiterin des Giessener Forums. Schwerpunkte ihrer selbstständigen Arbeit sind die Leitung von Ausbildungskursen in Progressiver Muskelentspannung, die regelmäßige Supervision der Kursleitenden für Progressive Muskelentspannung, die Dozententätigkeit im Rahmen der MBSR-Ausbildungen des Giessener Forums, die Leitung von Inhouse-Seminaren sowie die Begleitung von Menschen, die ein betriebliches Gesundheitsmanagement aufbauen. Dr. Cornelia Löhmer ist TZI-Gruppenleiterin, Ausbilderin für das Training »Achtsamkeit am Arbeitsplatz« (TAA) und für Progressive Muskelentspannung (PME), MBSR-Lehrerin und Autorin. Sie absolvierte Weiterbildungen in MBSR bei Dr. Jon Kabat-Zinn, Dr. Saki Santorelli, Melissa Blacker und Florence Meleo-Meyer, in MBCT bei Mark Williams sowie in Interpersonal Mindfulness Training bei Gregory Kramer und Florence Meleo-Meyer.

Rüdiger Standhardt (*1962) ist Dipl.-Pädagoge, Trainer, Coach und Berater für Personal- und Organisationsentwicklung. Zu seinen beruflichen Stationen zählen eine Ausbildung und Berufstätigkeit im Finanzamt, ein Studium der evangelischen Theologie sowie fünf Jahre Tätigkeit als Leiter einer Kontakt- und Informationsstelle für Selbsthilfegruppen. Seit 1990 ist er Institutsleiter des Giessener Forums, arbeitet selbstständig sowohl im Einzel-Coaching als auch in der Aus-, Fort- und Weiterbildung in verschiedenen Unternehmen, Verbänden und Institutionen und leitet seit 2007 MBSR-Ausbildungsgruppen und Retreats. Rüdiger Standhardt ist Ausbilder für das Training »Achtsamkeit am Arbeitsplatz« (TAA) und für Stressbewältigung durch

Achtsamkeit (MBSR), TZI-Gruppenleiter, Yogalehrer (BDY/EYU) und Autor. Er praktiziert seit vielen Jahren Zen und Yoga bei Pater Lassalle, Prof. Dr. Michael von Brück und R. Sriram. Außerdem absolvierte er Weiterbildungen in MBSR bei Dr. Jon Kabat-Zinn, Dr. Saki Santorelli, Melissa Blacker und Florence Meleo-Meyer, in MBCT bei Mark Williams, in Interpersonal Mindfulness Training bei Gregory Kramer und Florence Meleo-Meyer und in The Work bei Byron Katie.

Ergänzende Angebote
Neben der Kursleiterausbildung Progressive Muskelentspannung (PME), die fünf Kurstage und zwei Supervisionen beinhaltet, bietet das Giessener Forum auch Ausbildungen zum MBSR-Lehrer an, die den Standards des MBSR-Verbandes folgen und sich über 30 Kurstage erstrecken. Absolventen der PME-Weiterbildung steht zudem das Training »Achtsamkeit am Arbeitsplatz« offen, eine Weiterbildung über zehn Kurstage, die in weitere Methoden der Achtsamkeit einführt und vermittelt, wie sich diese Praktiken in den Arbeitsalltag integrieren lassen. Darüber hinaus organisieren Dr. Cornelia Löhmer und Rüdiger Standhardt regelmäßige Fachtagungen und Vorträge, die auf Anfrage auch als Inhouse-Angebote für Unternehmen, Verwaltungen und soziale Einrichtungen konzipiert werden. Gemeinsam leiten sie den Arbeitskreis »Achtsamkeit am Arbeitsplatz«.

Weitere Informationen und Kontakt
Giessener Forum – Ausbildungsinstitut für achtsamkeitsbasierte Verfahren
Dr. Cornelia Löhmer und Rüdiger Standhardt
Helgenstockstr. 15 a
35394 Gießen
Telefon: +49 (0)6 41 49 36 05
E-Mail: info@giessener-forum.de
Internet: www.giessener-forum.de

Zen-Meditation als Basis des betrieblichen Gesundheitsmanagements

Ziele

Die Zen-Meditation bildet die Grundlage und den Mittelpunkt des betrieblichen Gesundheitsmanagements von Zen-Leadership. In den Workshops, Seminaren und Coachings geht es um *Selbsterkenntnis, Selbsterfahrung und Regeneration* sowohl der psychischen als auch der physischen Kräfte. Das Leadership-Angebot ist zum einen zugeschnitten auf die *Bedürfnisse von Firmen, Unternehmen und Teams*, zum anderen auch auf die persönliche Entwicklung des Menschen. Die Teilnehmer werden zunächst systematisch in die Grundlagen der Zen-Meditation eingeführt, so dass sie in der Lage sind, auch zu Hause regelmäßig zu meditieren. Ein Alleinstellungsmerkmal der Leadership-Angebote ist die Fokussierung auf die innere Mitte des Menschen, das so genannte Hara im Unterbauchbereich. Mit speziellen Übungen lernen die Teilnehmer, sich in sich selbst zu verankern und in ihrer eigenen Mitte zu ruhen.

Die praktische Einführung in die Zen-Meditation wird ergänzt durch verschiedene Vorträge, die Fragen der Gesundheitsvorsorge, Themen des Selbstmanagements und die *Wechselwirkung von äußeren Arbeitsumständen und inneren Entwicklungsprozessen* beleuchten. Diese differenzierte Sichtweise erleichtert es Führungskräften und Mitarbeitern, Meditation und ihre positive gesundheitliche Wirkung nicht nur im persönlichen Bereich zu erfahren, sondern auch aktiv an den positiven Rahmenbedingungen mitzuwirken, die ein Arbeiten des gesamten Teams in Balance ermöglichen.

Eckdaten

Der von Zen-Meister Hinnerk Polenski begründete Zen-Leadership-Weg gehört zu den Vorreitern der Vermittlung von Zen-Meditation in unternehmerischen Kontexten. Das ganzheitliche Leadership-Modell ist in seiner Art und Ausprägung einzigartig im Angebot für Führungskräfte. Seit den 1990er Jahren schulen Polenski und die von ihm ausgebildeten Trainer Führungskräfte und Mitarbeiter in der Achtsamkeitspraxis. So lernen diese, ihre Aufmerksamkeit auf sich selbst (jenseits jeder Egozentrik) zu lenken, um dann aus dieser (oft neuen) Perspektive wieder den Blick auf andere im Außen zu richten. Die Konzeption der Kurse, Zen-Einführungen und Coachings folgt den spezifischen Anforderungen der jeweiligen Unternehmen und der individuellen Persönlichkeit. Die Aus- und Weiterbildung basiert auf folgenden vier Grundsätzen:

1. Bewusstmachung der *Eigenverantwortung* für körperliche und mentale Fitness. Die Teilnehmenden lernen, wie sie einen Ausgleich zwischen ihrer meist hohen Leistungsbereitschaft und ihren gesundheitlichen Bedürfnissen herstellen.

2. Aspekte wie *körperliche Gesundheit und mentale Klarheit* werden anhand konkreter Techniken vermittelt und gestärkt. Die eingesetzten und vermittelten Methoden erleichtern es dem Einzelnen, seine körperliche und mentale Gesundheit zu erhalten und zu stabilisieren.

3. Individuelle Trainingsübungen und -settings orientieren sich an den Lebens- und Arbeitssituationen der Teilnehmer. So lernen sie nachhaltig, wie sie z. B. Lebensstil und Lebenseinstellung verbessern können.

4. Firmen werden unterstützt und begleitet, so dass sie in die Lage sind, eigene Formen von »Refresh«-Workshops und -Seminaren als interne Angebote zu entwickeln und ihren Mitarbeitern anzubieten. Dieser Prozess wird durch persönliche Gespräche, Trainings und Check-ups unterstützt. Ziel ist es, regelmäßige Veranstaltungen für Einsteiger und Fortgeschrittene innerhalb des Unternehmens anzubieten, damit die erarbeiteten Ressourcen erhalten und ausgebaut werden und so der Nutzen für Mitarbeiter, Team und Firma langfristig gegeben ist.

Die Zen-Leadership-Trainer sind ausgebildet, das Hara der Teilnehmer zu unterstützen und die Zen-Meditation zu vermitteln. Sie stehen darüber hinaus für die Unternehmen und Mitarbeiter bzw. das Management als Experten und Fachleute aus vielen gesundheitlichen Bereichen für die *Vertiefung spezifischer gesundheitlicher Fragen* zur Verfügung. Die Trainer und Vortragenden entstammen fast allen Bereichen des Gesundheitswesens, kennen sich aus in der Sport- und Bewegungsmedizin, der Psychologie, dem Coaching sowie dem betrieblichen Gesundheitsmanagement. Durch die breite Fach- und Sachkompetenz in diesen Bereichen können eine Vielzahl zusätzlicher Aspekte im Rahmen des Programms individuell angeboten und vertieft werden. *Verhaltenstherapeutische Hilfestellungen*, die Verbesserung des Selbstmanagements, Ernährungsberatung sowie die Ausarbeitung individueller Sportprogramme sind nur vier der möglichen zusätzlichen Angebote.

Bedeutung der Achtsamkeit und Herstellung von praktischen Businessbezügen im Rahmen des Angebots
Bei allen Angeboten steht die Meditationspraxis im Mittelpunkt. Denn der Zen-Ansatz fördert Achtsamkeit und Bewusstsein der Praktizierenden, die ein Gefühl für die Wechselseitigkeit von Spannung und Entspannung entwickeln, während *Konzentration, Denkvermögen und innere Ausgeglichenheit* gesteigert werden. Die tägliche Meditation stärkt die eigenen Kraft- und Energieressourcen. So haben Teilnehmer einen direkten Nutzen für sich als Person und als Mitarbeiter im Unternehmen. Das ist einer der wichtigsten Aspekte und Vorteile dieses Programms. Der praktische Wert im Arbeitsalltag wird oft schon nach wenigen Wochen auf umfassende Weise sicht- und fühlbar.

Um diese Entwicklung weiter zu unterstützen, werden die Teilnehmer in Fachvorträgen auf Probleme der Stressbewältigung, des Selbstmanagements, der persönlichen *Energiebalance* und der Prävention angesprochen. Auf diese Weise sind Lösungswege immer verknüpft mit den Gegebenheiten in den jeweiligen Unternehmen, was den Mehrwert für alle Beteiligten deutlich erhöht.

Die Kurse, Workshops, Seminare und auf Wunsch später auch Zen-Sesshins führen die Teilnehmenden in einen tiefen *Prozess der Selbst-Erfahrung*. So wird ein Fundament für die weitere eigenständige Übungspraxis gelegt, die besonders von der Zen Leadership Akademie unterstützt wird. Durch die regelmäßige Meditation entwickelt sich eine wachsende innere Klarheit und Präsenz. Über die Zeit gesehen, führt dies zu einer Veränderung des Selbstbildes der Teilnehmer. Und das hat ganz konkrete Auswirkungen auf ihr Handeln, auch im Beruf. Die inneren und äußeren Wandlungsprozesse werden auf Wunsch in Coachings und persönlichen Beratungsgesprächen reflektiert und begleitet, so dass die Teilnehmer individuelle Feedbacks und Anregungen erhalten, wie sie ihre Erfahrungen einordnen und konstruktiv in den Unternehmensalltag integrieren können.

Wirkungen des Programms im Business-Kontext

Wie vielfältig die Ausgestaltungsmöglichkeiten und die damit verbundenen Wirkungen sind, zeigen die Umsetzungsszenarien in verschiedenen Unternehmen. Eine norddeutsche Baufirma beispielsweise realisierte für rund 40 regionale Geschäftsstellenleiter einen Gesundheitstag »Fit im Team«, um den Führungskräften Wege zu einem ganzheitlicheren Umgang mit ihrer Gesundheit aufzuzeigen. Die intensive Meditationspraxis, verbunden mit einem sportmedizinischen Check-up, angeleiteten Trainings und Hinweisen für die Umsetzung im Alltag, lieferte den Teilnehmern wesentliche Impulse zur Selbstreflexion. Diese wurden von der Geschäftsleitung aufgegriffen, die innerhalb des Unternehmens eine längerfristige, ganzheitliche Führungs- und Arbeitsperspektive etablierte.

Mitarbeiter des Westdeutschen Rundfunks besuchen seit 2009 Zen-Leadership-Einführungen. Nachdem der WDR-Betriebsarzt Dr. Michael Neuber die Zen-Praxis selbst in einem Kurs kennengelernt hatte, integrierte er Zen als einen Baustein in das Gesundheits-Angebot des Senders. Rund ein Prozent der Belegschaft besuchte in den vergangenen Jahren Zen-Einführungskurse. Die Mehrheit der knapp 6o Teilnehmenden erfährt durch diese Kurse nicht nur eine kurzfristige Erholung, sondern fühlt sich auch langfristig ausgeglichener. Das ist das Ergebnis einer internen Befragung des Betriebsarztes. Knapp die Hälfte übt nach dem Zen-Kurs eine regelmäßige persönliche Praxis aus, die andere Hälfte praktiziert eher unregelmäßig weiter, ein kleiner Teil nahm von der Meditation ganz Abstand. Fast alle Praktizierenden verbinden mit der Zen-Praxis eine positive Auswirkung auf ihren Lebens- und Arbeitsalltag. Der Betriebsarzt bietet mittlerweile in der Kölner Zentrale an zwei Tagen der Woche eine interne Zen-Meditation an.

Auch eine Norddeutsche Bank bietet seit mehreren Jahren monatliche Zen-Trainings für ihre Mitarbeiter an, die mit jeweils rund 25 Teilnehmern großen Zulauf verbuchen. Flankiert wird die reine Meditationspraxis durch Themenseminare, beispielsweise über Energiebalance und Stressbewältigung. Aus dem regelmäßigen Veranstaltungszyklus ist eine dauerhafte Einrichtung geworden: Das Unternehmen hat einen Meditationsraum eingerichtet, der den Mitarbeitern während der Arbeitszeit als Rückzugsraum zur Verfügung steht und in dem sie wöchentlich als Gruppe meditieren. Damit gewinnen die gesundheitliche Prophylaxe und ein aktives Stressmanagement unternehmensweite Sichtbarkeit und wirken somit nicht nur auf die Selbstwahrnehmung und die Haltung der Beteiligten, sondern auch auf die gesamte Unternehmenskultur.

Ein westdeutsches Logistik-Unternehmen begann 2008 mit der Initiierung eines Zen-Programms für Führungskräfte. Bedingt durch die Wirtschaftskrise, hatte sich der Druck im Arbeitsalltag erheblich erhöht, so dass der Zen-Kurs genutzt wurde, diese Stressspirale zu durchbrechen und den Mitarbeitern Wege aufzuzeigen, ihre Kraftressourcen wieder aufzubauen und dem Selbstverschleiß vorzubeugen. Neben positiven gesundheitlichen Effekten stellten sich bei den Beteiligten auch eine bessere Konzentration, höhere innere Klarheit und eine Verbesserung ihrer Führungsfähigkeit ein. Vor diesem Hintergrund wird die Zen-Praxis im Unternehmen inzwischen auch als vorbereitende Übung auf interne Business-Workshops oder vor wichtigen Meetings genutzt, um Führungskräfte und Mitarbeiter in ihrer Fokussierung auf das Wesentliche zu unterstützen.

Die Kursleiter

Hinnerk Polenski (Syobu Sensei) ist Zen-Meister, Lehrer und Abt des Daishin Zen. Der ehemalige Unternehmensberater und Autor praktiziert Zen seit mehr als 30 Jahren, ist ordinierter Mönch und Schüler des japanischen Zen-Meisters Reiko Mukai Osho und Mitglied des Hoko-ji-Rinzai-Ordens und des Syoko-ji-Tempels in Japan. Gemeinsam mit Reiko Mukai Osho gründete er die Daishin-Zen-Linie. Einer der drei Schwerpunkte seiner Zen-Schule ist die Entwicklung eines europäischen Zen-Weges für Führungskräfte. Der Zen-Leadership-Weg ist in seinem aktuellen Buch »In der Mitte liegt die Kraft – Mit Zen gelassen bleiben in der Arbeitswelt« ausführlich beschrieben. Hinnerk Polenski bietet seit mehr als zwanzig Jahren Zen-Seminare für Führungskräfte an. Seit 1999 widmet er sich ganz dem Zen-Weg, ist als Lehrer tätig und coacht Führungskräfte. Die von ihm konzipierten Zen-Leadership-Angebote und Seminare unterstützen eine auf Zen basierende Selbstentwicklung nicht nur in Unternehmenskontexten. Zunehmend bietet er auch Schulungen im spirituellen und persönlichen Bereich an.

Hinnerk Polenski leitet als Abt das Daishin Zen-Kloster und Seminarzentrum Buchenberg/Allgäu. Dort finden Seminare und Zen-Sesshins im traditionellen japanischen Stil statt. Wer über Leadership mit Zen in Kontakt kommt, kann innerhalb des Daishin-Zen auch den Schüler-Weg gehen. Alle Leadership-Lehrenden verfügen über eine fundierte Zen-Praxis und sind von Hinnerk Polenski autorisiert. Viele waren oder sind selbst langjährig als Führungskräfte in Unternehmen tätig, so dass sie aufgrund ihrer persönlichen Erfahrung die Herausforderungen des Führungs- und Arbeitsalltags kennen.

Ergänzende Angebote

Neben speziellen Kursen für das betriebliche Gesundheitsmanagement bietet Zen- Leadership auch klassische Einführungen in das Zen-Training für Führungskräfte an. Diese Einführungen dauern üblicherweise eineinhalb oder zweieinhalb Tage und finden entweder im Unternehmen, in dessen Umfeld oder im Daishin-Zen-Seminarzentrum Buchenberg/Allgäu statt. Schwerpunkt ist die Einführung in die Meditation, verbunden mit einer Stärkung der inneren Ausrichtung der Teilnehmenden und ihrer inneren Mitte. Ein wesentlicher Baustein dieser Einführungstage sind persönliche Vier-Augen-Gespräche (Dokusan) mit dem Zen-Meister. Je nach Anforderungen werden zusätzlich Vorträge zu Themen aus unterschiedlichen betrieblichen Kontexten angeboten, wie beispielsweise die Kooperation in Teams, Energieökonomie oder Leadership im Allgemeinen.

Weitere Informationen und Kontakt
Zen-Leadership
Zen-Meister Hinnerk Polenski
Daishin Zen Schule
Langenwiesen 15
22359 Hamburg
Telefon: +49 (0)40 6 05 33 60 40
E-Mail: info@zen-leadership.de
Internet: www.zen-leadership.de

Resilienz-Trainings zur Etablierung einer nachhaltigen Führungskultur bei der Sportmarke PUMA

Ziele

Die Sportmarke PUMA hat in der Konzernzentrale Herzogenaurach ein Wellbeing-Programm entwickelt, das alle Mitarbeiter mit verschiedenen, beliebig kombinierbaren Bausteinen dabei unterstützt, eine *ausgeglichene Work-Life-Balance* zu etablieren und Belastungen

durch übermäßiges Engagement im Job vorzubeugen. Das Gesamt-
programm adressiert strukturelle, soziale, physische und mentale
Aspekte, die im Arbeitsleben von Belang sind. Dazu zählen flexible
Arbeitszeitmodelle, die Unterstützung von Eltern im Hinblick auf
geeignete Betreuungsmöglichkeiten für ihre Kinder, Eltern-Kind-
Büros, eine zertifizierte Bio-Kantine, Physiotherapie und Massage
sowie ein Sportprogramm, in dessen Rahmen neben verschiedenen
Sportarten und Events auch Yoga-Kurse angeboten werden.

Im Bereich des *mentalen Wohlbefindens* bietet PUMA für Mitarbeiter aller Ebenen die Möglichkeit der Teilnahme an Kursen zur Mindfulness-Based Stress Reduction (MBSR) an, um diese zu befähigen,
ein zu ihren Lebens- und Arbeitsumständen passendes *individuelles
Stressmanagement* zu entwickeln. Speziell für Führungskräfte wurde
ein Resilienzprogramm ins Leben gerufen, das Managern Wege auf-
zeigt, einerseits die Grenzen der eigenen Belastbarkeit zu erkennen
und zu wahren und andererseits Führungsstile zu entwickeln, die die
Integrität der gesundheitlichen und psychosozialen Befindlichkeit der
Mitarbeiter unterstützen.

Eckdaten

Bei der Implementierung des MBSR-Programms arbeitet PUMA mit
externen Dienstleistern zusammen. Vor dem Beginn eines Kurszyklus findet eine Informationsveranstaltung für alle interessierten Mitarbeiter statt, bei der nicht nur die Kursinhalte dargestellt werden,
sondern ein Mediziner auch grundlegende Informationen zur neurowissenschaftlichen Wirksamkeit von Meditation vermittelt. Diese
sachlich-pragmatische Darstellungsweise passt zur modernen, leis-
tungsorientierten Unternehmenskultur von PUMA und erleichtert es
den Mitarbeitern, einen Zugang zur Thematik zu finden.

Das klassische Setting für MBSR-Kurse wurde in Abstimmung
zwischen der Personalentwicklung und den externen Kursleitern *auf
die spezifischen Bedürfnisse innerhalb des Unternehmens angepasst.* Da
in dem internationalen Konzern viele Mitarbeiter in regelmäßigen

Zyklen auf Geschäftsreisen sind, läuft ein Kurs statt der üblichen acht Wochen lediglich sieben Wochen. Aufgrund erster Praxiserfahrungen wird eine weitere Reduzierung auf sechs Wochen angedacht, damit möglichst viele Mitarbeiter, die an einer Teilnahme interessiert sind, diese ohne Konflikte mit ihren geschäftlichen Terminen bewerkstelligen können. In den je dreistündigen Kurseinheiten werden die *MBSR-typischen Methoden Body Scan, einfache Yoga-Übungen sowie verschiedene Meditations- und Achtsamkeitsformen in Stille* vermittelt. Die Kursteilnehmer werden gebeten, die Methoden täglich für 20 bis 25 Minuten in Eigenregie zu üben, um damit vertraut zu werden und eine persönliche Achtsamkeitspraxis zu entwickeln. Diese reduzierte Anforderung (in konventionellen MBSR-Kursen gehören 45 Minuten tägliche Praxis zur Selbstverpflichtung der Teilnehmenden) soll sicherstellen, dass die Mitarbeiter sich nicht überfordert fühlen und auch in Zeiten erhöhter beruflicher Präsenz ihre tägliche Meditation beibehalten können.

Auf den am Ende eines MBSR-Kurses gewöhnlich stattfindenden »Achtsamkeitstag«, bei dem die Kursteilnehmer gemeinsam in ganztägigem Schweigen alle erlernten Übungen praktizieren, verzichtet PUMA, da eine solch umfassende Praxis der Stille erfahrungsgemäß für Meditations-Einsteiger eine hohe Hürde darstellt. Um eine breite Beteiligung zu erreichen, folgen alle spezifischen Anpassungen des MBSR-Kursformats der Leitlinie, die Messlatte für einen Kurseinstieg so niedrig zu legen, wie es fachlich vertretbar ist.

Das *Resilienz-Training* für die PUMA-Führungskräfte trägt der Tatsache Rechnung, dass unternehmerisches Handeln in der heutigen Zeit permanenten Prozessen der Transformation unterliegt. In dem zweitägigen Training, das durch einen Follow-up-Tag nach drei bis sechs Monaten und ein individuelles Coaching flankiert wird, geht es deshalb darum, die *innere Stärke und Widerstandskraft* sowie die Anpassungsfähigkeit an Veränderungen zu fördern, und dies nicht allein auf der persönlichen Ebene, sondern gleichermaßen unter der Fragestellung, wie Führungskräfte durch ein erweitertes Fähigkeitsrepertoire die Prozesse im Unternehmen angemessen gestalten können, um permanenten Wandel ohne Verschleiß der Mitarbeiter zu initiieren.

Auf Basis der Erstellung eines eigenen Resilienz-Profils können die Führungskräfte erkennen, in welchen Feldern sie bereits gut aufgestellt sind und wo Verbesserungsmöglichkeiten liegen. So lernen sie, *die eigene Steuerungsfähigkeit im Berufsalltag zu verbessern*, um zu einer ausgeglichenen Selbstführung und einer gesunden Führung der Mitarbeiter zu finden. Auf Basis konkreter Situationen aus dem Arbeitsalltag werden Herausforderungen identifiziert und Handlungsalternativen entwickelt. Das Repertoire an Achtsamkeitsübungen, das während des Kurses vermittelt wird, erleichtert es, kognitive und emotionale Strategien zu erlernen, um mit ambivalenten Gefühlen wie Resignation und Zuversicht, Anspannung und Gelassenheit souverän und angemessen umzugehen. Insgesamt trägt das Programm zu einer Sensibilisierung für mögliche Stressoren im Unternehmensalltag bei und befähigt die Führungskräfte, eine Führungskultur zu entwickeln, die den gesundheitlichen Ressourcen der Mitarbeiter Rechnung trägt.

Bedeutung der Meditation und Herstellung von praktischen Businessbezügen im Rahmen des Angebots

Sowohl das MBSR- als auch das Resilienzprogramm sind so konzipiert, dass die vermittelten Achtsamkeitsmethodiken über den gesamten Kurs hinweg jeweils auf die konkreten Herausforderungen des Business bezogen sind. Die Teilnehmenden des MBSR-Kurses lernen, ihre eigenen Stressreaktionen zu erkennen und ihnen durch achtsamkeitsbasierte Übungen konstruktiv zu begegnen. Die Reflexion der Zusammenhänge zwischen Stress beziehungsweise innerer Balance und Gesundheit und, darauf aufbauend, das Entwickeln *angemessener Handlungsalternativen in herausfordernden Situationen* erleichtern es den Mitarbeitern, sich neue, ausgeglichene Strategien für die Bewältigung des Berufsalltags anzueignen. Darüber hinaus fördert der Kurs das Erlernen einer achtsamen Kommunikation, um *klarer denken und bewusster handeln* zu können. Diese Metakompetenz trägt dazu bei, das neue Methodenrepertoire nicht allein unter kompensatorischen Gesichtspunkten anzuwenden, sondern längerfristig durch Änderungen im eigenen Verhalten eine konstruktivere Arbeitskultur zu fördern.

Das Resilienz-Programm stellt über alle Phasen der Schulung Bezüge zum Tagesgeschäft her. Die Teilnehmenden formulieren Transferaufgaben, anhand derer sie das im Kurs Gelernte umgehend im eigenen Führungsalltag erproben können. Die gemeinsame *Bearbeitung von Praxisfällen* erleichtert es, die realen Herausforderungen zu erkennen und Lösungsstrategien zu erarbeiten, die sich im Einklang mit der Unternehmenskultur befinden und diese weiterentwickeln.

Wirkungen des Programms im Business-Kontext

Die Evaluationen des MBSR-Pilotprojekts und des Resilienz-Programms zeigen, dass die Kurse einen wesentlichen Beitrag leisten, die Phänomene Stress, gesundheitliche Balance und achtsame Führung mit stärkerer Bewusstheit anzugehen. Das zweigleisige Vorgehen, nicht allein den Aspekt der individuellen Vorsorge im Zuge des MBSR-Programms zu stärken, sondern durch das Resilienz-Training auch *übergeordnete Fragen der Führung* und der Unternehmenskultur anzusprechen, eröffnet einen ganzheitlichen Wirkungsradius über das gesamte Unternehmen. Ein wesentlicher Mehrwert dieser Strategie für Führungskräfte ist es, dass sich durch den zielgruppenspezifischen Kurs neue Räume für einen übergreifenden Erfahrungsaustausch öffnen, um Fragen rund um die Komplexe Gesundheit, Stress, Burn-out und gesunde Führung zu reflektieren, für die im Tagesgeschäft häufig weder Zeit noch ein passender Rahmen vorhanden ist.

Für den MBSR-Pilotkurs wurden insgesamt 30 Mitarbeiter unterschiedlicher Nationalitäten ausgewählt und auf eine deutschsprachige und eine englischsprachige Gruppe aufgeteilt. Unter ihnen waren zu einem Drittel Führungskräfte bis zur Direktor-Ebene, was zeigt, dass das Thema Stress über die gesamte Unternehmenshierarchie hinweg relevant ist. Das Resilienz-Training wurde mit zehn Führungskräften erprobt. Beide Programme führten zu einer deutlichen *Verbesserung der Selbstwahrnehmung* der Teilnehmenden, so dass diese in der Zeit nach dem Kursprogramm im Arbeitsalltag deutlich mehr geistige Präsenz und Achtsamkeit zeigten. Diese Effekte klingen zwar mit der Zeit etwas ab, doch wenn sie in einen unreflektierten Leistungstrott zurückfallen, sind sie eher in der Lage, dies zu erkennen und *gezielter gegenzusteuern*. Um die Lernerfolge zu stabilisieren, erwägt das PUMA-Personalwesen deshalb, künftig wiederkehrende offene Achtsamkeitsangebote zu etablieren, so dass die Mitarbeiter das Gelernte auffrischen können.

Im Hinblick auf die Unternehmenskultur, die von Schnelligkeit und hoher Leistungsbereitschaft lebt, ist es ein Anliegen der Personalverantwortlichen, durch die Weiterführung der Programme unternehmensweit das Verständnis zu fördern, dass *Schnelligkeit und Achtsamkeit* keine Gegenpole sind, sondern dass sich eine innere und äußere Balance der Mitarbeiter sogar positiv auf die Unternehmenseffizienz auswirkt. Das im Headquarter des Unternehmens in Deutschland entwickelte Programm versteht sich als Best Practice, die von den Standorten weltweit adaptiert werden kann.

Ergänzende Angebote

Zusätzliche fachspezifische Kurse zu Themenfeldern wie Leadership, Kommunikation, Change Management und interkulturelle Kompetenzen, die jeweils unter dem Vorzeichen der Intensivierung konventioneller Methoden durch Achtsamkeitspraktiken gelehrt werden, bietet PUMA seinen Mitarbeitern als externe Angebote in Kooperation mit der Akademie für Führungskompetenz am Benediktushof Holzkirchen an (vgl. Best Practice auf S. 171).

Weitere Informationen und Kontakt
PUMA SE
Head of Human Resources & Strategic HR-Development
Roman Klein
PUMA Way 1
91074 Herzogenaurach
Telefon: +49 (0)91 32 81 25 46
E-Mail: Roman.Klein@puma.com
Internet: www.puma.com

Online-Glückstraining als Baustein der Gesundheitsvorsorge bei einer Versicherung

Ziele

Betriebliche Gesundheitsvorsorge, Stressmanagement und Burn-out-Prophylaxe setzen darauf, Menschen darin zu befähigen, *konstruktiver mit äußeren Stressoren umzugehen.* Welche Faktoren bei Menschen Stress auslösen und wie widerstandsfähig das Individuum gegenüber diesen Herausforderungen ist, hängt nicht unwesentlich ab von der grundsätzlichen psychischen Verfassung; dies zeigen die wissenschaftlichen Erkenntnisse der positiven Psychologie, Resilienzforschung oder auch der Mind-Body-Medizin. Das von dem Mediziner und Kabarettisten Dr. med. Eckart von Hirschhausen im Rahmen seiner Stiftung »Humor hilft heilen« entwickelte kostenlos zugängliche Online-Glückstraining »Glück kommt selten allein« (www.glueck-kommt-selten-allein.de) fördert mit einem *interaktiven Übungssetting* die Entfaltung positiver Grundhaltungen und des persönlichen Glücksempfindens. Die wissenschaftliche Evaluation des Programms an der Hochschule Coburg unter der Leitung von Prof. Dr. Tobias Esch zeigt, dass die Teilnehmenden sowohl ihr Wohlbefinden als auch ihre Stressreaktionen durch die Übungen deutlich verbessern können.

Eckdaten

Das Programm »Glück kommt selten allein« ist als *siebenwöchiger Onlinekurs* konzipiert. In kurzen Video-Clips führt Eckart von Hirschhausen in das jeweilige Wochenthema ein, das die Teilnehmer sich im Rahmen von Übungsaufgaben im Selbststudium praktisch erschließen. In der ersten Woche entwickeln die Teilnehmenden zunächst für sich *Klarheit* darüber, welche Hindernisse ihrem persönlichen Glück im Wege stehen könnten und welche Erlebnisse, Erfahrungen oder Begegnungen sie glücklich machen. Das tägliche Notieren dieser Glücksmomente in einem Tagebuch erleichtert es, das Bewusstsein für persönliche Glücksfaktoren zu schärfen.

Die zweite Woche widmet sich der Entstehung von Glück in gemeinschaftlichen Kontexten. Die Teilnehmenden reflektieren ihre positiven Kontakte zu anderen Menschen und schreiben einen Dankesbrief. Die dritte Woche steht unter dem Motto »Zufall«. Es geht darum, drei Wünsche anderen zu erzählen, jemandem eine unerwartete Freude zu machen und *etwas völlig Neues zu tun*. In der vierten Woche wird das Glück des Moments erkundet, beim achtsamen Essen einer Mahlzeit, indem man Glücksmomente fotografiert und sich durch sportliche Betätigung auspowert. Die fünfte Woche steht unter dem Oberbegriff Selbstüberwindung. Die Teilnehmenden erkunden ihre *persönlichen Stärken* und üben, diese in neuen Kontexten einzusetzen. Die sechste Woche sensibilisiert für die Fülle im Leben, indem man etwas mit anderen teilt bzw. kleine Geschenke macht und in einem Tagebuch festhält, wofür man selbst dankbar ist. Darüber hinaus erhalten die Kursteilnehmer eine *Einführung in die Meditation* und werden dazu angeregt, sich täglich zehn Minuten der Stille zu gönnen. Für Meditations-Einsteiger bietet Eckart von Hirschhausen hierzu eine von ihm geführte Meditation an, die sich online anhören und als Audio-Clip herunterladen lässt. Die letzte Woche schließlich dient der Reflexion und Vertiefung des bisher Gelernten. Die Teilnehmenden werden ermutigt, sich aus dem Repertoire des Kurses ihre Lieblingsübungen herauszusuchen, um diese auch in Zukunft im Alltag zu praktizieren, und ihre Erfahrungen mit anderen Menschen zu teilen.

Bedeutung der Achtsamkeit und Herstellung von praktischen Businessbezügen im Rahmen des Angebots

Wie glücklich sich Menschen fühlen, hängt unter anderem von der Fähigkeit ab, Glücksmomente überhaupt wahrzunehmen, so dass ein achtsamer Blick auf die persönlichen Lebensumstände das Glücksempfinden deutlich verbessern kann. Ein Lob vom Chef oder die Freude über eine Gehaltserhöhung verpuffen, wenn die Gedanken nur darum kreisen, akute Engpässe bei einem wichtigen Projekt zu kompensieren oder sich zu ärgern, dass Überstunden notwendig sind. Das Online-Glückstraining schult die *Achtsamkeit in konkreten Alltagssituationen* und legt damit eine Basis für die persönliche Glückswahrnehmung.

Beim Thema »Gemeinschaft« zeigt sich, in welchem Maße sich Beziehungen zu anderen Menschen durch eine bewusste und positive Haltung fördern lassen. Ein gutes Arbeitsklima hängt in besonderem Maße davon ab, wie Kollegen miteinander umgehen. Sind Mitarbeiter sich der Tatsache bewusst, dass *konstruktives Miteinander* nicht einfach gegeben ist, sondern dass jeder Mensch dazu einen Beitrag leisten kann (der ihn darüber hinaus auch selbst ein wenig glücklicher werden lässt), kann dies auf die Kultur des Umgangs im ganzen Unternehmen positiv ausstrahlen. Mit anderen Menschen Wünsche zu teilen, schafft Offenheit und Vertrauen auch in Arbeitsbeziehungen. Jemandem einen unerwarteten Gefallen zu tun, vertieft die *Wahrnehmungsfähigkeit für die Bedürfnisse anderer* und trägt durch positive Feedbacks zur eigenen Freude bei. Die Achtsamkeit beim Essen (die sich auf andere Alltags- und Arbeitssituationen übertragen lässt) schult den Geist dafür, sich *auf das Hier und Jetzt zu fokussieren*, was wiederum dazu beiträgt, sich nicht durch Ärgernisse der Vergangenheit oder die innere Vorwegnahme möglicher Unwägbarkeiten in der Zukunft unnötig selbst zu stressen.

Wer die eigenen Stärken kennt und sich darin übt, diese bewusst, vor allem in neuen Kontexten, anzuwenden, erweitert die persönliche Handlungsfähigkeit und fördert damit das Gefühl, etwas bewirken zu können. Gerade im Arbeitsalltag kann diese Wahrnehmung der *Selbstwirksamkeit* dazu beitragen, sich selbstwirksam zu fühlen, selbst wenn sich manche äußeren Vorgaben oder Zwänge im Unternehmen nicht individuell beeinflussen lassen. Gefühle der Dankbarkeit für all die kleinen Geschenke des Alltags zu kultivieren, schärft die Erkenntnis dafür, dass *Lebenszufriedenheit* nicht unbedingt von der nächsten großen Beförderung abhängig sein muss, sondern sich auch durch einen freundlichen Plausch mit dem Kollegen aus dem Nachbarbüro oder ein gutes Mittagessen in der Kantine fördern lässt. Die zum Kursende eingeführte Übung in Meditation kann dazu beitragen, im hektischen Arbeitsalltag Inseln der Ruhe zu schaffen, um den Kopf freizubekommen und dem Geist eine Erholungspause von allgegenwärtigen E-Mail-Kaskaden und Dauertelefonaten zu gönnen. Da Meditieren die Achtsamkeit auf grundlegende Weise schult, können sich die in der Stille gemachten Erfahrungen darüber hinaus, regelmäßiges Üben vorausgesetzt, auf weitere Arbeitskontexte übertragen. Wer Stille einmal wirklich achtsam erfahren hat, wird auch leichter wahrnehmen, wenn sich Stress aufbaut, und kann diesem dann gezielt entgegenwirken.

Wirkungen des Programms im Business-Kontext
Das Online-Glückstraining wurde bereits von mehr als 20 000 Menschen absolviert. Unter der Leitung von Prof. Dr. med. Tobias Esch, der als Visiting Professor an der Harvard Medical School, Boston, sowie als Fachleiter »Gesunde Hochschule« in Coburg tätig ist, wurden die Wirkungen des Trainings im Arbeitskontext bei 147 Mitarbeitern einer Versicherung wissenschaftlich untersucht. Da verschiedene Studien bereits belegen, dass ein Zusammenhang zwischen persönlichem Glücksempfinden und beruflichem Erfolg besteht, gingen die Forscher der Frage nach, ob und in welcher Weise das Glückstraining positive Auswirkungen auf die Fähigkeit hat, mit Stress kon-

struktiv umzugehen, es die Achtsamkeit fördert und die Fähigkeit zur Selbstregeneration stärkt.

Die Selbsteinschätzung der Kursabsolventen belegt, dass das Training sich deutlich *positiv auf das Glücksgefühl und die Lebenszufriedenheit auswirkt.* Anhand verschiedener psychometrisch valider Fragebögen zum Wohlbefinden, zu depressiven Stimmungen oder zum subjektiven Stresserleben konnte gezeigt werden, dass sich die psychische Gesundheit der Teilnehmenden statistisch signifikant – und möglicherweise auch medizinisch relevant – verbessert hat. Auch auf der körperlichen Ebene waren Verbesserungen messbar, manifeste *Stresssymptome der Kursteilnehmer verringerten sich.* Da die Versicherungsmitarbeiter das Training in einer Zeit absolvierten, die durch ein besonders hohes Arbeitsaufkommen geprägt war, untermauert dies die Wirksamkeit der Übungen zusätzlich, denn im Kontext des Studiensettings wäre bereits eine gleichbleibende Stressbelastung als positive Wirkung zu deuten gewesen.

Insgesamt gehen die Wissenschaftler davon aus, dass das Glückstraining die *Fähigkeit zur Selbstreflexion* gefördert und in Folge zur positiven Veränderung alltäglicher Lebensumstände beigetragen hat. Auch legen die Reaktionen der Beteiligten nahe, dass durch das Training eine Art *kultureller Wandel im Unternehmen* angestoßen wurde, der in Teilen zu einer spürbaren Verbesserung des Arbeitsklimas geführt hat. Die sich über die Kursdauer verringernden Stressreaktionen der Teilnehmer lassen das Training geeignet erscheinen, als Baustein im betrieblichen Gesundheitsmanagements zur Stressprävention beizutragen.

Anbieter

Dr. med. Eckart von Hirschhausen (*1967) studierte Medizin und Wissenschaftsjournalismus in Berlin, London und Heidelberg. Seine Spezialität: medizinische Inhalte in humorvoller Art und Weise zu vermitteln, gesundes Lachen mit nachhaltigen Botschaften. Seit mehr als 15 Jahren ist er als Komiker, Autor und Moderator in den Medien und auf den großen Bühnen Deutschlands unterwegs. Durch die Bücher »Arzt-Deutsch«, »Die Leber wächst mit ihren Aufgaben« und »Glück kommt selten allein« wurde er mit mehr als fünf Millionen Auflage erfolgreichster Sachbuchautor 2008 und 2009. Im NDR moderiert er monatlich die Talksendung »Tietjen und Hirschhausen«, in der ARD die Wissensshows »Frag doch mal die Maus« und »Hirschhausens Quiz des Menschen«. Die ARD-Themenwoche »Zum Glück« wurde wesentlich von Eckart von Hirschhausen angeregt und gestaltet. In seinem aktuellen Bühnenprogramm »Wunderheiler« vermittelt er zwischen Schul- und Alternativmedizin.

Termine auf www.hirschhausen.com

Ergänzende Angebote

Die von Eckart von Hirschhausen 2008 gegründete Stiftung »Humor hilft heilen« engagiert sich für heilsame Stimmung im Krankenhaus. Sie fördert die Anwendung und Umsetzung der positiven Psychologie in Arbeitswelt und Öffentlichkeit. Finanziert werden Visiten von geschulten Clowns auf Kinderstationen, in der Altenpflege und in Hospizen sowie Workshops für Pflegekräfte. Die Arbeit wird wissenschaftlich begleitet. Die Stiftung setzt sich auch für Glück und Gesundheit in der Schule ein und entwickelt dafür Unterrichtsmaterial.

Weitere Informationen und Kontakt

Stiftung Humor hilft heilen gGmbH

Dr. med. Eckart von Hirschhausen

Stiftungsgründer, Geschäftsführung

Dolivostraße 9

64293 Darmstadt

Telefon: +49 (0)6151 159230

E-Mail: buero@humorhilftheilen.de

Internet: www.humorhilftheilen.de

Studie zum Online-Glückstraining und seinen Wirkungen: http://www.hindawi.com/journals/ecam/2013/676953/

Gesundheitliche Prävention und Resilienz im Einzel-Coaching und für Gruppen am Beispiel des H.B.T. Human Balance Trainings

Ziele

Gesundheit setzt sich aus vielen Komponenten zusammen. Eine wesentliche ist die Balance zwischen inneren Ressourcen und äußeren Anforderungen. Das H. B. T. Human Balance Training als Methode der gesundheitlichen *Prävention und Resilenz-Strategie* betrachtet den Menschen in seiner Ganzheit und eruiert systematisch Lebensbereiche und Lebensthemen, ob gegenwärtiger oder biografischer Natur, in denen die persönlichen Kraftressourcen überbeansprucht werden. Durch verschiedene Formen der Achtsamkeit und schrittweise Veränderung des Lebensstils zeigt es Wege auf, wie sich ein *Gleichgewicht zwischen Aktivität und Regeneration* herstellen lässt. Dabei geht es im ersten Schritt um die innere Haltung eines Menschen zu sich selbst, aus der all seine Gefühle, Gedanken, Wahrnehmungen, Interpretationen und Verhaltensweisen entspringen. Eine tragende Veränderung von eingeschliffenen Verhaltensmustern setzt ein Verständnis für die eigenen Prägungen und daraus resultierenden Verhaltensformen voraus. Für diese *tiefgehende Bewusstseinsarbeit* verbindet das Training Erkenntnisse und Methoden aus dem Coaching, dem Kommunikationstraining, der Psycho- und Körpertherapie, der westlichen und östlichen Weisheitslehren, der Neurobiologie und der Stressforschung.

Eckdaten

Das H. B. T. Human Balance Training als Weg der gesundheitlichen Prävention und der Stärkung der Resilienz lässt sich grundsätzlich in verschiedenen Zeitformaten umsetzen. Für *Gruppenkurse* haben sich beispielsweise fünftägige Seminare (2 × 2,5 Tage mit vier bis acht Wochen Pause dazwischen) bewährt. Im *Einzel-Coaching* richtet sich die Dauer nach den Wünschen und Bedürfnissen der Klienten, wobei der inhaltliche Gesamtrahmen im Kern dem Ablauf der Kurse folgt, der Umfang der einzelnen Module beziehungsweise Etappen jedoch individuell variiert werden kann. Follow-ups nach sechs bis zwölf Monaten sind hilfreich, um Lernerfolge und Lebensstilveränderungen zu stabilisieren.

Das Training bietet einen Kompass, der Menschen und ihre Befindlichkeit in einem ganzheitlichen Kontext verstehbar macht. Dazu gehört die *bewusste Betrachtung der Dimensionen Seele, Körper, Verstand und Gefühl* im Hinblick auf konkrete Lebensbereiche. Auf diese Weise werden die Felder sichtbar, die in besonderem Maße Energie erfordern oder dem Menschen sogar rauben, aber auch jene, die *persönliche Kraftressourcen* mobilisieren. Dieser Erkenntnisprozess geht in zehn Schritten vor sich: Innehalten, Standortbestimmung, Energieressourcen füllen, Entlastung, innere Antreiber ausbalancieren, Grenzen setzen, wahren und öffnen, Konflikte angehen, Ausrichtung auf Handlungsspielräume, Stärkung durch Netzwerke, Verankerung in der eigenen Kraft und Ruhe. Anker des gesamten Wahrnehmungsprozesses ist die wachsende Bewusstheit der Betroffenen darüber, wie sie ihr Leben bisher kreiert und gestaltet haben. Diese ganzheitliche Perspektive der Befindlichkeit ist die Grundvoraussetzung für das Entwickeln wirksamer Präventionsmaßnahmen, denn die Auslöser für Stress und Überlastung sind ebenso individuell wie die Methoden, durch die Menschen wieder in ihre Kraft finden.

Bedeutung der Achtsamkeit und Herstellung von praktischen Businessbezügen im Rahmen des Angebots

Achtsamkeit bildet in gewisser Weise die Grundlage des gesamten Programms, denn letztlich sind es der *achtsame Zugang zu den eigenen Bedürfnissen*, aber auch die Klarheit in der Einschätzung und Bewertung äußerer Umstände, die Menschen in die Lage versetzen, zu erkennen, welche Lebensbedingungen sie sich schaffen sollten, um in Balance zu bleiben beziehungsweise zu kommen. Die erste Phase des Trainings, das Innehalten, dient der Schulung der Wahrnehmung der eigenen Befindlichkeit. Da vor allem die Arbeitswelt sehr stark durch das Reagieren auf äußere Anforderungen geprägt ist, müssen viele Menschen erst wieder lernen, ihrer Innenperspektive die gleiche Aufmerksamkeit zu widmen; dies wird im Training durch gezielte Wahrnehmungsübungen gefördert.

Ähnlich verhält es sich mit der Standortbestimmung, denn die Aspekte, die Menschen in ihrem Leben als problematisch wahrnehmen, stehen zumeist nicht für sich, sondern in Wechselbeziehung zu anderen Lebensbereichen. Auf Basis des H.B.T.-Kompass werden die Verflechtungen sichtbar und können gezielt angegangen werden. Leidet jemand beispielsweise unter Schlafstörungen, dürften die gängigen medizinischen Hinweise zur Förderung eines besseren Schlafes nur wenig bewirken, wenn der Auslöser für die nächtliche Unruhe in dauerhaft überfordernden Arbeitsbedingungen liegt. Mit verschiedenen Methoden der *Schulung der Bewusstheit* wird die Komplexität wieder sichtbar, in der sich Menschsein als Ganzes entwickelt. Viele Disbalancen der Arbeitswelt entstehen, weil diese Ganzheit immer wieder aus dem Blick gerät. Und in diesem Sinne ist Bewusstsein als Fähigkeit, achtsam die Details des Lebens in ihrem Zusammenwirken zu betrachten, die Basis jedweder gesundheitlichen Prophylaxe.

Wirkungen des Programms im Business-Kontext

Der Prozess der Bewusstwerdung, der durch das Training oder Coaching initiiert wird, befähigt die Teilnehmer nachhaltig, im Berufsalltag bisherige Stressfallen zu vermeiden beziehungsweise konstruktiv auf Basis einer *ganzheitlichen Selbstwahrnehmung* mit Herausforderungen umzugehen. Das Wissen um konkrete »Energieräuber« im Job hilft dabei, alternative Szenarien zu entwickeln, die weniger Kraftverlust mit sich bringen. Das Wissen darüber, wie man die eigenen Batterien wieder aufladen kann, etwa durch kurze *Achtsamkeitspausen* am Schreibtisch oder ein paar einfache Yoga-Übungen in der Mittagspause, ermöglicht es, im Tagesverlauf immer wieder die eigenen Kraftressourcen aufzufrischen, so dass Erschöpfung erst gar nicht entsteht.

Das Training beschränkt sich nicht allein auf Veränderungen, die die Coachees bei sich selbst vollziehen, sondern bezieht immer auch ihr Umfeld mit ein. Die Thematisierung von Fragen des *Konflikt-managements*, der grundsätzlichen Handlungsspielräume im Arbeitsalltag, der Notwendigkeit, Grenzen zu ziehen, oder der *Mobilisierung stärkender Netzwerke* nimmt in den Blick, dass eine Veränderung der Selbstwahrnehmung immer auch Veränderungen im Außen nach sich zieht. Das kann in etablierten Arbeitskulturen durchaus auch zu Reibungen führen, beispielsweise wenn Mitarbeiter erkennen, dass es wichtig für sie wäre, ihr Arbeitspensum zu reduzieren, oder wenn ihnen bewusst wird, dass bestimmte Arbeitsaufgaben ihre Gesundheit beeinträchtigen. Das Training versetzt die Coachees in die Lage, heikle Punkte zu thematisieren und im Rahmen des betrieblich Möglichen neue Lösungswege zu erarbeiten.

Die Evaluation des Trainings belegt, dass die Coachees insgesamt ein sehr genaues Bild davon gewinnen, was ein für sie gesunder Lebens- und Arbeitsstil beinhaltet und welche störenden Faktoren sie mit welchen Methoden verändern können. Ein Vergleich der Selbstwahrnehmung der eigenen Resilienz vor und nach dem Training zeigt bei den meisten Teilnehmenden eine *deutliche Verbesserung ihrer Lebensqualität*. Teilnehmer, die anfangs über erste wahrnehmbare oder gar bereits deutlich ausgeprägte Belastungssymptome klagten, erreichen durch die Übungen und entsprechende Veränderungen in ihrem Lebens- und Arbeitsumfeld oft innerhalb weniger Wochen eine gute bis *sehr gute Gesamtbefindlichkeit*.

Pro Jahr durchlaufen rund eintausend Teilnehmende die Resilienz-Trainings und Coachings. Darüber hinaus besuchen jährlich mehrere Tausend Interessierte die Vorträge der HBT-Akademie. Die Trainings der Akademie werden branchenübergreifend für Firmen aus dem Mittelstand und Konzerne, soziale Organisationen und Verwaltungen angeboten und sowohl von Mitarbeitern als auch Führungskräften, Vorständen und Aufsichtsräten gebucht. Die AOK Bayern, die im Zuge einer Mitarbeiterbefragung steigende Krankenzahlen und wachsende psychische Belastungen am Arbeitsplatz feststellen musste, hat seit vier Jahren das fünftägige Resilienz-Training zum festen Angebot im Bildungskatalog der Krankenkasse gemacht und es gehört seitdem zur meistgefragten Weiterbildungsmaßnahme. Auch die Städte München und Stuttgart, der Flughafen München, die Caritas München sowie die Firmen ZF, Bosch und P3 zählen zu den Kunden der HBT-Akademie. Zunehmende Arbeitsverdichtung, Umstrukturierungen, komplexe Veränderungssituationen und eine wahrnehmbare Erschöpfung von Mitarbeitern lassen es für diese Unternehmen geboten erscheinen, *Resilienz explizit als Teil der Organisationsentwicklung* zu betrachten. Das stufenweise Vorgehen der Trainings und das modulare Kurskonzept stellen dabei eine schnelle und passgenaue Umsetzung im Arbeitsalltag sicher.

Die Kursleiterin

Sylvia Kéré Wellensiek (*1964) ist Dipl.-Ing. Innenarchitektur, Therapeutin und Coach. Sie begleitet Unternehmen, Führungspersönlichkeiten und Teams aus Wirtschaft und Sport in den Themen persönliche und organisationale Resilienz, Führung und Kommunikation. Gemeinsam mit ihrem Mann Georg Heimgärtner leitet sie das Trainings-, Beratungs- und Ausbildungsinstitut HBT-Akademie. Sie ist Referentin zahlreicher renommierter Bildungseinrichtungen, hält Vorträge, schreibt Fachartikel und Bücher (u. a.»Integrales Coaching«, »Resilienz-Training«, »Fels in der Brandung statt Hamster im Rad« und »Resilienz-Training für Führende«, Autorin der Broschüre »Ressourcenförderung in Zeiten ständigen Wandels« der Bertelsmann-Stiftung). Zu ihrem Angebot zählen Resilienz-Trainings für Führende und Mitarbeiter, Team- und Schnittstellentrainings, Einzelcoachings und Konfliktklärungen, Vorträge und Beratung zu persönlicher und organisationaler Resilienz sowie Ausbildungen zum Resilienz-Coach.

Ergänzende Angebote

Das H.B.T. Human Balance Training ist ein komplexes Schulungs-
und Ausbildungskonzept, das neben dem Einsatz im Einzelcoaching
oder bei Gruppentrainings auch als Basis für die Ausarbeitung über-
greifender Maßnahmen im betrieblichen Gesundheitsmanagement
und von Resilienz-Strategien verwendet werden kann. Der dem Training zugrunde liegende Kompass wird dann auch zur Betrachtung der
betrieblichen Gegebenheiten angewendet. Unternehmensinterne
Aktivitäten können von ausgebildeten Beratern begleitet werden.
Alternativ können Firmen Mitarbeiter im H.B.T. Human Balance
Training schulen lassen, um gewünschte Programme in Eigenregie
umzusetzen.

Weitere Informationen und Kontakt
HBT-Akademie GbR
Sylvia Kéré Wellensiek
Eichenstr. 19
82396 Fischen am Ammersee
Telefon: +49 (0)88 08 92 16 88
E-Mail wellensiek@hbt-akademie.de
www.hbt-akademie.de

Achtsamkeit als Pfeiler bei der Behandlung von Stresserkrankungen im Rahmen des Oberberg-Therapiemodells

Ziele

Erschöpfungssymptome, die heute gerne unter dem Begriff »Burn-
out« zusammengefasst werden, haben erfahrungsgemäß vielfältige
Ursachen, die nicht nur in den äußeren Lebensumständen der Betroffenen liegen, sondern auch aus deren individueller Reaktion auf diese
Anforderungen resultieren. Neben grundsätzlichen psychischen Leiden als Folge einer wahrgenommenen Überbelastung im Berufsleben
können Szenarien der dauerhaften Überforderung depressive Erkran-

kungen mit sich bringen. Auch ist es nicht ungewöhnlich, dass Betroffene versuchen, ihre persönlich empfundene Misere durch den Gebrauch von Suchtmitteln wie Alkohol, Medikamenten oder Drogen zu kompensieren. Das Oberberg-Therapiemodell trägt der Vielfalt möglicher Krankheitsursachen und der Verflechtung unterschiedlicher Symptome Rechnung. Es folgt dem integralen Verständnis der Salutogenese, die die *Individualität der Patienten* genau so wichtig nimmt wie die Behandlung der objektiven und körperlichen Krankheitsursachen. Auf diese Weise werden Patienten dazu befähigt, ihre Selbstwahrnehmung zu schulen, zu erkennen, welche individuellen Rahmenbedingungen für das Aufrechterhalten ihrer Gesundheit dienlich sind und wie sie diese Bedingungen auch nach der Therapie in ihrem Leben schaffen und aufrechterhalten können. Die Basis dieses Prozesses der *Selbsterkenntnis* bilden verschiedene Methoden der Entspannung und Achtsamkeit.

Eckdaten

Das Oberberg-Modell wurde von Prof. Dr. med. Matthias Gottschaldt, der selbst an einem Burn-out-Syndrom und einer daraus resultierenden Alkoholabhängigkeit litt, während mehrerer stationärer Therapieversuche entwickelt. Er erkannte, dass die damaligen Methoden nicht geeignet waren, individuell auf die Erkrankten einzugehen und so nur unzureichende Heilungschancen bestanden. Sein Therapieansatz stellt das *»emotionale Profil«* des Patienten in den Vordergrund und wird seit 1984 in der klinischen Praxis zur Behandlung von Burn-out- und Alkoholerkrankungen sowie zur Therapie von Depressionen angewendet und weiterentwickelt. Kern des Oberberg-Modells ist die Annahme, dass jeder Mensch individuell verschieden ist und durch das Erleben von emotional wirksamen Erfahrungen nach und nach eine emotionale Struktur ausbildet. Der Schlüssel zur dauerhaft erfolgreichen Überwindung von Krankheiten wird darin gesehen, diese Struktur zu erkennen, zu verstehen und im Einklang mit ihr stehende Verhaltensweisen zu erlernen, die ein gesundes Leben ermöglichen.

Dieses Konzept wurde von Dr. med. Edda Gottschaldt ausgebaut zur Integralen Heilkunst, bei der neben der Krankenbehandlung ein Bewusstwerdungsprozess der individuellen Persönlichkeit unter Einbeziehung neuester Methoden aus der Ernährungsmedizin und achtsamkeitsbasierter Verfahren im Mittelpunkt steht. Diese Vision einer »ansteckenden« Gesundheit führt über die Psychosomatik hinaus. Pro Jahr werden in den Oberberg Kliniken *rund 1500 Patienten behandelt.* Etwa in einem Drittel der Fälle handelt es sich um depressive Symptomatiken, die auf Burn-out-Erfahrungen zurückgehen, so dass in den vergangenen zehn Jahren um die 5000 Menschen in diesem Kontext behandelt wurden. Führungskräfte und Angestellte weiterer Hierarchiestufen sind erfahrungsgemäß zahlenmäßig gleichermaßen betroffen, wenngleich die jeweiligen Stressoren variieren.

Bedeutung der Achtsamkeit und Herstellung von praktischen Businessbezügen im Rahmen des Angebots

Streben Leistungsanspruch und Leistungsvermögen auseinander, fühlen sich viele Menschen zu noch mehr Leistung angetrieben. Diese Diskrepanz stellt eine extreme psychische Belastung dar, denn sie trägt dazu bei, dass die emotionalen Reserven bald aufgezehrt sind und der Verschleiß zunimmt. Der therapeutische Rückgriff auf verschiedene Methoden der Entspannung und Achtsamkeit ermöglicht es den Betroffenen, diese Zusammenhänge zu erkennen, ihre *körperlichen und seelischen Ressourcen wieder zu stärken* und Lebensstrategien zu entwickeln, die konstruktiv zwischen bestehenden Anforderungen und persönlichem Vermögen vermitteln. Neben einem verhaltenstherapeutischen Ansatz, der die Entwicklung sinnvoller Verhaltensmuster fördert, interpersonellen Elementen, die auf eine tragfähigere Gestaltung zwischenmenschlicher Beziehungen abzielen, und körperorientierter sowie gestaltender Therapie bilden *Entspannungs- und Achtsamkeitsmethoden* wie Progressive Muskelentspannung, Autogenes Training, Meditation und das Sitzen in Stille, Yoga und Body-Scan wesentliche Elemente der Therapie.

Die Übungen der Achtsamkeit erleichtern es Patienten, innezuhalten und die durch ihre Erkrankung bestimmten Gedanken oder Gefühle zu erkennen und zu beobachten, ohne von diesen kontrolliert zu werden. Dies fördert die *Wahrnehmung und Akzeptanz von Auslösern,* Gedankenspiralen oder automatischen Reaktionen, die für eine Krankheitsentwicklung oder einen Rückfall in alte Krankheitsmuster, ob bei Depressionen, Burn-out oder Abhängigkeitserkrankungen, von zentraler Bedeutung sein können. Achtsamkeitsbasierte Psychotherapie kultiviert die Fähigkeit, Handlungsmöglichkeiten deutlicher wahrzunehmen. Hierdurch werden eine neue Form der inneren Freiheit und das Bewusstsein ermöglicht, das Leben im Sinne einer »ansteckenden Gesundheit« zu gestalten. Der therapeutische Prozess hat in diesem Kontext nicht alleine das Erreichen eines Zustands der Entspannung zum Ziel, sondern eröffnet Menschen einen neuen Zugang zu ihrer Persönlichkeit und die Chance, innerlich zu wachsen. Die auf diese Weise verbesserte Selbstwahrnehmung, Verbundenheit und innere Klarheit erleichtern es, neue Bewältigungsstrategien im eigenen Leben zu entwickeln.

Die Behandlungsdauer ist abhängig vom Schweregrad der Erkrankung, den Lebensumständen sowie von der Bereitschaft der Patienten, ihren Lebensentwurf zu hinterfragen und zu verändern. Für einen intensiven therapeutischen Prozess mit einer individuellen Arbeit am emotionalen Profil ist eine *Behandlungsdauer von sechs bis acht Wochen* notwendig. Bei Bedarf ist als Fortsetzung und Ergänzung der stationären Erstbehandlung eine – meist kürzere – zweite Intervalltherapie möglich, in der Therapieerfolge der ersten Behandlungsphase gefestigt und erweitert werden.

Ein Drittel bis etwa die Hälfte der Patienten verfügt über Vorerfahrungen mit achtsamkeitsbasierten Methoden, so dass die Akzeptanz des therapeutischen Angebots sehr hoch ist (wenngleich etwa 20 bis 30 Prozent der Patienten keinen Zugang zu diesen Ansätzen finden; bei dieser Zielgruppe wird deshalb mit anderen therapeutischen Interventionen gearbeitet). Die fokussierte Anwendung der Methoden erleichtert es den Betroffenen, in der Einzeltherapie die Herausforderungen und *Stressoren aus ihrem Arbeitsumfeld realistisch zu betrachten,* so dass Freiräume für neue Bewältigungsstrategien entstehen. In der Gruppentherapie werden typische Belastungssituationen beispielsweise durch Rollenspiele erschlossen, so dass die Patienten die von ihnen entwickelten Handlungsalternativen erproben können.

Wirkungen des Programms im Business-Kontext

Für die meisten Patienten setzt die durch meditative Methoden geförderte Wahrnehmung ihrer Bedürfnisse einen grundlegenden Perspektivwechsel in Gang. Sie lernen zu erkennen, wann sie ihren eigenen Rhythmus im Umgang mit äußeren Anforderungen verlieren, beispielsweise indem sie auf Pausen verzichten oder länger arbeiten, als ihnen gut tut. In der Therapie werden einfache Übungen erarbeitet, mit denen sich im Arbeitsalltag kleine Entspannungsphasen einbauen lassen, um die innere Balance zu erhalten.

Themen wie Zeit- oder Konfliktmanagement sind ebenfalls wesentlicher Bestandteil der Therapie, denn wenn Menschen über Jahre stets mehr Energie in den Job investiert haben, als sie verkraften, ziehen beabsichtigte *Verhaltensänderungen im betrieblichen Kontext* zumeist einen gewissen Erklärungsbedarf nach sich bzw. die Patienten müssen zunächst üben, ihre gesundheitlichen Interessen wieder aktiv zu vertreten. Hinzu kommt, dass für einige Menschen außerordentliche Leistungen ein Mittel sind, um Anerkennung zu erlangen, so dass sie im Zuge der Therapie auch ihr Selbstbild und ihr Werteverständnis auf neue Weise erkunden müssen, um nicht wieder in alte Muster zu verfallen.

Insgesamt befähigt die Therapie dazu, einen Ausgleich zwischen den eigenen Bedürfnissen und den äußeren Rahmenbedingungen des Arbeitslebens herzustellen. Stress im heutigen Berufsleben gänzlich zu vermeiden, ist eine unrealistische Perspektive, so dass die Förderung der individuellen Resilienz, also der Fähigkeit, *mit belastenden*

Situationen konstruktiv umgehen zu können, im Vordergrund steht. In diesem Sinne liegt die Erfolgsquote des Therapiekonzepts bei etwa 80 Prozent. Zwischen zehn und zwanzig Prozent der Patienten entschließen sich sogar, motiviert durch die Therapie, ihr bisheriges Arbeitsumfeld zu verlassen und sich einen Arbeitsplatz zu suchen, mit dem eine geringere Stressbelastung verbunden ist.

Das Thema Achtsamkeit hat sich darüber hinaus auch als Teil der Unternehmenskultur der Oberberg-Kliniken etabliert. So werden Meetings mit einer kurzen Phase der Achtsamkeit begonnen, die Kliniken bieten ihren Mitarbeitern regelmäßige Weiterbildungen zur Thematik an und verfügen über Räume der Stille, in denen neben den Patienten auch die Therapeuten meditieren können.

Anbieter

Die Oberberg-Klinikgruppe betreibt drei private Kliniken in Berlin/ Brandenburg, im Schwarzwald und im Weserbergland mit jeweils 65 Betten. Das stationäre Angebot wird flankiert durch das Konzept Oberberg City, das an den Standorten Berlin, Cottbus, Hamburg, München, Stuttgart, Trier und Witten prä- und poststationäre Behandlungen ermöglicht. Darüber hinaus haben ehemalige Patienten der Oberberg-Kliniken ein eigenes Netzwerk mit knapp 60 Selbsthilfegruppen aufgebaut. Gegründet wurde die Klinikgruppe 1988 von Prof. Dr. med. Matthias Gottschaldt. Nach seinem tragischen Unfalltod 1998 übernahm seine Frau, Dr. med. Edda Gottschaldt, die Leitung der Kliniken und entwickelte das Oberberg-Modell von der Psychosomatik zur Integralen Heilkunst. Seit 2012 liegt der Ausbau der Klinikgruppe in den Händen von Odewald & Compagnie.

Ergänzende Angebote

Anlässlich des 25-jährigen Jubiläums der Oberberg-Kliniken 2009 gründete Dr. med. Edda Gottschaldt die Oberberg-Akademie, deren Ziel es ist, die in der Klinikgruppe gewonnenen Erkenntnisse und entwickelten Methoden weiteren Zielgruppen zugänglich zu machen. Die

Vision der Oberberg-Akademie ist die Integrale Heilkunst. Diese vermittelt eine umfassende Ressourcenorientierung von Leistung und Gesundheit in Gesellschaft und Beruf und zeigt Wege auf, den Kreislauf der inneren und äußeren Stressspirale zu durchbrechen. Integrale Heilkunst ermöglicht es, eine Balance zwischen äußeren Anforderungen und inneren Ansprüchen zu erreichen und diese Haltung zu verinnerlichen. Zu den Akademie-Angeboten zählen die Einführung in Achtsamkeitsbasierte Kognitive Therapie (MBCT) zur Rückfallprophylaxe bei depressiven Erkrankungen, Kurse zur Mindfulness-Based Relapse Prevention (MBRP)/Achtsamkeitsbasierte Rückfallprävention bei Substanzabhängigkeit sowie eine Seminarreihe zum Thema »Innere Führung« für Mitarbeiter des Gesundheitswesens, die, basierend auf Achtsamkeitsperspektiven, Wert- und Sinnstiftung sowie Persönlichkeits- und Potenzialentwicklung miteinander vermittelt und eine neue Form von Arbeits- und Lebensqualität erschließt.

Die 1998 von Dr. med. Edda Gottschaldt gegründete Oberberg-Stiftung versteht sich als Plattform, um wissenschaftliche und zukunftsweisende Aspekte der Integralen Heilkunst der Öffentlichkeit zur Verfügung zu stellen. Seit 2010 ist die Stiftung Ko-Veranstalter des im zweijährigen Turnus stattfindenden Kongresses »Meditation & Wissenschaft«, der Erkenntnisse der Achtsamkeitsforschung und deren Relevanz und praktische Anwendung einer breiteren Öffentlichkeit zugänglich macht.

Weitere Informationen und Kontakt
Oberbergkliniken
Charlottenstraße 60
10117 Berlin
Telefon +49 (0)30 3 19 85 04 00
E-Mail: info@oberbergkliniken.de
Internet: www.oberbergkliniken.de

Ausblick

Die in diesem Buch zusammengestellten wissenschaftlichen Erkenntnisse und Anwendungsbeispiele aus Unternehmen illustrieren eindrucksvoll, dass Meditation und Achtsamkeit im Business einen wesentlichen Unterschied machen können. Der Zuwachs an innerer Freiheit und Balance, ein verbessertes gesundheitliches Wohlbefinden sowie die sich entfaltende Fähigkeit, zwischenmenschliche Beziehungen aus einer neuen Perspektive der Verbundenheit heraus zu gestalten, mögen für Firmen nachvollziehbare »Mehrwerte« darstellen, die es lohnenswert erscheinen lassen, sich der Thematik im eigenen Unternehmen zu widmen. In einer Zeit, in der die Wirtschaftswelt immer noch maßgeblich von materiellen Erwägungen geprägt ist, können Beweise der objektiven Wirksamkeit wichtige Türöffner sein, damit Betriebe es wagen, Neuland zu betreten. Doch dies ist erst ein Anfang.

Betrachtet man die innere Verfasstheit moderner Gesellschaften und Wirtschaftskulturen, und dies trifft inzwischen selbst auf weit entfernte Regionen wie Indien oder China zu, die zu den Wiegen der großen spirituellen Traditionen zählen, kommt man nicht umhin festzustellen, dass die Erfolge der Moderne auch ein Dilemma kreieren. Wissenschaftlicher und wirtschaftlicher Fortschritt haben uns als Menschheit erkennen lassen, zu welchen außerordentlichen Leistungen wir fähig sind und in welchem Maße wir die Welt gestalten können. In diesem Prozess des Wirksamwerdens haben wir uns in den letzten Jahrzehnten vor allem nach außen gerichtet und uns vordergründig auf materielle Gegebenheiten fokussiert. Neue Produkte und Technologien, die unser Leben leichter machen, die Fähigkeit, immer effizienter mit materiellen Ressourcen umzugehen, und die grundsätzliche Haltung, die Dinge immer besser machen zu wollen, zählen mit Sicherheit zu den segensreichen Entwicklungen dieser Epoche. Dort, wo diese Euphorie jedoch in Absolutismen umschlägt, die dazu führen, dass wir beinahe ausschließlich auf Effizenz und materiellen Output schielen, verkehrt sich eine an sich positive Dynamik allzu leicht in ihr Gegenteil – und genau dies beginnen wir gerade erst zu erkennen. Meditation und Achtsamkeit eröffnen neue Erfahrungen und Einblicke in unser menschliches Innenleben, das gleichermaßen von Belang ist wie das, was wir im Außen zu bewirken vermögen. Allein dies zu verstehen, ist bereits ein großer Schritt der Erkenntnis.

Indem wir Meditation üben und Achtsamkeit praktizieren, versetzen wir uns in die Lage, besser mit unseren Lebensumständen, so wie sie gegenwärtig sind, zurechtzukommen. Diesen Effekt könnte man als die kompensatorische Wirkungsdimension von Achtsamkeit bezeichnen. Wir stärken unsere Widerstandsfähigkeit gegenüber äußeren Anforderungen, stellen diese aber nicht zwingend auch in Frage oder verändern sie. Meditation allein unter diesem Gesichtspunkt in Unternehmen zu etablieren, ist legitim – und »funktioniert« auch bis zu einem gewissen Grad. Es stellt sich indes die Frage, wie sinnvoll ein auf diese Weise limitierter Ansatz langfristig ist. Sicherlich mag es für eine Top-Führungskraft gesünder sein, jeden Morgen eine halbe Stunde zu meditieren, um ihrem Zwölf-Stunden-Arbeitstag gewachsen zu sein, als dies nicht zu tun und nach einigen Jahren mit den typischen Burn-out-Erscheinungen zusammenzubrechen. In dieser Gleichung wäre die Achtsamkeitspraxis allerdings nahezu ein Nullsummenspiel, denn sie eröffnet dann keine neuen Potenziale, sondern verhindert lediglich, dass die bestehenden von den äußeren Rahmenbedingungen untergraben werden.

Gerade weil die moderne Arbeitswelt von einem hohen Leistungsethos geprägt ist und im Business immer noch schlichte Kosten-Nutzen-Rechnungen das Denken prägen, ist es nicht ganz risiko-los, sich der Frage zuzuwenden, welchen »weiteren« Nutzen Acht-samkeit in Firmen stiften kann. Denn die Versuchung ist groß, diese Frage genau unter den Prämissen dieses linearen Denkens in Ursache und Wirkung zu beantworten. Vielleicht ist es eine der bedeutsams-ten Wirkungen von Meditation, dass sie dazu beitragen kann, die ver-gleichsweise starre Wahrnehmung von vermeintlichen Kausalitäten zu durchbrechen.

Wenn unser Geist sich durch regelmäßige Achtsamkeitspraxis zu öffnen beginnt, schielen wir nicht mehr auf A, um damit B zu errei-chen. Wir werden uns immer bewusster, dass das Leben und damit auch unser Dasein in der Welt einer permanenten Netzwerkdynamik folgt. Verändert sich ein Punkt in diesem System, beispielsweise ein Mitarbeiter in einem Unternehmen, so wirkt sich dies auf alle ande-ren Teile aus. Unser rationales, lineares Denken vermag aufgrund der Komplexität heutiger Systeme Ursache und Wirkung vielleicht nicht mehr genau zu verorten, die Wirkung der Veränderung ist indes ganzheitlich wahrnehmbar. Wir vermögen sie dann am besten zu erkennen, wenn wir uns diesem Prozess des Wandels mit Absichts-losigkeit, mit einem »Anfängergeist« überlassen, und nicht bereits im Vorhinein versuchen, mögliche Ergebnisse vorwegzunehmen. Denn genau dann kann sich das wirkliche Potenzial, das in Unternehmen und ihren Mitarbeitern schlummert, in seiner Gänze entfalten.

Möge die Übung gelingen.

Literatur

**Titel zu Spiritueller Intelligenz, Bewusstseins- und Organisations-
entwicklung und Businessmethoden mit Achtsamkeitskontext**

Bär, Martina/Krumm, Rainer/Wiehle, Hartmut (2008): Unternehmen
verstehen, gestalten, verändern. Das Graves-Value-System in der Praxis,
Gabler, ISBN 978-3-83490-291-7.
*Einführung in die Stufen der Werteentwicklung von Unternehmen mit
Beispielen zu Führung, Coaching und Veränderungsmanagement.*

Beck, Don/Cowan, Christopher C. (2007): Spiral Dynamics – Leadership,
Werte und Wandel. Eine Landkarte für Business und Gesellschaft im
21. Jahrhundert, J. Kamphausen, ISBN 978-3-89901-107-4.
*Leitfaden für Führung und Veränderungsmanagement im Kontext von
Werteentwicklung und spiritueller Intelligenz.*

Combs, Allan (2011): Die Psychologie des menschlichen Bewusstseins,
Phänomen-Verlag, ISBN 978-3-93332-167-1.
*Wissenschaftliche Darstellung der Bewusstseinsentwicklung und der
Wirkung von Meditation.*

Fromm, Barbara/Fromm, Michael (2006): Führen aus der Mitte: Werden Sie
echt in Arbeit und Leben – finden Sie Erfüllung und Erfolg, J. Kamphausen,
ISBN 978-3-93349-698-0.
*Führung und Selbstführung unter den Vorzeichen von Achtsamkeit, Innen-
schau und intrinsischer Motivation.*

Hänsel, Markus (Hrsg.) (2012): Die spirituelle Dimension in Coaching und
Beratung, Vandenhoeck & Ruprecht, ISBN 978-3-52540-342-6.
*Überblick über Einsatzmöglichkeiten von spiritueller Praxis in Beratung und
Organisationsentwicklung.*

Küstenmacher, Marion/Haberer, Tilmann/Küstenmacher, Werner Tiki
(2010): Gott 9.0 – Wohin unsere Gesellschaft spirituell wachsen wird,
Gütersloher Verlagshaus, ISBN 978-3-57906-546-5.
*Überblick über verschiedene Stadien der Entwicklung von Bewusstsein und
Spiritualität mit Einordnung in einen gesellschaftlichen Kontext.*

McIntosh, Steve (2009): Integrales Bewusstsein und die Zukunft der Evolution. Wie die Integrale Weltsicht Politik, Kultur und Spiritualität transformiert, Phänomen-Verlag, ISBN 978-3-93332-175-6.
Einführung in die Stadien der Bewusstseinsentwicklung mit besonderem Fokus auf der Entstehung einer Global Governance.

Polenski, Hinnerk (2010): Die Linie im Chaos – Zen, Ethik, Leadership. Ein Leitfaden für Verantwortungsträger, Theseus, ISBN 978-3-89901-353-5.
Handbuch zur Bedeutung der Zen-Praxis für die Entwicklung von Führungsverantwortung, mit kurzen Erfahrungsberichten von Führungskräften.

Romhardt, Kai (2009): Wir sind die Wirtschaft. Achtsam leben – Sinnvoll handeln, J. Kamphausen, ISBN 978-3-89901-198-2.
Praktischer Leitfaden zu aktuellen Themen aus Business und Ökonomie unter den Vorzeichen der Achtsamkeitspraxis.

Rosenberg, Marshall B. (2010): Gewaltfreie Kommunikation – Eine Sprache des Lebens. Gestalten Sie Ihr Leben, Ihre Beziehungen und Ihre Welt in Übereinstimmung mit Ihren Werten, Junfermann, 9. Aufl., ISBN 978-3-87387-454-1.
Praxisbuch zur Bedeutung und Entwicklung von Achtsamkeit und Empathie in der Gesprächsführung.

Scharmer, Otto C. (2011): Theorie U – Von der Zukunft her führen. Presencing als soziale Technik, Carl-Auer-Verlag, 2. erw. Aufl., ISBN 978-3-89670-740-6.
Am Massachusetts Institute of Technology (MIT) entwickelte Methode, die Achtsamkeit gezielt dazu nutzt, um Potenziale und Zukunftschancen zu erkennen und im Rahmen von Innovationsprozessen unternehmerisch wirksam zu machen.

Schrör, Torsten (2015): Führungskompetenz durch achtsame Selbstwahrnehmung und Selbstführung, Verlag Springer Galber, ISBN 978-3-65805-499-1
Bedeutung und Entwicklung von Achtsamkeit als zentrale Basis gelingender Führung und Selbstführung

Wilber, Ken/Patten, Terry/Leonard, Adam/Morelli, Marco (2010): Integrale Lebenspraxis: Körperliche Gesundheit, emotionale Balance, geistige Klarheit, spirituelles Erwachen, Kösel, ISBN 978-3-46634-545-8.
Praxisbuch mit Landkarten und Modulen zu einer ganzheitlichen Persönlichkeits- und Bewusstseinsentwicklung.

Wilbers, Gregor (2008): Sinnfindung im Beruf, J. Kamphausen, ISBN 978-3-89901-039-8.
Ratgeber für die Entwicklung einer Perspektive der Achtsamkeit gegenüber den Herausforderungen im Berufsleben.

Zohar, Danah/Marshall, Ian (2010): IQ? EQ? SQ!: Spirituelle Intelligenz –
das unentdeckte Potenzial, J. Kamphausen, ISBN 978-3-89901-263-7.
*Leitfaden zur Bedeutung und Entwicklung von spiritueller Intelligenz
im Business.*

Titel zur Praxis und Methodik von Meditation und Achtsamkeit

Anders, Frieder (2007): Tai Chi. Grundlagen der fernöstlichen Bewegungs-
kunst, Irisiana, ISBN 978-3-72055-027-7.
Einführung in Tai Chi vom deutschen Pionier des authentischen Yang-Stils.
Bodian, Stephan (2011): Meditation für Dummies, Wiley,
ISBN 978-3-52770-753-9.
*Verständliche Einführung in verschiedene Formen der Meditation (auch
Mantra-Meditation) inkl. praktischer Übungsanleitungen auf CD.*
Davidson, Richard/Begley, Sharon (2012): Warum wir fühlen, wie wir
fühlen. Wie die Gehirnstruktur unsere Emotionen bestimmt – und wie
wir darauf Einfluss nehmen können, Arkana, ISBN 978-3-44233-888-7.
*Wissenschaftliche Darstellung der Entstehung von Gefühlen mit Achtsam-
keitsübungen zur Emotionsregulation.*
Guorui, Jiao (2011): Qigong Yangsheng. Chinesische Übungen zur Stärkung
der Lebenskraft, Fischer Taschenbuch-Verlag, ISBN 978-3-59612-948-5.
*Einführung in Hintergründe und Praxis des Qigong in Bewegung,
mit Übungsanleitungen.*
Hart, William (2006): Die Kunst des Lebens – Vipassana-Meditation nach
S. N. Goenka, Deutscher Taschenbuch-Verlag, ISBN 978-3-42334-338-1.
Einführung in die Vipassana-Meditation.
Jäger, Willigis/Zölls, Doris/Poraj, Alexander (2009): Zen im 21. Jahrhundert,
J. Kamphausen, ISBN 978-3-89901-197-5.
*Bedeutung der Zen-Praxis im modernen Lebensalltag unter Berücksichtigung
von Businessperspektiven.*
Jäger, Willigis (2010): Kontemplation – ein spiritueller Weg, Kreuz Verlag,
ISBN 978-3-78318-012-1.
*Einführung in Hintergründe und Praxis der Kontemplation von einem der
bekanntesten Mystik-Lehrer Deutschlands.*
Kabat-Zinn, Jon (2011): Gesund durch Meditation: Das große Buch der
Selbstheilung, Knaur, ISBN 978-3-42687-538-4.
*Umfassende Einführung in das Programm Mindfulness-Based Stress
Reduction vom Erfinder der Methode.*

Lehrhaupt, Linda/Meibert, Petra (2010): Stress bewältigen mit Achtsamkeit. Zu innerer Ruhe kommen durch MBSR, Kösel, ISBN 978-3-46630-847-7. *Einführung in das Programm Mindfulness-Based Stress Reduction, mit zahlreichen Übungen.*

Malinowski, Peter (2010): Flourishing – Welches Glück hätten Sie gern? Positive Eigenschaften kultivieren und Schwierigkeiten meistern, Irisiana, ISBN 978-3-42415-077-3. *Wissenschaftliche Perspektiven von Meditation und Achtsamkeit unter den Vorzeichen einer gezielten Ressourcenentwicklung.*

Mannschatz, Marie (2010): Meditation – Mehr Klarheit und innere Ruhe, inkl. CD, Gräfe und Unzer, ISBN 978-3-83381-816-5. *Einführung in verschiedene Formen der Meditation mit geführten Meditationen auf CD.*

Olvedi, Ulli (2011): Das stille Qi Gong nach Meister Zhi-Chang Li. Innere Übungen zur Stärkung der Lebensenergie, Knaur, ISBN 978-3-42687-543-8. *Einführung in das stille Qigong.*

Ott, Ulrich (2010): Meditation für Skeptiker. Ein Neurowissenschaftler erklärt den Weg zum Selbst, O. W. Barth, ISBN 978-3-42629-100-9. *Wissenschaftlich fundierte Einführung in das Thema »Meditation« mit praktischen Hilfestellungen für die Achtsamkeitspraxis.*

Pohl, Monika A. (2013): 30 Minuten Business-Meditation, Gabal, ISBN 978-3-86936-485-8. *Meditationsanleitungen für den Business- und Büroalltag.*

Sekida, Katsuki (2009): Zen-Training. Praxis, Methoden, Hintergründe, Herder, ISBN 978-3-45105-936-0. *Klassische Einführung in die Zen-Praxis.*

Shan, Han (2012): Achtsamkeit – Die höchste Form des Selbstmanagements, Trinity, ISBN 978-3-94183-775-1. *Einführung in die Meditations- und Achtsamkeitspraxis mit dem Fokus Selbstmanagement.*

Sterzenbach, Katja (2012): 30 Minuten Business Yoga, Gabal, ISBN 978-3-86936-376-9. *Komprimierte Yoga-Einführung inkl. Hinweise zum Thema »Meditation« für den Business-Kontext.*

Tan, Chade-Meng (2012): Search Inside Yourself: Das etwas andere Glücks-Coaching, Arkana, ISBN 978-3-4423-4117-7. *Vorstellung des bei Google entwickelten Programms zu emotionaler Intelligenz und Achtsamkeit mit vielen Übungen.*

Vaitl, Dieter/Petermann, Franz (2009): Entspannungsverfahren: Das Praxishandbuch, Beltz, ISBN 978-3-62127-642-9.

Wissenschaftlich-medizinischer Überblick über die Wirkung und Anwendungsbereiche verschiedener Entspannungsverfahren inkl. Meditation.

Wallace, B. Alan (2006): Die Achtsamkeits-Revolution. Aktivieren Sie die Kraft der Konzentration, O. W. Barth, ISBN 978-3-50261-196-7.

Praktische Einführung in Methoden der Achtsamkeit.

Anmerkungen

1 Vgl. http://www.karmakonsum.de/2011/06/14/das-war-die-karma-konsum-konferenz-2011/.

2 Vgl. »Meditation in der wissenschaftlichen Forschung – Sprunghafter Anstieg von Forschungsarbeiten in den letzten zehn Jahren« (2010): http://meditation-wissenschaft.org/images/stories/presse2010/2_PM_Meditation_Wissenschaft_Grundlagen.pdf.

3 Vgl. http://www.dvara.dhamma.org/index.php?id=3662&L=1.

4 Das im Rahmen der TM-Organisation praktizierte Vergütungssystem – für die Vermittlung der Meditationsgrundlagen und des individuellen Übungs-Mantras wird ein Betrag in Höhe von etwa 1200 Euro verlangt – ist, vor allem in spirituellen Kreisen, immer wieder in die Kritik geraten, da hier vielfach die Ansicht vorherrschend ist, dass spirituelle Techniken kostenfrei vermittelt werden sollten. In vielen buddhistischen Kontexten wie auch in der Vipassana-Bewegung ist es beispielsweise, entsprechend der religiösen Kontexte der Herkunftsländer der jeweiligen Methoden, üblich, Kurse allein auf Spendenbasis zu geben. Bei der Beurteilung der Frage, welche Kursgebühren angemessen sind, sollte man, vor allem unter den Vorzeichen der westlichen Kultur, berücksichtigen, dass die Ausbildung zum Meditationslehrer vielfach ein sehr zeitintensives Unterfangen ist. So ist es im Zen nicht unüblich, dass ein Schüler zwanzig Jahre bei einem Lehrer kontinuierlich praktiziert, bevor er – vielleicht – von diesem eine Lehrerlaubnis erhält. Ein weiterer Kritikpunkt an der TM-Bewegung ist allerdings auch die Art, wie die Übungs-Mantren den jeweiligen Schülern zugewiesen werden. Die Geheimhaltung, die diesen Akt umgibt, wird kritisiert, weil sie dem Bild von Meditation als Weg zur Freiheit widerspreche, wenn hier eine Form der Abhängigkeit geschaffen werde.

5 In einem Interview mit dem Filmemacher David Sieveking, der die TM-kritische Dokumentation »David wants to fly« produzierte, zeigt der Meditationsforscher Herbert Benson, dass ein von dem Regisseur selbst gewähltes Mantra, welches für diesen eine persönliche Bedeutung hat, zu einem tieferen Zustand der Meditation führt als das TM-Mantra, das diesem im Rahmen eines TM-Kurses zugewiesen wurde und keine für ihn nachvollziehbare Bedeutung hat.

6 Vgl. »Meditation in der wissenschaftlichen Forschung – Sprunghafter
Anstieg von Forschungsarbeiten in den letzten zehn Jahren« (2010):
http://meditation-wissenschaft.org/images/stories/presse2010/2_PM_
Meditation_Wissenschaft_Grundlagen.pdf.
Die Informationen zu den verschiedenen wissenschaftlich nachgewiesenen Wirkungen von Meditation der folgenden Unterkapitel wurden aus
Materialien des Kongresses »Meditation & Wissenschaft« aus den Jahren
2010 und 2012 zusammengestellt, die von den Autoren dieses Buches
publiziert worden waren. Auf eine wissenschaftliche Zitation der Einzel-
quellen wird aus Platzgründen verzichtet. Die Originalquellen der jeweiligen wissenschaftlichen Befunde sind den hier angeführten Kongressmate-
rialien zu entnehmen:
»Achtsamkeitspraxis aktiviert die (Selbst-)Heilungsprozesse von Körper
und Geist – Überblick über aktuelle wissenschaftliche Studien zur Wirkung von Meditation im medizinisch-therapeutischen Kontext« (2010):
http://meditation-wissenschaft.org/images/stories/presse2010/4_PM_
Meditationsstudien.pdf;
»Meditation und Stressmanagement: Stress aktiv bewältigen / Die
Mind-Body-Medizin nutzt Meditation zur Stärkung der Selbstregulation«
(2012): http://www.meditation-wissenschaft.org/images/stories/
material2012/presse/meditation_stressmanagement.pdf;
»Meditation im Bildungswesen: Wirksamkeit, Widerstandskraft, Wohlbefinden – Achtsamkeit stärkt Schüler und Lehrer im Schulalltag« (2012):
http://www.meditation-wissenschaft.org/images/stories/material2012/
presse/meditation_bildungswesen.pdf;
»Meditation ändert Hirnstrukturen« (2010): http://meditation-wissen-
schaft.org/images/stories/folien2010/Ott_Hoelzel_Hirnstrukturen.ppt.
pdf;
»Wie man Einfühlung trainieren und in den Sozialen Neurowissenschaften messen kann« (2010): http://meditation-wissenschaft.org/images/
stories/folien2010/Singer_Empathie.pdf;
»Hilft es denn ›einfach mal nichts zu tun‹? Forschungsergebnisse zur Auswirkung von Achtsamkeitsmeditation auf chronische Schmerzen« (2010):
http://meditation-wissenschaft.org/images/stories/folien2010/
Schmidt_Meditation_Schmerz.pdf;
»Meditieren Sie – aber bitte so effektiv wie möglich … – Passt die Meditation in die Arbeitswelt?« (2012): http://www.meditation-wissenschaft.
org/images/stories/dokumentation2012/folien/schmidt.pdf.
7 Vgl. Studie der Bundesanstalt für Arbeitsschutz und Arbeitsmedizin 2013:
http://www.spiegel.de/karriere/berufsleben/fehlzeiten-im-beruf-
arbeitnehmer-sind-wieder-oefter-krank-a-886000.html.

8 Vgl. Studie des Wirtschafts- und Sozialwissenschaftlichen Instituts 2011: http://www.zeit.de/karriere/beruf/2011-09/studie-arbeitsunfaehigkeit.

9 Vgl. Meta-Studie des finnischen Instituts für Arbeitsgesundheit 2012: http://www.wiwo.de/erfolg/beruf/ueberstunden-lange-arbeitszeiten-machen-herzkrank/7129192.html.

10 Vgl. http://www.spiegel.de/karriere/berufsleben/hirndoping-kopfarbeiter-greifen-verstaerkt-zu-modafinil-und-ritalin-a-864956.html.

11 Vergl. Umfrage des DGB unter 5.000 Beschäftigten 2012: http://www.sueddeutsche.de/karriere/studie-des-dgb-lehrer-und-bauarbeiter-sind-die-gestresstesten-1.1577076.

12 In einer Situation, in der man sich gestresst fühlt, hält man kurz inne (Stop), atmet mehrmals bewusst ein und aus (Atme), betrachtet, welcher Auslöser zum Stressempfinden geführt hat (Reflektiere) und entscheidet dann, wie man mit dieser Herausforderung konstruktiv umgehen kann (Wähle).

13 Vgl. »Meditation im Bildungswesen: Wirksamkeit, Widerstandskraft, Wohlbefinden – Achtsamkeit stärkt Schüler und Lehrer im Schulalltag« (2012): http://www.meditation-wissenschaft.org/images/stories/material2012/presse/meditation_bildungswesen.pdf.

14 Vgl. Studie von Korn/Ferry 2012: http://www.wiwo.de/erfolg/management/management-wie-ein-moderner-manager-ticken-muss-seite-all/7694378-all.html.

15 Vgl. »Klarer Kopf, mehr Leistungsfähigkeit und ein authentisches Leben – Meditation hilft, besser mit den Herausforderungen in Alltag und Beruf umzugehen«, Umfrage des Bender Institute of Neuroimaging, Gießen (2010): http://meditation-wissenschaft.org/images/stories/presse2010/3_PM_Bion_Erhebung.pdf.

16 Vgl. Identity Foundation (2006): Repräsentativstudie zur »Spiritualität der Deutschen«: http://identity-foundation.de/images/stories/downloads/PM_Kurz_Studie_Spiritualitaet.pdf.

17 Vgl. Identity Foundation (2011): Repräsentativstudie zum »Philosophie-verständnis der Deutschen«: http://identity-foundation.de/images/stories/philosophie/pm_philosophie_spiritualitt.pdf.

18 Vgl. Graves, Clare W./Madden, Helen T./Madden, Lynn P. (1970): The Congruent Management Strategy, http://www.clarewgraves.com/articles_content/Madden/CG_madden_1.html.

19 Vgl. Beck, Don Edward/Cowan, Christopher C. (2007): Spiral Dynamics. Leadership, Werte und Wandel – Eine Landkarte für Business und Gesellschaft im 21. Jahrhundert, J. Kamphausen, Bielefeld.

20 Vgl. Identity Foundation (2006): Repräsentativstudie zur »Spiritualität der Deutschen«, http://identity-foundation.de/images/stories/downloads/PM_Lang_Studie_Spiritualitaet.pdf.

21 Die Bezeichnungen für den personalen Ausdruck orientieren sich an Bär, Martina/Krumm, Rainer/Wiehle, Hartmut (2007): Unternehmen verstehen, gestalten, verändern – das Graves-Value-System in der Praxis, Gabler, Wiesbaden: 34.

22 Studie der Bundesanstalt für Arbeitsschutz und Arbeitsmedizin 2012: http://www.focus.de/gesundheit/ratgeber/psychologie/news/stress-und-leistungsdruck-jeder-fuenfte-deutsche-ist-im-job-voellig-ueberfordert_aid_908029.html.

23 Repräsentativbefragung des DGB unter 5.000 Arbeitnehmern 2012: http://www.sueddeutsche.de/karriere/studie-des-dgb-lehrer-und-bauarbeiter-sind-die-gestresstesten-1.1577076.

24 Studie der Bundesanstalt für Arbeitsschutz und Arbeitsmedizin 2012: http://www.spiegel.de/karriere/berufsleben/fehlzeiten-im-beruf-arbeitnehmer-sind-wieder-oefter-krank-a-886000.html.

25 Umfrage der Akademie der Führungskräfte der Wirtschaft Überlingen unter 600 Managern 2010: http://www.ftd.de/karriere/karriere/:kreativitaet-und-fuehrung-leader-zwischen-wunsch-und-droeger-wirklichkeit/50184801.html.

26 Kienbaum-Absolventenstudie 2010: http://www.business-on.de/kienbaum-absolventenstudie-unternehmen-berufseinsteiger-arbeit-wert-_id21732.html.

27 Die jeweiligen Typologien beziehen sich u. a. auf Beschreibungen aus Bär/Krumm/Wiehle (2007): 34.
Die ausgewiesenen Anteile an der Weltbevölkerung und im Hinblick auf Reichtum und Macht sind jeweils Schätzwerte, die sich an den Darstellungen von Beck/Cowan (2007): 458 ff. orientieren sowie an McIntosh, Steve (2009): Integrales Bewusstsein und die Zukunft der Evolution. Wie die Integrale Weltsicht Politik, Kultur und Spiritualität transformiert, Phänomen, Hamburg: 53 ff.
Da sich die Schätzungen auf die Weltbevölkerung insgesamt beziehen, dürften sich die Werte in der deutschen Unternehmenslandschaft davon zum Teil erheblich unterscheiden. Hierzulande wie auch in anderen westlichen, sich seit Jahrzehnten vor allem an kapitalistischen Prinzipien orientierenden Unternehmen dürften nicht nur der Macht- und Reichtumsschwerpunkt, sondern auch die personale Verteilung im Hinblick auf den Werteschwerpunkt eindeutig auf der modernen Entwicklungsstufe liegen. Um die realen Feinheiten besser herausarbeiten zu können, werden deshalb in diesem Kapitel auch Erkenntnisse aus der sozioökonomischen Milieu-Forschung einfließen, die es erleichtern, das Gesamtbild zu differenzieren.

28 Vgl. http://www.sinus-institut.de/loesungen/sinus-milieus.html.
29 Vgl. Gallup-Studie 2013: http://www.handelsblatt.com/unternehmen/
management/strategie/gallup-studie-fehlende-motivation-kostet-
firmen-milliarden/7888974.html.
30 Vergl. für alle Daten dieses Abschnitts Identity Foundation (2009):
Manager zwischen Sinn und Pflichterfüllung. Umfrage unter 200 Top-
Führungskräften, in Auszügen dokumentiert in:
Kohtes, Paul J. (2009): Das Selbstbild moderner Manager, Harvard
Business Manager, Mai 2009, http://wissen.harvardbusinessmanager.
de/wissen/leseprobe/65065555/artikel.html.
Kohtes, Paul J. (2010): Balance liegt in der Natur des Menschseins. Warum
Authentizität eine Work-Life-Balance überflüssig macht, in: Kaiser,
Stephan/Ringlstetter, Max Josef (Hrsg.) (2010): Work-Life Balance:
Erfolgversprechende Konzepte und Instrumente für Extremjobber,
Springer Verlag, Berlin/Heidelberg: 243 f.
31 Vgl. Identity Foundation (2011): Einigkeit und Philosophie und Freiheit –
Repräsentativstudie zum Philosophieverständnis der Deutschen,
http://identity-foundation.de/images/stories/philosophie/identity_
foundation_dokumentation_philosophie_2011_final.pdf.
32 Ebd.
33 Ebd.
34 Vgl. http://www.faz.net/aktuell/gesellschaft/gesundheit/gesundheit-
die-sitzende-gesellschaft-12117721.html.
35 Die Tatsache, dass ein Großteil des menschlichen Handelns einerseits
durch relativ autonome Vorgänge im Gehirn geprägt ist und damit meist
unbewusst bleibt, der menschliche Geist im Alltag meist zwischen einer
Bezugnahme auf Vergangenes und Zukünftiges pendelt und damit nur
selten wirklich gegenwärtig im besten Sinne des Wortes ist, aber auch die
starke Prägung des individuellen Blicks auf die Welt durch im Zuge der
Sozialisation internalisierte Wertebezüge ist für viele Menschen zunächst
einmal schwer anzuerkennen, da wir geneigt sind, den Menschen als sehr
autonomes Wesen zu verstehen. Die moderne Entwicklungspsychologie
legt indes nahe, dass die Wahrnehmungs- und Identifikationsfähigkeit
des Menschen selbst im Erwachsenenalter noch enorme Wachstumspro-
zesse durchlaufen kann, in deren Zuge einerseits der Radius des Wahr-
nehmbaren sich erweitert und andererseits die Autonomie gegenüber
bisherigen Bezugspunkten wächst. Meditation ist eine Methode, die diesen Wachstumsprozess erheblich fördern kann. Vgl. Kegan, Robert
(1986): Die Entwicklungsstufen des Selbst: Fortschritte und Krisen im
menschlichen Leben, Kindt-Verlag, München, 5. unveränd. Auflage.
36 Vergl. http://www.wiwo.de/erfolg/trends/studie-multitasking-
mindert-die-konzentrationsfaehigkeit/5571028.html.

37 Vgl. http://www.sueddeutsche.de/karriere/angst-vor-der-selbstaendigkeit-wir-deutschen-werkeln-lieber-im-hobbykeller-1.1063689.

38 Vgl. http://www.zeit.de/kultur/2011-10/burnout-zwischenruf/komplettansicht.

39 Vgl. http://www.wiwo.de/erfolg/campus-mba/mangelnde-sozialkompetenz-dm-chef-kritisiert-deutsche-schulen/8018910.html.

40 Vergl. http://www.ifhkoeln.de/News-Presse/Alnatura-Tegut-und-dm-ueberzeugen-Verbraucher-mit-Nachhaltigkeit.

41 Im Bereich der Meditation und den verwandten Übungspraktiken wie Yoga, Tai Chi oder Qigong haben sich in den letzten Jahren die verschiedensten Verbände und Dachorganisationen formiert, um mit ihrem Wirken zu einer Vereinheitlichung und besseren Nachvollziehbarkeit der Berufs- und Ausbildungskriterien beizutragen. Die Auswahl der in diesem Buch genannten Verbände sowie die Ausbildungsrichtlinien, die hier vorgestellt werden, verstehen sich als exemplarisch und sind nicht als besondere Empfehlung oder gar Bevorzugung einzelner Organisationen intendiert. Sie wollen lediglich erste Anhaltspunkte vermitteln, anhand welcher Parameter (z. B. Umfang der Ausbildung, fachliche Inhalte, berufliche Voraussetzungen der angehenden Lehrenden) sich die mögliche Qualität von Anbietern beurteilen lässt. Grundsätzlich empfiehlt es sich, bei der Auswahl von Kursleitern Informationen über die Details der jeweiligen Ausbildung, aber auch über Referenzen einzuholen, um zu beurteilen, ob Trainer über die für das eigene Wunschangebot geeignete Qualifikation verfügen. Auch sei an dieser Stelle darauf hingewiesen, dass mittlerweile verschiedene Krankenkassen im Rahmen ihrer Vorsorgeprogramme für ihre Mitglieder die Teilnahme an Kursen aus den Bereichen »Entspannung« und »Meditation« bezuschussen. Die Anerkennung solcher Angebote wird durch die meisten Kassen individuell gehandhabt und orientiert sich häufig auch an der Primärqualifikation der Kursleiter (z. B. medizinischer Beruf). Planen Unternehmen die Einführung von Angeboten in größerem Stil, kann es also hilfreich sein, entsprechende Partnerschaften zu schließen.

42 Vgl. http://www.qigong.tai-chi-qigong.org/meditation.htm.

43 Vgl. http://stilles-qigong.wushan.de/stilles-qigong-ausbildung.html.

44 Vgl. http://www.qigong-zentrum-muc.de/MeisterLi/.

45 Vgl. www.wellnessverband.de/infodienste/beitraege/070225_medwellness.php, www.wellnessverband.de/infodienste/beitraege/medical_wellness_trend.php.

46 Vgl. www.shaolin-tempel.eu/shaolin/index.php/de/buddhismus/geschichte-des-buddhismus.

47 Vgl. Poraj, Alexander (2012): Alltag spiritueller Praxis - Kritisches zur
    Lehrer-Schüler-Beziehung, www.meditation-wissenschaft.org/images/
    stories/dokumentation2012/audio/poraj.mp3.
48 Vgl. als Beispiele www.hirnwellen-und-bewusstsein.de, www.diversity-
    integral.de, www.probol-empowerment.de, www.dharma-training.de.

Anhang

Meditationszentren

Einführungen in Methoden der Meditation und Achtsamkeit unter besonderer Berücksichtigung berufsspezifischer Angebote.

Deutschland

Benediktshof e.V.
Verth 41
48157 Münster
http://www.benediktshof.de/index.php/angebot/stille
Spirituelles Zentrum unter der Leitung von Christoph Gerling und Ludolf Hüsing.
Kurse zu Zen, Meditation und Bogenschießen sowie Sesshins (mehrtägige intensive Meditationskurse).

Benediktushof
Seminar- und Tagungszentrum GmbH
Klosterstraße 10
97292 Holzkirchen/Unterfranken
www.benediktushof-holzkirchen.de
www.benediktushof-akademie.de
Vom Benediktiner und Zen-Meister Willigis Jäger gegründetes Zentrum für spirituelle Wege.

Einführungen und Kurse in Zen, Kontemplation und Meditation, spirituelle Workshops für Führungskräfte sowie spezielles dreitägiges Programm »Zen for Leadership« mit Brigitte van Baren und Paul J. Kohtes.

Seit 2013 bietet die neu gegründete Akademie für Führungskompetenz des Benediktushofes darüber hinaus ein Kursangebot speziell für Führungskräfte und Menschen aus dem Arbeitsleben an, das Achtsamkeitspraktiken und fachliche Weiterbildungen kombiniert.

Institut St. Dominikus

Vincentiusstr. 4

67346 Speyer

www.institut-st-dominikus.de/Exerzitienhaus/Exerzitienhaus.htm

Das Institut wurde 1852 ins Leben gerufen. Das Kursprogramm steht im Geiste dominikanischer Spiritualität.

Meditations- und Kontemplationstage.

Intersein-Zentrum für Leben in Achtsamkeit

Haus Maitreya

Unterkashof 50

94545 Hohenau

www.intersein-zentrum.de

Meditations- und Praxiszentrum in der Tradition von Thich Nhat Hanh.

Kurse zu Zen und Achtsamkeit.

Kanzeon Sangha Deutschland e.V.

Kanzeon Sangha Deutschland e.V.

Zen Zentrum Düsseldorf

Postadresse

c/o Klaus Fadle

Kyffhäuserstraße 6

40545 Düsseldorf

www.kanzeon.de

Im März 1996 gegründet, unterstützt und fördert Kanzeon Sangha Deutschland e.V. das Studium und die Verbreitung des Zen-Buddhismus in der Tradition von Hakuyu Taizan Maezumi Roshi. Einführungen in Zen-Meditation, Workshops und Vorträge.

Meditationshaus St. Franziskus
Franziskanerkloster Dietfurt
Klostergasse 8
92345 Dietfurt
www.meditationshaus-dietfurt.de
Das Meditationshaus St. Franziskus feierte im Jahre 2007 sein 30-jähriges Bestehen. Es ist das erste von zwei Zentren, die der Pionier des Zen, P. Hugo Enomiya Lassalle, zusammen mit dem damaligen Ortsbischof eingeweiht hat. Damit ist Dietfurt das älteste christliche »Zen-Kloster« im deutschsprachigen Raum.
Einführungen und Kurse zu Zen, Kontemplation und Meditation.

Netzwerk Achtsame Wirtschaft
Dr. Kai Romhardt
Am Großen Wannsee 49
14109 Berlin
www.achtsame-wirtschaft.de
Von dem buddhistischen Meditationslehrer Dr. Kai Romhardt gegründetes Netzwerk, das bundesweit regionale Aktivitäten zu Meditation und Wirtschaft anbietet, sowie Achtsamkeitstage, Meditationsretreats, Regionalgruppen zum Austausch und zur Praxis.

Neumühle
Europäisches Zentrum für Meditation und Begegnung
66693 Mettlach-Tünsdorf
www.meditation-saar.de
1975 von Willi und Eleonore Massa gegründetes Zentrum. Die Neumühle war das erste christliche Meditationszentrum in Deutschland. Kurse zu Zen, Meditation und Kontemplation.

Ohof Zendo

Am Dorfanger 2

38536 Meinersen/Ohof

www.ohofzendo.de

Zen-Zentrum unter der Leitung von Gundula Meyer (Zui-un-an) Roshi.
Einführungen in Zen, Übungstage und Sesshins.

Sonnenhof

Holzinshaus 1

79677 Aitern

www.sonnenhof-holzinshaus.de

Übungsstätte des »Verein Spirituelle Wege e. V., Zen und Kontemplation«.
Einführungen in Zen und Kontemplation, Sesshins und Kontempla-
tionswochen.

Zen Leadership School

Zen Leadership GmbH

Rotenhofer Weg 1

24209 Melsdorf

www.zen-leadership.de

Von Zen-Meister Hinnerk Polenski gegründete Zen-Schule mit dem
Schwerpunkt »Zen für Führungskräfte«.
Intensivseminare zu Zen und Leadership im Kloster der Abtei Frauen-
wörth auf der Fraueninsel im Chiemsee, im Osterberg-Institut in der
Holsteinischen Schweiz und im Heidehof Wildland bei Hannover.

Zen-Zentrum Eisenbuch

Eisenbuch 7

84567 Erlbach

www.eisenbuch.de

Das Zen-Zentrum Eisenbuch besitzt den offiziellen Status eines Zen-
Klosters und wird geleitet von Fumon S. Nakagawa Roshi, der 2006 in
den Rang des Abtes von Daihizan Fumonji eingesetzt wurde.
Zen-Einführungen und Sesshins, Meditationstage und Studienkurse.

ZIST

ZIST gemeinnützige GmbH

Zist 3

82377 Penzberg

www.zist.de

ZIST ist ein Zentrum für die persönliche und berufliche Fortbildung in potenzialorientierter Selbsterfahrung und Psychotherapie und wurde von Dr. Wolf und Christa Büntig gegründet.

Kurse, Seminare und Workshops zu Spiritualität, Kreativität und Beruf sowie ein Klausurprogramm »Alltag als Übung«.

Übersichten über weitere Zen- und Meditationszentren in Deutschland:

http://iriz.hanazono.ac.jp/zen_centers/centers_data/germany.htm

http://www.zen-guide.de/zen/zentren/

www.meditation-in.de

Österreich

Haus der Stille

Puregg, Berg 12

5652 Dienten (am Hochkönig, Salzburger Land)

www.puregg.at

Vom Benediktinermönch David Steindl-Rast OSB und dem Zen-Lehrer Vanja Palmers gegründetes Meditationszentrum.

Kurse zu Zen, Kontemplation und Vipassana sowie Zen-Sesshins.

Zisterzienserstift Zwettl

Stift Zwettl 1

3910 Zwettl

www.stift-zwettl.at

Von Zisterzienser-Mönchen betriebenes Bildungshaus.

Kurse zu Meditation und Achtsamkeit sowie Zen-Sesshins.

Schweiz

Lassalle-Institut

Bad Schönbrunn

6313 Edlibach

www.lassalle-institut.org

Das Lassalle-Institut richtet sich an Führungskräfte in Wirtschaft, Politik und anderen Bereichen der Gesellschaft mit dem Schwerpunkt einer Ethik aus ganzheitlichem Bewusstsein. Es wurde 1995 von Niklaus Brantschen und Pia Gyger gegründet.

Kurse zu Zen für Führungskräfte sowie Workshop-Programm zu »Geist und Leadership«.

Villa Unspunnen

Villa Unspunnen AG

3812 Wilderswil

www.villaunspunnen.ch

Zentrum für transkonfessionelle Spiritualität, das von Annette Kaiser, einer Schülerin der Sufi-Lehrerin Irina Tweedie, gegründet wurde.

Kurse zu Meditation und Kontemplation, Zen und Big Mind sowie Stressbewältigung durch Achtsamkeit.

Zendo Felsentor Rigi
Stiftung Felsentor
Romiti / Rigi
6354 Vitznau
www.felsentor.ch
Meditationszentrum der von Zen-Lehrer Vanja Palmers gegründeten
Stiftung Felsentor.
Kurse zu Zen, Meditation und Stressbewältigung durch Achtsamkeit
sowie Sesshins.

Ausbildungsangebote zum Thema Meditation und Achtsamkeit; Kontaktadressen

Ausbildung zum Lehrer für Mindfulness-Based Stress Reduction (MBSR) beziehungsweise für Mindfulness-Based Cognitive Therapie

MBSR-Verband
www.mbsr-verband.org

Weiterbildung in Mindfulness-Based Compassionate Living (MBCL)

http://www.institut-fuer-achtsamkeit.de/mindfulness-based-compassionate-living-mbcl/

Ausbildung zum Yoga-Lehrer

Berufsverband der Yogalehrenden in Deutschland e.V.
www.yoga.de

Business Yoga Berufsverband (BYV) – ein Zweigverband des Berufs-verbands der Yoga Vidya Lehrer/innen e.V.

www.yoga-vidya.de/netzwerk/berufsverbaende/byv/business-
yoga-berufsverband.html

Ausbildung zum Tai-Chi-/Qigong-Lehrer

Deutscher Dachverband für Qigong und Taijiquan e.V.
www.ddqt.de

Deutscher Taichi-Bund – Dachverband für Tai Chi und Qigong e.V.
www.tai-chi-verband.de

Ausbildung zum Qigong-Lehrer

Medizinische Gesellschaft für Qigong Yangsheng e.V.
www.qigong-yangsheng.de

Deutsche Qigong Gesellschaft e.V.
www.qigong-gesellschaft.de

Ausbildung Stilles Qigong

Qigong Zentrum München
www.qigong-zentrum-muc.de

Wushan Akademie Aachen
http://stilles-qigong.wushan.de/stilles-qigong-ausbildung.html

Ausbildungen zum Entspannungstrainer, Meditationslehrer oder Kursleiter Stressmanagement

Yoga-Schule Yoga Vidya
http://www.yoga-vidya.de/ausbildung-weiterbildung/kursleiter-
ausbildung/meditationskursleiter-ausbildung.html

Akademie Gesundes Leben
www.akademie-gesundes-leben.de/AUSB-EntWellFit/Kursleiter-Meditation.php

fitmedi Akademie
www.akademie-entspannung.de/ausbildung/meditationslehrer-intensiv.html
www.akademie-entspannung.de/ausbildung/stressmanagement-trainer-intensiv.html

Bildungswerk für therapeutische Berufe (Ausbildung Entspannungspädagoge)
www.btb.info/entspannungspaedagoge/

Meditationsverein München und Oberbayern
www.meditationsverein.de/13_fortbildung.htm

UTA Akademie
www.uta-akademie.de

Weiterbildungen zum Wellnessberater IHK

Studiengemeinschaft Darmstadt
www.sgd.de/persoenlichkeitsbildung/wellnessberater.php

Institut für Lernsysteme
www.ils.de/fernkurse/persoenlichkeitsbildung-gesundheit/coaching-beratung-psychologie/wellnessberatung/

Über die Autoren

Paul J. Kohtes

Das Wirtschaftsmagazin CAPITAL würdigte ihn als »Doyen der deutschen PR-Szene«, die Süddeutsche Zeitung bezeichnete ihn als »zurückhaltenden Primus«. Paul J. Kohtes (*1945) ist beides. Gegensätze zu verbinden, ist für ihn ein Lebensthema. Schon als er vor über 30 Jahren in Düsseldorf eine Beratungsgesellschaft für Öffentlichkeitsarbeit gründete, zierte das Logo des Unternehmens eine Brücke, die Verbindungen schaffen sollte. Paul J. Kohtes gilt als einer der führenden Berater für Unternehmenskommunikation in Deutschland. 2006 wurde er als erster Deutscher in die »Hall of Fame« des Internationalen PR-Agenturen-Verbandes aufgenommen. 1998 gründete Paul Kohtes gemeinsam mit seiner Frau Margret Kohtes die Identity Foundation, eine gemeinnützige Stiftung für Philosophie, die unter anderem das Thema »Identität« wissenschaftlich erforscht und seit 2001 im zweijährigen Turnus den Meister-Eckhart-Preis auslobt, mit einer Dotierung von 50 000 Euro einer der angesehensten Wissenschaftspreise in Deutschland. Auf der Suche nach innerem Gleichgewicht entdeckte Paul Kohtes vor 30 Jahren die Zen-Meditation für sich. Der Welt der Wirtschaft wollte er dabei nie den Rücken kehren, sondern immer das Weltliche mit dem Spirituellen vereinen. Paul J. Kohtes leitet Seminare in Zen-Meditation und hat sich spezialisiert auf das Coachen von Führungskräften. Er ist Mitinitiator des Führungskräfteprogramms »Zen for Leadership« und Ko-Veranstalter des seit 2010 in zweijährigem Turnus stattfindenden Kongresses »Meditation & Wissenschaft« in Berlin (gemeinsam mit der Oberberg-Stiftung, Berlin).

kohtes.klewes.com,
www.identityfoundation.de,
www.zenforleadership.com,
www.meditation-wissenschaft.org

Publikationen

Paul J. Kohtes: Meister Eckhart – 33 Tore zum guten Leben, Patmos Verlag, Ostfildern, 2014, 144 Seiten, ISBN 978-3-84360-501-4.
Paul J. Kohtes/Brigitte van Baren: ZEN – Meditationen, Achtsamkeits- und Körperübungen für 52 Wochen, Gräfe und Unzer Verlag, München, 2013, 120 Seiten, ISBN 978-3-83382-837-9.
Paul J. Kohtes: Das Buch vom Nichts: Mit Zen zu einem Leben in Fülle, Gräfe und Unzer Verlag, München, 2012, 120 Seiten, ISBN 978-3-83382-374-9.
Paul J. Kohtes/Willigis Jäger (Hrsg.): zen@work – Manager und Meditation. Einzigartige Erfahrungsberichte aus der Führungsetage, J. Kamphausen, Bielefeld, 2009, 296 Seiten, ISBN 978-3-89901-171-5.
Paul J. Kohtes: Jesus für Manager. Frei sein im Job und im Leben, J. Kamphausen, Bielefeld, 2008, 160 Seiten, ISBN 978-3-89901-142-5.
Paul J. Kohtes/Nadja Rosmann: Hören Sie auf zu rennen. Was Manager von Hase & Igel lernen können, J. Kamphausen, Bielefeld, 2006, 160 Seiten, ISBN 978-3-89901-096-1.

Hans Wielens/Paul J. Kohtes (Hrsg.): Raus aus der Führungskrise. Innovative Konzepte integraler Führung, J. Kamphausen, Bielefeld, 2006, 320 Seiten, ISBN 978-3-89901-092-3.

Paul J. Kohtes: Dein Job ist es, frei zu sein. Zen und die Kunst des Managements, J. Kamphausen, Bielefeld, 2005, 195 Seiten, ISBN 978-3-89901-043-5.

Paul J. Kohtes: Sie wartet schon vor deiner Tür. Das Weisheitsbuch von Atem bis Zen, J. Kamphausen, Bielefeld, 2006, 160 Seiten, Broschur, ISBN 978-3-89901-093-0.

Paul J. Kohtes: Sie wartet schon vor deiner Tür. Geführte Meditationen, J. Kamphausen, Bielefeld, CD 1: ISBN 978-3-89901-108-1, CD 2: ISBN 978-3-89901-109-8.

Paul J. Kohtes: Silbermond in dunkler Nacht. Zen-Gedichte, J. Kamphausen, Bielefeld, 2005, 91 Seiten, ISBN 978-3-89901-047-3.

Paul J. Kohtes/Christoph Quarch (Hrsg.): Die eigene Tiefe erspüren. Leben aus der Kraft von Spiritualität, Kreativität und Kunst, J. Kamphausen, Bielefeld, 2005, 141 Seiten, ISBN 978-389901-040-4.

Willigis Jäger: Ein Leben für das Wesentliche. Willigis Jäger im Gespräch mit Paul J. Kohtes über sein Lebenswerk, die West-Östliche Weisheit, CD, Theseus, 2010, 113 Minuten, ISBN 978-3-89901-396-2.

Dr. Nadja Rosmann

(*1972) ist Kulturanthropologin mit dem Schwerpunkt Identitätsforschung und Trainerin für integrative Entspannungsverfahren. Im Zuge ihrer Arbeit als Journalistin, wissenschaftliche Projektmanagerin und systemisch-integrale Beraterin beschäftigt sie sich seit mehr als 15 Jahren mit den Themen »Identität in der Arbeitswelt«, Leadership, Meditation und Stressmanagement. Sie ist Ko-Autorin des Buches »Hören Sie auf zu rennen. Was Manager von Hase & Igel lernen können« (zusammen mit Paul J. Kohtes), organisiert den Fachkongress »Meditation & Wissenschaft« und realisiert für die gemeinnützige Stiftung für Philosophie Identity Foundation wissenschaftliche Studien, u. a. zum spirituellen Selbstverständnis und zur Identität der Deutschen sowie zur Entwicklung neuer Eliten. Als Redakteurin von »evolve – Magazin für Bewusstsein und Kultur« schreibt sie Artikel über die gesellschaftliche Relevanz geistiger Entwicklung. Frühere Engagements: Produktion von Wirtschaftsbeilagen für die Frankfurter Allgemeine Zeitung, Mitarbeit in der News-Redaktion von »Deutsche Bank TV«, vier Jahre Chefredaktion des Fachmagazins »Linux Enterprise«, Herausgabe der Business-Buchreihe »inspire!« für die J. Kamphausen Mediengruppe. Im Weblog think.work.different (www.zenpop.de/blog) berichtet Nadja Rosmann seit 2006 regelmäßig über Trends rund um ein authentisches Business.